新编应用型系列技能丛书

计算机网络实践教程

余小华　李慧芬　编著

清华大学出版社

北　京

内 容 简 介

本书详细介绍了计算机网络实践教学方面的知识。全书由 3 篇共 9 章组成，内容包括网络命令的使用、组网基础知识、双绞线制作、网络抓包软件（Wireshark）、网络设备基本操作、交换机 MAC 地址转发、交换机 VLAN 基础实验、静态路由配置、RIP 路由配置、OSPF 路由配置、广域网数据链路层协议、三层交换机实现 VLAN 间路由、STP 协议、端口聚合、端口安全、RIP 进阶配置、OSPF 进阶配置、访问控制列表（ACL）、网络地址转换（NAT）、DNS 服务器、Active Directory 域服务器、Web 服务器、FTP 服务器、DHCP 服务器等。

本书取材新颖，包含了主流网络设备生产商 Cisco 和 H3C 的设备配置步骤以及 Windows 2008 服务器配置内容，适合读者自行选取相应章节进行实验教学。各项实验既可以在真实物理设备上完成，也可以在 Packet Tracer、GNS3 和 HCL 等软件上实现。本书内容丰富，叙述由浅入深，重点突出，概念清晰易懂，应用性、实践性强。

本书可作为高等学校计算机网络相关课程的教材或配套实验教材，也适合网络设计与管理人员、系统集成人员、工程技术人员阅读和参考。

图书在版编目（CIP）数据

计算机网络实践教程/余小华，李慧芬编著．—北京：清华大学出版社，2017（2018. 3重印）
（新编应用型系列技能丛书）
ISBN 978-7-302-45839-5

Ⅰ. ①计…　Ⅱ. ①余…　②李…　Ⅲ. ①计算机网络－教材　Ⅳ. ①TP393

中国版本图书馆 CIP 数据核字（2016）第 288554 号

责任编辑：苏明芳
封面设计：刘　超
版式设计：李会影
责任校对：赵丽杰
责任印制：宋　林

出版发行：清华大学出版社
网　　址：http://www.tup.com.cn，http://www.wqbook.com
地　　址：北京清华大学学研大厦 A 座　　**邮　　编：**100084
社 总 机：010-62770175　　**邮　　购：**010-62786544
投稿与读者服务：010-62776969，c-service@tup.tsinghua.edu.cn
质量反馈：010-62772015，zhiliang@tup.tsinghua.edu.cn
印 装 者：清华大学印刷厂
经　　销：全国新华书店
开　　本：185mm×260mm　　**印　　张：**14.5　　**字　　数：**348 千字
版　　次：2017 年 2 月第 1 版　　**印　　次：**2018 年 3 月第 2 次印刷
印　　数：2501～3500
定　　价：35.00 元

产品编号：071786-01

前　言

Foreword

互联网极大地改变了人们的学习、工作、生活和生产方式。目前，世界上每天有超过 30 亿人在使用互联网，人们根本无法想象回到一个没有网络，不能随时随地与朋友聊天、发布动态、浏览资讯、观看视频或者在线购物的时代将会是什么样子。计算机网络是“互联网+”社会的重要基础设施。培养一批谙熟计算机网络原理与技术，具有综合应用和研发创新能力的人才，是“互联网+”社会信息化的需要，也是高等院校相关专业的教学目标。

编者在应用型本科院校工作多年，一直从事计算机网络等课程及其实践课程的教学工作。包括编者所在学校在内的许多本科院校采用了谢希仁编著的《计算机网络》作为网络基础课程的教材，该教材内容丰富，讲解透彻。针对应用型本科院校学生的特点，计算机网络教学中应将基础理论和实践并重，大多数院校都开设计算机网络实践课程。为规范实践内容，严格实训训练，达到计算机网络实践教学的目的，经过编者多年来对应用型本科院校的计算机网络实践教学的探索，研究在有限课时的情况下，如何组织计算机网络实践教学的内容，使之既能配合课堂教学，加深对所学知识的理解，又能紧跟网络前沿技术的发展，培养和提高学生的实际操作技能。在教学实践中，编者一直坚持编写和完善实验指导书，并与同类兄弟院校的教师多次交流，修订完成了本书。

本书内容涵盖诠释网络基本原理，组网技术，交换机、路由器进阶配置和服务器配置等几方面的实践内容。本书以设计“基础篇→进阶篇→服务器篇”为主线，以 H3C 设备和 Cisco 设备为例，具体内容如下：

基础篇：从网络命令的使用着手，了解网络基本故障所在。组网技术主要介绍了局域网中常见的子网划分方法、双绞线的制作和网络抓包软件 Wireshark 的基本使用。然后进一步从 H3C 和 Cisco 设备基本操作、VLAN 划分、静态路由配置、RIP 路由配置、OSPF 路由配置和广域网配置等方面进行了重点介绍。完成该篇实验后，基本上能够组建中小型局域网。

进阶篇：针对大中型局域网对交换机和路由器配置的要求，本篇重点介绍了三层交换机实现 VLAN 间路由、STP 配置、端口聚合及链路冗余配置、端口安全配置、单臂路由配置、RIP 和 OSPF 的进阶配置、访问控制列表和网络地址转换等原理和具体配置。

服务器篇：网络是基础，应用是目标。本篇以 Windows Server 2008 作为服务器操作系统，对常见的网络应用服务器进行配置，包括 DNS 服务器、Active Directory 域服务器、Web 服务器、FTP 服务器和 DHCP 服务器。这些网络应用服务仍然是网络的常见应用服务，完成该部分实验后，能够搭建基本的应用服务。

本书由余小华、李慧芬和陈放编写。

感谢所有同仁和朋友对本书编写和出版所提供的意见、建议和热忱帮助。

由于时间仓促和编者水平所限，不足之处在所难免，恳请各位读者不吝批评指正，万分感谢！

编者

2016 年 8 月

于华南理工大学广州学院

E-mail:yuxh@gcu.edu.cn

目 录
Contents

基础篇

进阶篇

服务器篇

基础篇

- ✧ 网络命令的使用
- ✧ 组网技术

第 1 章 网络命令的使用

1.1 ping 命令

ping（Packet InterNet Groper）是个使用频率极高的ICMP协议的程序，用于确定本地主机是否能与另一台主机[1]交换（发送与接收）数据报。根据返回的信息，就可以推断TCP/IP参数设置是否正确以及运行是否正常。需要注意的是，成功地与另一台主机进行一次或两次数据报交换并不表示TCP/IP配置就是正确的，必须执行大量的本地主机与远程主机的数据报交换，才能确信TCP/IP的正确性。当然，对方也有可能通过防火墙等设置对ping包进行阻挡。

简单地说，ping就是一个连通性测试程序，如果能ping通目标，就可以排除网络访问层、网卡、线缆和路由器等存在的故障；如果ping目标A通而ping目标B不通，则网络故障发生在A与B之间的链路上或B上，从而缩小了故障的范围。如果目标B设置了对ping包的阻挡，也是ping不通的，但并不存在网络故障。

按照默认设置，Windows上运行的ping命令发送4个ICMP（Internet Control Message Protocol，网际控制报文协议）回送请求，每个32B数据，如果一切正常，应能得到4个回送应答。ping能够以毫秒为单位显示发送回送请求到返回回送应答之间的时间量。如果应答时间短，表示数据报不必通过太多的路由器或网络连接速度比较快。ping还能显示TTL（Time To Live，存在时间）值，可以通过TTL值推算一下数据包已经通过了多少个路由器。TTL的初值通常是系统默认值，是包头中的8位的域。TTL的最初设想是确定一个时间范围，超过此时间就把包丢弃。由于经过每个路由器都至少要把TTL域减1，TTL通常表示包在被丢弃前最多能经过的路由器个数。当计数到0时，路由器决定丢弃该包，并发送一个ICMP报文给最初的发送者。

1. ping 检测网络故障的典型步骤

正常情况下，当使用ping命令来查找问题所在或检验网络运行情况时，需要执行多次ping命令，如果所有都运行正确，就可以相信基本的连通性和配置参数没有问题；如果某些ping命令出现运行故障，它也可以指明到何处去查找问题。下面就给出一个典型的检测次序及对应的可能故障。

---

[1] 主机泛指配置有IP地址的主机、路由器或交换机等设备。

（1）ping 127.0.0.1

ping 环回地址，验证是否在本地计算机上正确地安装 TCP/IP 协议以及配置是否正确。

（2）ping 本机 IP

这个命令被送到我们计算机所配置的 IP 地址，计算机始终都应该对该 ping 命令做出应答，如果没有，则表示本地配置或安装存在问题。

（3）ping 局域网内其他 IP

这个命令应该离开我们的计算机，经过网卡及网络线缆到达其他计算机，再返回。收到回送应答表明本地网络中的网卡和载体运行正确。但如果收到 0 个回送应答，那么表示子网掩码（进行子网分割时，将 IP 地址的网络部分与主机部分分开的代码）不正确或网卡配置错误或电缆系统有问题。

（4）ping 网关 IP

这个命令如果应答正确，表示局域网中的网关路由器正在运行并能够做出应答。

（5）ping 远程 IP

如果收到 4 个应答，表示成功地使用了默认网关。对于拨号上网用户则表示能够成功地访问 Internet（但不排除 ISP 的 DNS 会有问题）。

（6）ping localhost

localhost 是操作系统的网络保留名，它是 127.0.0.1 的别名，每台计算机都应该能够将该名字转换成该地址。如果没有做到这一点，则表示主机文件（/Windows/host）中存在问题。

（7）ping www.×××.com（如 www.163.com 网易）

执行 ping www.×××.com 地址，通常是通过 DNS 域名服务器解析域名，如果这里出现故障，则表示本机 DNS 的 IP 地址配置不正确或 DNS 服务器有故障（对于拨号上网用户，某些 ISP 已经不需要设置 DNS 服务器）。顺便说一句，也可以利用该命令实现域名对 IP 地址的转换功能。

如果上面所列出的所有 ping 命令都能正常运行，那么对自己的计算机进行本地和远程通信的功能基本上就可以放心了。但是，这些命令的成功并不表示所有的网络配置都没有问题，例如，某些子网掩码错误就可能无法用这些方法检测到。

2. ping 命令的常用参数选项

- -t：对指定的计算机一直进行 ping 操作，直到按 Ctrl+C 快捷键中断为止。
- -a：将 IP 地址解析为计算机 NetBIOS 名称。
- -n：发送指定数量的 ECHO 数据包。这个命令可以自定义发送数据包的个数，对测试网络速度有帮助，默认值为 4。
- -l size Send buffer size：定义 echo 数据包大小，在默认的情况下 Windows 的 ping 发送的数据包大小为 32B。也可以自己定义它的大小，如 64B，但最大不能超过 65 500B。
- -i TTL Time To Live：指定 TTL 值，TTL 的作用是限制 IP 数据包在计算机网络中存在的时间。TTL 的最大值是 255，TTL 的一个推荐值是 64。

3. ping 命令返回结果

如果 ping 命令成功连接到对方，则显示如图 1-1（Windows XP 系统）和图 1-2（Windows 7 系统）所示结果。

```
C:\Documents and Settings>ping www.mit.edu

Pinging e9566.dscb.akamaiedge.net [23.54.203.63] with 32 bytes of data:

Reply from 23.54.203.63: bytes=32 time=291ms TTL=44
Reply from 23.54.203.63: bytes=32 time=274ms TTL=44
Reply from 23.54.203.63: bytes=32 time=288ms TTL=44
Reply from 23.54.203.63: bytes=32 time=299ms TTL=44

Ping statistics for 23.54.203.63:
    Packets: Sent = 4, Received = 4, Lost = 0 (0% loss),
Approximate round trip times in milli-seconds:
    Minimum = 274ms, Maximum = 299ms, Average = 288ms
```

图 1-1　Windows XP 系统中 ping 命名连接成功显示结果

```
C:\Users>ping www.mit.edu

正在 Ping e9566.dscb.akamaiedge.net [23.42.190.127] 具有 32 字节的数据:
来自 23.42.190.127 的回复: 字节=32 时间=18ms TTL=49
来自 23.42.190.127 的回复: 字节=32 时间=22ms TTL=49
来自 23.42.190.127 的回复: 字节=32 时间=18ms TTL=49
来自 23.42.190.127 的回复: 字节=32 时间=19ms TTL=49

23.42.190.127 的 Ping 统计信息:
    数据包: 已发送 = 4, 已接收 = 4, 丢失 = 0 (0% 丢失),
往返行程的估计时间(以毫秒为单位):
    最短 = 18ms, 最长 = 22ms, 平均 = 19ms
```

图 1-2　Windows 7 系统中 ping 命令连接成功显示结果

如果连接对方不成功，则返回以下几种显示结果。

1）Request timed out（请求超时，无响应）

这是常见的提示信息，不仅仅是对方机器设置了过滤 ICMP 数据包，一般有以下几种情况。

（1）对方已经关机，或者网络上不存在该地址。

（2）对方与自己不在同一网段内，通过路由也无法找到对方，但有时对方确实是存在的。

（3）对方确实存在，但设置了 ICMP 数据包过滤（如防火墙设置）。判断对方是否存在，可以用带参数 -a 的 ping 命令探测对方，如果能得到对方的 NetBIOS 名称，则说明对方是存在的，且有防火墙设置；如果得不到，多半是对方不存在或关机，或不在同一网段内。

（4）错误设置 IP 地址。正常情况下，一台主机应该有一个网卡，一个 IP 地址，或多个网卡，多个 IP 地址（这些地址一定要处于不同的 IP 子网）。但如果一台计算机的 TCP/IP 设置中，设置了一个与网卡 IP 地址处于同一子网的 IP 地址，这样，在 IP 层协议看来，这台主机就有两个不同的接口处于同一网段内。当从这台主机 ping 其他机器时，会存在以下问题：

① 主机不知道将数据包发到哪个网络接口，因为有两个网络接口都连接在同一网段。

② 主机不知道用哪个地址作为数据包的源地址。因此，从这台主机去 ping 其他机器，IP 层协议会无法处理，超时后，ping 就会给出一个“超时无应答”的错误信息提示。但从其他主机 ping 这台主机时，请求包从特定的网卡来，ICMP 只需简单地将目的地址、源地址互

换，并更改一些标志即可，ICMP 应答包能顺利发出，其他主机也就能成功 ping 通这台机器。

2）Destination host unreachable（目的主机不可达）

（1）对方与自己不在同一网段内，而自己又未设置默认的路由。

（2）网线出了故障。

这里要说明一下 destination host unreachable 和 time out 的区别，如果所经过的路由器的路由表中具有到达目标的路由，而目标因为其他原因不可到达，这时会出现 time out；如果路由表中连到达目标的路由都没有，就会出现 destination host unreachable。

3）Bad IP address（“坏”的 IP 地址）

这个信息表示可能没有连接到 DNS 域名服务器，所以无法解析这个 IP 地址，也可能是 IP 地址不存在。

4）Source quench received（接收源终止）

这个信息比较特殊，它出现的概率很小，表示对方或中途的服务器繁忙，无法回应。

5）Unknown host（不知名主机）

这种出错信息的意思是，该远程主机的名字不能被域名服务器（DNS）转换成 IP 地址。故障原因可能是域名服务器有故障，或者其名字不正确，或者网络管理员的系统与远程主机之间的通信线路有故障。

6）No answer（无响应）

这种故障说明本地系统有一条通向中心主机的路由，但却接收不到它发给该中心主机的任何信息。故障原因可能是下列之一：中心主机没有工作；本地或中心主机网络配置不正确；本地或中心的路由器没有工作；通信线路有故障；中心主机存在路由选择问题。

7）ping 127.0.0.1（127.0.0.1 是本地循环地址）

如果本地址无法 ping 通，则表明本地机 TCP/IP 协议不能正常工作。

8）no rout to host（网卡工作不正常）

9）transmit failed,error code（10043 网卡驱动不正常）

1.2 netstat 命令

netstat 用于显示与 IP、TCP、UDP 和 ICMP 协议相关的统计数据，一般用于检验本机各端口的网络连接情况。

计算机有时接收到的数据报会导致出错（数据删除或故障），TCP/IP 可以容许这些类型的错误，并能够自动重发数据报。但如果累计的出错情况数目占到所接收的 IP 数据报相当大的百分比，或者出错的数目正迅速增加，那么就应该使用 netstat 查一查为什么会出现这些情况。

1. netstat 命令格式

```
netstat [-a] [-e] [-n] [-s] [-t] [-p protocol] [-r] [-internval]
```

netstat 命令的各参数含义说明如下。

- ❑ -a：显示一个所有的有效连接信息列表，包括已建立的连接（ESTABLISHED），也包括监听连接请求（LISTENING）的连接。
- ❑ -e：用于显示关于以太网的统计数据。它列出的项目包括传送的数据报的总字节数、错误数、删除数、数据报的数量和广播的数量。这些统计数据既有发送的数据报数量，也有接收的数据报数量。该选项可以用来统计一些基本的网络流量。
- ❑ -n：显示所有已建立的有效连接。
- ❑ -s：显示每个协议的统计。默认情况下，显示 IP、IPv6、ICMP、ICMPv6、TCP、TCPv6、UDP 和 UDPv6。
- ❑ -t：能够按照各个协议分别显示其统计数据。如果应用程序（如 Web 浏览器）运行速度比较慢，或者不能显示 Web 页之类的数据，那么就可以用该选项来查看所显示的信息。需要仔细查看统计数据的各行，找到出错的关键字，进而确定问题所在。
- ❑ -r：可以显示关于路由表的信息，除了显示有效路由外，还显示当前有效的连接。

2. netstat 命令的典型应用

（1）-e：显示关于以太网的统计数据。显示结果如图 1-3 所示。

```
C:\>netstat -e
Interface Statistics

                           Received            Sent

Bytes                     177040795         5575226
Unicast packets              185065          123359
Non-unicast packets             115             117
Discards                          0               0
Errors                            0               0
Unknown protocols                 0
```

图 1-3　netstat -e 命令的显示结果

（2）-s：显示所有协议，如 TCP、UDP、IP 等的使用状态。显示结果如图 1-4 所示。

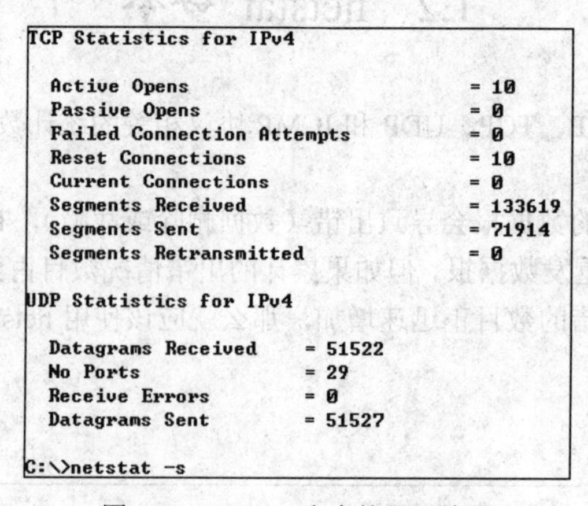

```
TCP Statistics for IPv4

  Active Opens                        = 10
  Passive Opens                       = 0
  Failed Connection Attempts          = 0
  Reset Connections                   = 10
  Current Connections                 = 0
  Segments Received                   = 133619
  Segments Sent                       = 71914
  Segments Retransmitted              = 0

UDP Statistics for IPv4

  Datagrams Received    = 51522
  No Ports              = 29
  Receive Errors        = 0
  Datagrams Sent        = 51527

C:\>netstat -s
```

图 1-4　netstat -s 命令的显示结果

1.3　ipconfig 命令

ipconfig 命令显示当前所有的 TCP/IP 配置值、刷新动态主机配置协议（DHCP）和域名系统（DNS）设置。

1. ipconfig 命令格式

```
ipconfig [/all] [/renew [adapter]|[/release [adapter]] [/flushdns] [/displaydns] [/registerdns] [/showclassid adapter] [/setclassid adapter [classid]]
```

ipconfig 命令常用的参数含义说明如下。

- /all：显示所有适配器的完整 TCP/IP 配置信息。在没有该参数的情况下，ipconfig 只显示 IP 地址、子网掩码和各个适配器的默认网关值。
- /renew [adapter]：更新所有适配器（不带 adapter 参数），或特定适配器（带有 adapter 参数）的 DHCP 配置。该参数仅在具有配置为自动获取 IP 地址的网卡的计算机上使用。要指定适配器名称，请输入使用不带参数的 ipconfig 命令显示的适配器名称。
- /release[adapter]：发送 DHCPRELEASE 消息到 DHCP 服务器，以释放所有适配器（不带 adapter 参数）或特定适配器（带有 adapter 参数）的当前 DHCP 配置并丢弃 IP 地址配置。该参数可以禁用配置为自动获取 IP 地址的适配器的 TCP/IP。要指定适配器名称，请输入使用不带参数的 ipconfig 命令显示的适配器名称。

2. ipconfig 命令的应用

（1）使用带/all 选项的 ipconfig 命令，给出所有接口的详细配置信息，如本机 IP 地址、子网掩码、网关、DNS、硬件地址（MAC 地址）等，显示结果如图 1-5 所示。

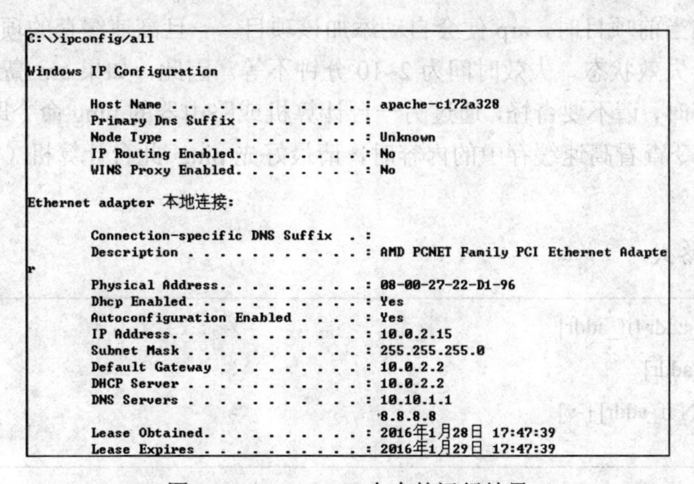

图 1-5　ipconfig/all 命令的运行结果

（2）对于启动 DHCP 的客户端，使用 ipconfig/renew 命令可以释放当前 IP 地址配置，使用 ipconfig/renew 命令可以刷新配置，向 DHCP 服务器重新租用一个 IP 地址，大多数情况下网卡将重新赋予和以前所赋予的相同的 IP 地址，如图 1-6 所示。

```
C:\>ipconfig/release

Windows IP Configuration

Ethernet adapter 本地连接:

        Connection-specific DNS Suffix  . :
        IP Address. . . . . . . . . . . . : 0.0.0.0
        Subnet Mask . . . . . . . . . . . : 0.0.0.0
        Default Gateway . . . . . . . . . :

C:\>ipconfig/renew

Windows IP Configuration


Ethernet adapter 本地连接:

        Connection-specific DNS Suffix  . :
        IP Address. . . . . . . . . . . . : 10.0.2.15
        Subnet Mask . . . . . . . . . . . : 255.255.255.0
        Default Gateway . . . . . . . . . : 10.0.2.2
```

图 1-6　ipconfig/release 和 ipconfig/renew 的运行结果

1.4　arp 命令

ARP（Address Resolution Protocol）是一个重要的 TCP/IP 协议，对应的命令 arp 用于查看和绑定 IP 地址和网卡物理地址。使用 arp 命令，能够查看本地计算机或另一台计算机的 arp 高速缓存中的当前内容。此外，使用 arp 命令，也可以用人工方式输入静态的网卡物理/IP 地址对，可以使用这种方式为默认网关和本地服务器等常用主机进行绑定，有助于减少网络上的信息量。

按照默认设置，arp 高速缓存中的项目是动态的，每当发送一个指定地点的数据报且高速缓存中不存在当前项目时，arp 便会自动添加该项目。一旦高速缓存的项目被输入，它们就已经开始走向失效状态，失效时间为 2~10 分钟不等。因此，如果 arp 高速缓存中的项目很少或根本没有时，请不要奇怪，通过另一台计算机或路由器的 ping 命令即可添加。所以，需要通过 arp 命令查看高速缓存中的内容时，请最好先 ping 此台计算机（不能是本机发送 ping 命令）。

1. arp 命令格式

```
arp -s inet_addr eth_addr [if_addr]
arp -d inet_addr [if_addr]
arp -a [inet_addr] [-N if_addr] [-v]
arp/?
```

参数说明如下。

- -s：向 arp 高速缓存中人工输入一个静态项目。目的是让 IP 地址对应的 MAC 地址静态化，这样病毒或攻击者就无法伪造 MAC 地址而破坏局域网。

- -d：删除指定的 IP 地址项。
- -a：用于查看高速缓存中的所有项目。-a 和-g 参数的结果是一样的，多年来-g 一直是 UNIX 平台上用来显示 arp 高速缓存中所有项目的选项，而 Windows 用的是 arp -a（-a 可被视为 all，即全部的意思），但它也可以接受比较传统的-g 选项。
- /?：在命令提示符下显示帮助。

2. arp 命令的应用

利用参数-a 查看高速缓存中的所有项目，如图 1-7 所示。

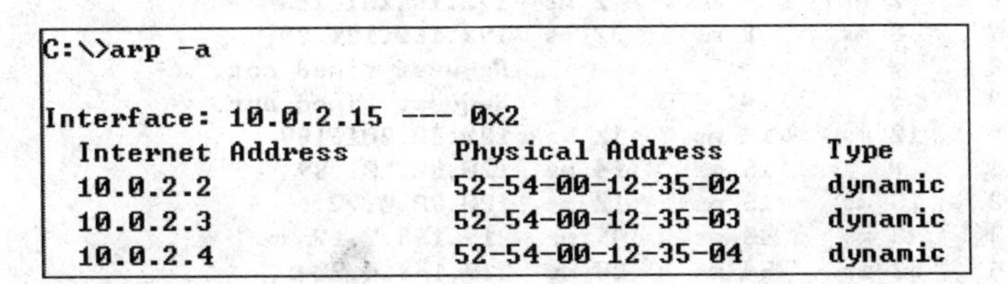

```
C:\>arp -a

Interface: 10.0.2.15 --- 0x2
  Internet Address      Physical Address      Type
  10.0.2.2              52-54-00-12-35-02     dynamic
  10.0.2.3              52-54-00-12-35-03     dynamic
  10.0.2.4              52-54-00-12-35-04     dynamic
```

图 1-7 arp -a 的运行结果

1.5 tracert 命令

tracert 命令是跟踪路由路径的一个实用程序，用于确定数据报访问目标所经过的路径。

1. tracert 命令格式

```
tracert [-d] [-h maximum_hops] [-j computer-list] [-w timeout] target_name
```

tracert 命令的各参数含义说明如下。

- -d：防止 tracert 试图将中间路由器的 IP 地址解析为它们的名称。这样可加速显示 tracert 的结果。
- -h：MaximumHops 指定在搜索目标的路径中跃点的最大数，默认值为 30。
- -j：HostList 指定回送请求信息，对于在 HostList 中指明的中间目标集使用 IP 报头中的“松散源路由”选项。主机列表中的地址或名称的最大数为 9，主机列表是一系列由空格分开的 IP 地址。
- -w：每次应答等待 timeout 指定的微秒数。

2. tracert 命令的应用

（1）在计算网络日常维护时，经常使用不带任何参数选项的 tracert 命令来查看目标主机的路径信息，如图 1-8 所示。

（2）带-d 参数的 tracert 命令使用。如在本机查看网易服务器的路径信息，如图 1-9 所示。

利用 tracert 命令，可以让人清楚地了解到 IP 数据包从“源”开始到“目标”访问的路径图，即这个过程所经过的路由、等待时间、数据包在网络上的停止位置等，从而帮助人们跟踪链接、测定网络连接断链处的位置（一般表现“*”的点），这将为计算机网络故障的诊断与排除带来便利。

```
C:\>tracert 202.112.0.36

Tracing route to galaxy.net.edu.cn [202.112.0.36]
over a maximum of 30 hops:

  1    <1 ms    <1 ms    <1 ms  10.0.2.2
  2    <1 ms    <1 ms     1 ms  10.10.1.1
  3     2 ms     2 ms     2 ms  175.191.160.1
  4     *        *        *     Request timed out.
  5     2 ms     2 ms     2 ms  10.132.130.105
  6     2 ms     4 ms     2 ms  172.16.251.153
  7     8 ms     6 ms    32 ms  192.168.121.29
  8     *        *        *     Request timed out.
  9     *        *        *     Request timed out.
 10    12 ms    14 ms    12 ms  120.80.201.189
 11     *       15 ms    14 ms  120.80.201.89
 12    15 ms    15 ms    12 ms  120.80.0.77
 13    48 ms    48 ms    45 ms  219.158.7.17
 14    52 ms    54 ms    50 ms  219.158.4.90
 15    47 ms    47 ms    46 ms  219.158.34.10
 16    44 ms    46 ms    46 ms  202.38.123.9
 17    48 ms    51 ms    45 ms  202.38.123.17
 18     *       54 ms    49 ms  202.112.53.177
 19    46 ms    54 ms    47 ms  101.4.115.14
 20    48 ms     *       49 ms  101.4.117.218
 21    48 ms    46 ms    45 ms  galaxy.net.edu.cn [202.112.0.36]

Trace complete.
```

图 1-8　不带参数的 tracert 命令

```
C:\>tracert -d www.163.com

Tracing route to 1st.xdwscache.ourwebpic.com [124.14.17.222]
over a maximum of 30 hops:

  1    <1 ms    <1 ms    <1 ms  10.0.2.2
  2     1 ms     2 ms     1 ms  10.10.1.1
  3     2 ms     2 ms     4 ms  175.191.160.1
  4     *        *        *     Request timed out.
  5     3 ms     3 ms     2 ms  10.132.129.137
  6     1 ms     2 ms     2 ms  10.132.129.82
  7     3 ms     9 ms     3 ms  10.132.128.50
  8     4 ms     6 ms     5 ms  14.197.178.149
  9     3 ms     4 ms     3 ms  14.197.244.21
 10    66 ms    69 ms    67 ms  14.197.252.29
 11    53 ms    56 ms    55 ms  14.197.240.22
 12    67 ms    70 ms    77 ms  14.197.244.154
 13    67 ms    67 ms    66 ms  14.197.200.142
 14    54 ms    53 ms    54 ms  10.64.68.33
 15    69 ms    68 ms    68 ms  124.14.17.222

Trace complete.
```

图 1-9　带-d 参数的 tracert 命令

1.6 nbtstat 命令

使用 nbtstat 命令释放和刷新 NetBIOS 名称。NBTStat（TCP/IP 上的 NetBIOS 统计数据）实用程序用于提供关于 NetBIOS 的统计数据。运用 NetBIOS，可以查看本地计算机或远程计算机上的 NetBIOS 名称表格。

1. nbtstat 命令格式

```
nbtstat [-a RemoteName] [-A IP address] [-c] [-n] [-r] [-R] [-RR] [-s] [-S] [interval]
```

nbtstat 命令的常用参数含义说明如下。

- -a：通过 IP 显示另一台计算机的物理地址和名字列表，所显示的内容就像对方计算机自己运行 nbtstat -n 一样。
- -c：显示高速缓存的内容。高速缓存用于存放与本计算机最近进行通信的其他计算机的 NetBIOS 名称和 IP 地址对。
- -n：显示寄存在本地的名字和服务程序。
- -r：用于清除和重新加载高速缓存。
- -s：显示使用其 IP 地址的另一台计算机的 NetBIOS 连接表。

  例如在命令提示符下输入 nbtstat -RR，释放和刷新过程的进度以命令行输出的形式显示。该信息表明当前注册在该计算机的 WINS 中的所有本地 NetBIOS 名称是否已经使用 WINS 服务器释放和续订了注册。

2. nbtstat 命令应用

知道对方 IP 地址，查看对方主机的 MAC 地址，如图 1-10 所示。

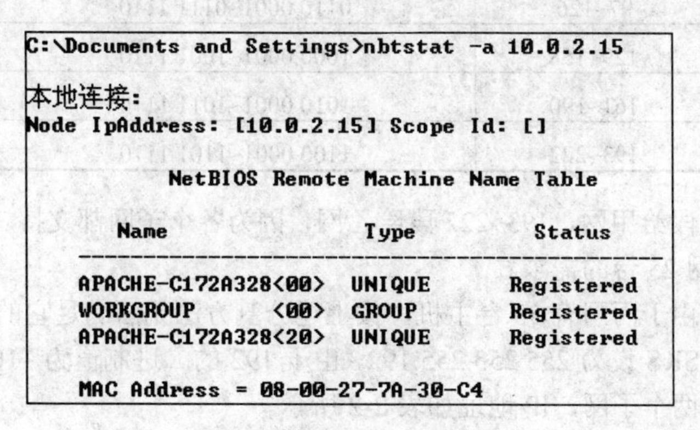

图 1-10 查看对方 MAC 地址

第 2 章

组网技术

2.1 基础知识

1. 子网掩码与划分子网

（1）子网掩码的算法

例如，有 3 个不同的子网，每个网络的 HOST 数量各为 20、25 和 50，下面依次称为甲网、乙网和丙网，但只申请了一个 NETWORK ID 就是 192.168.10.0。首先把甲网和乙网的 SUBNET MASKS 改为 255.255.255.224，224 的二进制为 1110 0000，即它的 SUBNET MASKS 为 1111 1111.1111 1111.1111 1111.1110 0000，这样，把 HOST ID 的高三位用来分割子网，这三位共有 000、001、010、011、100、101、110、111 8 种组合，除去 000（代表本身）和 111（代表广播），还有 6 个组合，也就是可提供 6 个子网，它们的 IP 地址分别如表 2-1 所示。

表 2-1　子网划分

前三个字节	第四个字节	第四个字节对应的二进制	子　　网
192.168.3	33~62	0010 0001~0011 1110	第一个子网
	65~94	0100 0001~0101 1110	第二个子网
	97~126	0110 0001~0111 1110	第三个子网
	129~158	1000 0001~1001 1110	第四个子网
	161~190	1010 0001~1011 1110	第五个子网
	193~222	1100 0001~1101 1110	第六个子网

选用 161~190 段给甲网，193~222 段给乙网，因为各个子网都支持 30 台主机，足以应付甲网 20 台和乙网 25 台的需求。

再来看丙网，由于丙网有 50 台主机，按上述分割方法无法满足它的 IP 需求，可以将它的 SUBNET MASKS 设为 255.255.255.192，由于 192 的二进制值为 1100 0000，按上述方法，它可以划分为两个子网，IP 地址如表 2-2 所示。

表 2-2　子网的划分

前三个字节	第四个字节	第四个字节对应的二进制	子　　网
192.168.3	65~126	0100 0001~0111 1110	第一个子网
	129~190	1000 0001~1011 1110	第二个子网

这样每个子网有 62 个 IP 可用，将 65~126 分配丙网，多个子网用一个 NETWORK ID 即可实现。

如果将子网掩码设置过大，也就是说子网范围扩大。那么根据子网寻径规则，很可能发往和本地机不在同一子网内的目的机的数据，会因为错误的相与结果而认为是在同一子网内，那么，数据包将在本子网内循环，直到超时并抛弃。数据不能正确到达目的机，导致网络传输错误。如果将子网掩码设置得过小，那么就会将本来属于同一子网内的机器之间的通信当作跨子网传输，数据包都交给默认网关处理，这样势必增加默认网关的负担，造成网络效率下降。因此，任意设置子网掩码是不对的，应该根据网络管理部门的规定进行设置。

通过计算可以得出每个子网的最小 IP 地址和最大 IP 地址，例如第一个子网的最小 IP 地址是 192.168.10.33/27，最大 IP 地址是 192.168.10.62/27。也可以找两台主机来做实验，host A 的 IP 地址是 192.168.10.33/27，而 host B 的 IP 地址是 192.168.10.34/27 ~ 192.168.10.62/27 之间，这样它们都是互通的。如果把 host B 的 IP 地址设置为 192.168.10.65/27，它们就不能互通了。还有一点要注意，不能把 IP 地址设置成 192.168.10.63/27 和 192.168.10.64/27。计算机会出现错误提示，如图 2-1 所示。因为前者是广播地址，而后者是网络地址，这两种地址是不允许分配给主机使用的。

（2）网关

网关（Gateway），顾名思义就是一个网络连接到另一个网络的“关口”。按照不同的分类标准，网关也有很多种。TCP/IP 协议里的网关是最常用的，在这里所讲的“网关”均指 TCP/IP 协议下的网关。

那么网关到底是什么呢？网关实质上是一个网络通向其他网络的 IP 地址。如有网络 A 和网络 B，网络 A 的 IP 地址范围为 192.168.1.1~192.168.1.254，子网掩码为 255.255.255.0；网络 B 的 IP 地址范围为 192.168.2.1~192.168.2.254，子网掩码为 255.255.255.0。在没有路由器的情况下，两个网络之间是不能进行 TCP/IP 通信的，即使两个网络连接在同一台交换机（或集线器）上，TCP/IP 协议也会根据子网掩码（255.255.255.0）判定两个网络中的主机处在不同的网络里。而要实现这两个网络之间的通信，则必须通过网关。如果网络 A 中的主机发现数据包的目的主机不在本地网络中，就把数据包转发给它自己的网关，再由网关转发给网络 B 的网关，网络 B 的网关再转发给网络 B 的某个主机（如图 2-2 所示）。网络 B 向网络 A 转发数据包的过程也是如此。

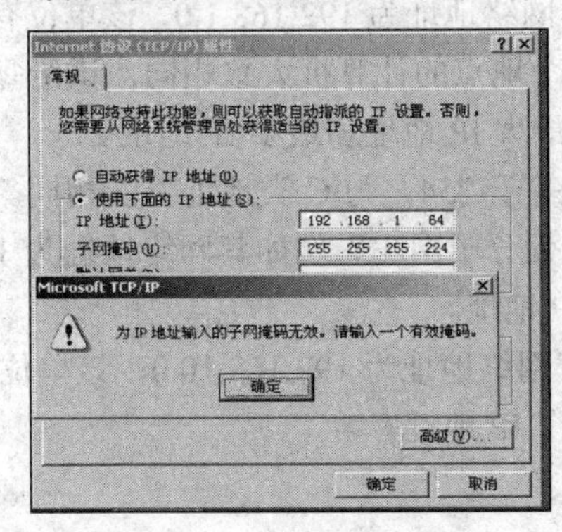

图 2-1　子网掩码无效

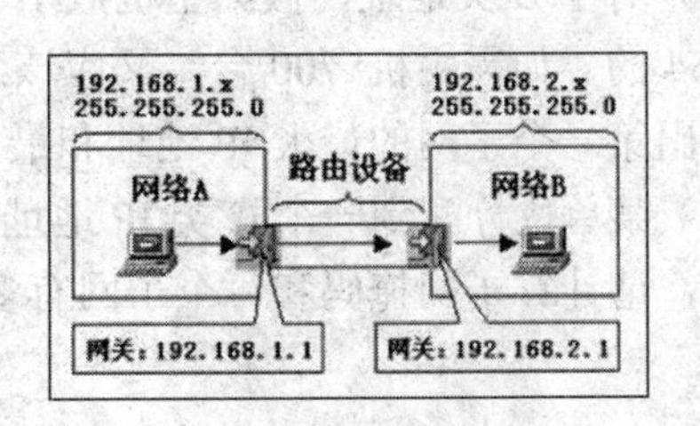

图 2-2　网关的设置

所以说，只有设置好网关的 IP 地址，TCP/IP 协议才能实现不同网络之间的相互通信。那么这个 IP 地址是哪台机器的 IP 地址呢？网关的 IP 地址是具有路由功能的设备的近端接口的 IP 地址，其中具有路由功能的设备有路由器、启用了路由协议的服务器以及代理服务器（两者都相当于一台路由器）。

下面将本机按照图 2-3 设置 TCP/IP 属性，其中 IP 地址最后一个字节设为各实验小组确定组员的主机编号。

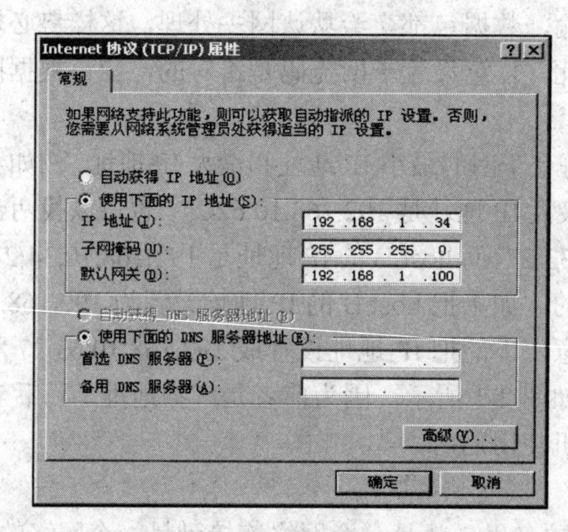

图 2-3　设置 TCP/IP 属性

主机所设置的网关一定要和主机的IP地址属于同一个子网，否则主机连网关都不能ping通，更何况要跨网段访问呢？

2. 小结

（1）试用自己学过的知识分析并回答以下问题，然后在实验室验证你的结论。

- 172.16.0.220/25 和 172.16.2.33/25 分别属于哪个子网？
- 192.168.1.60/26 和 192.168.1.66/26 能不能互相 ping 通？为什么？
- 210.89.14.25/23、210.89.15.89/23、210.89.16.148/23 之间能否互相 ping 通？为什么？

（2）某单位分配到一个 C 类 IP 地址，其网络地址为 192.168.1.0，该单位有 100 台左右的计算机，并且分布在两个不同的地点，每个地点的计算机大致相同，试给每一个地点分配一个子网号码，并写出每个地点计算机的最大 IP 地址和最小 IP 地址。

（3）对于 B 类地址，假如主机数小于或等于 254，与 C 类地址算法相同。对于主机数大于 254 的，如需主机 700 台，又应该怎么划分子网呢？例如其网络地址为 192.168.0.0，请计算出第一个子网的最大 IP 地址和最小 IP 地址。

（4）某单位分配到一个 C 类 IP 地址，其网络地址为 192.168.10.0，该单位需要划分 28 个子网，请计算子网掩码和每个子网有多少个 IP 地址。

2.2 双绞线制作

2.2.1 实验器材

双绞线、RJ-45 插头（水晶头）、压线钳、测线仪。

2.2.2 实验步骤

（1）备好超 5 类线（即目前通用的网线）、RJ-45 插头、一把专用的压线钳以及一个测线仪，如图 2-4 所示。

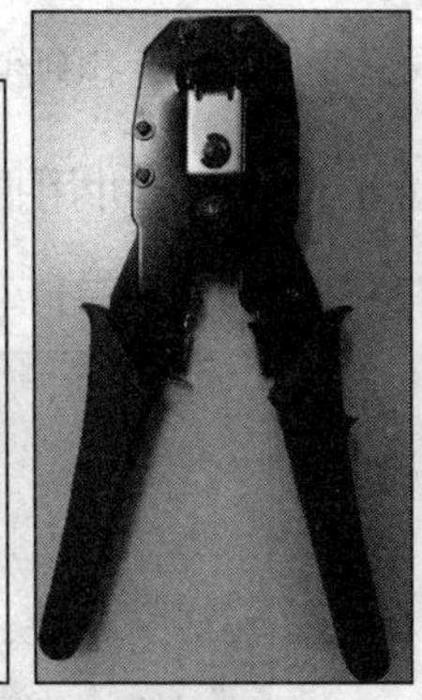

图 2-4　制作工具

（2）用压线钳的剥线刀口将 5 类线的外保护套管划开（小心不要将里面的双绞线的绝缘层划破），刀口距 5 类线的端头 2~3 厘米，如图 2-5 所示。

图 2-5　剪切耗材

（3）将划开的外保护套管剥去，如图 2-6（a）所示。

（4）露出 5 类线电缆中的 4 对双绞线，观察 4 对线的绞距是否一样，为什么要将线做成这样？如图 2-6（b）所示。

（5）把 4 对线分别解开至外保护管断口处，按照 EIA/TIA-568B 标准和导线颜色将导线按顺序排好，如图 2-6（c）所示。（EIA/TIA-568B：橙白，橙，绿白，蓝，蓝白，绿，棕白，棕；EIA/TIA-568A：绿白，绿，橙白，蓝，蓝白，橙，棕白，棕。）

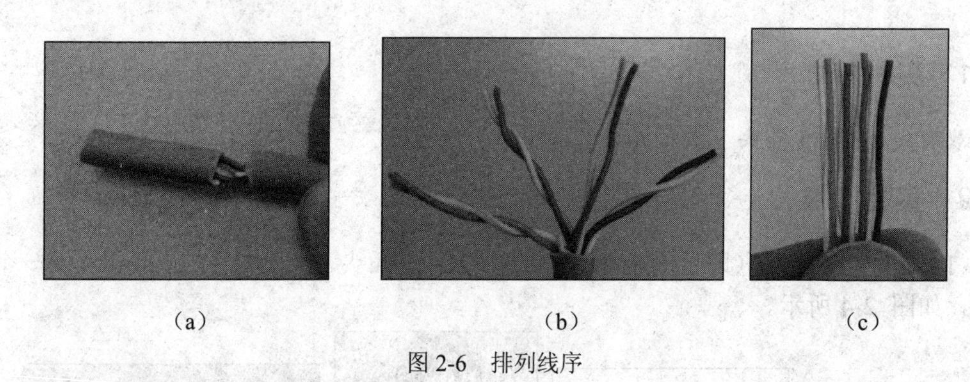

（a）　（b）　（c）

图 2-6　排列线序

（6）将 8 根导线平坦整齐地平行排列，并用拇指指甲固定导线，导线间不留空隙，如图 2-7 所示。

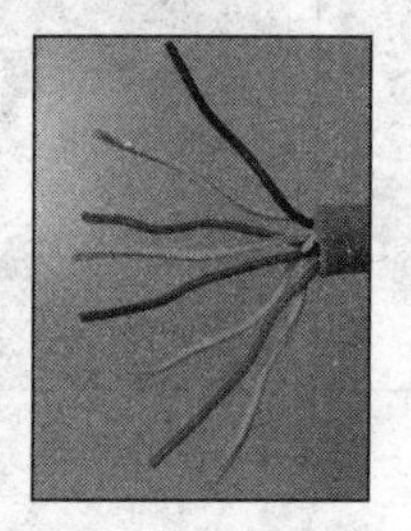

图 2-7　整齐排列导线

（7）剪断电缆线，尽量要剪得整齐，露在包层外面的导线长度不可太短或太长（10~12 毫米），注意不要剥开每根导线的绝缘外层，如图 2-8 所示。

图 2-8　裁剪耗材

（8）将剪断的电缆线放入 RJ-45 插头（注意：水晶头没有弹片的一面朝向自己，有金属压片的一头朝上，线要插到水晶头底部），电缆线的外保护层最后应能够在 RJ-45 插头内的凹陷处被压实，如图 2-9 所示。

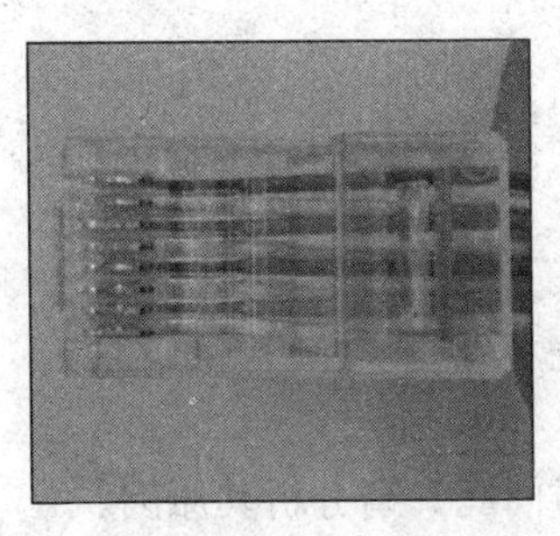
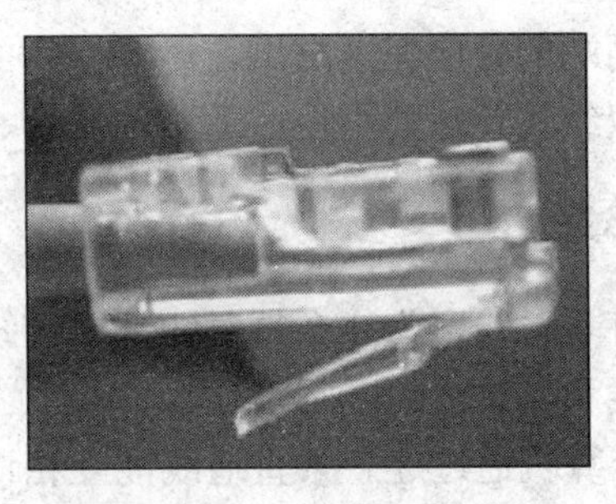

图 2-9　插入水晶头

（9）在确认一切都正确后（特别要注意不要将导线的顺序排反），将 RJ-45 插头放入压线钳的压头槽内，双手紧握压线钳的手柄，用力压紧，如图 2-10 所示。请注意，在这一步骤完成后，插头的 8 个针脚接触点就穿过导线的绝缘外层，分别和 8 根导线紧紧地压接在一起，一个水晶头就做好了。

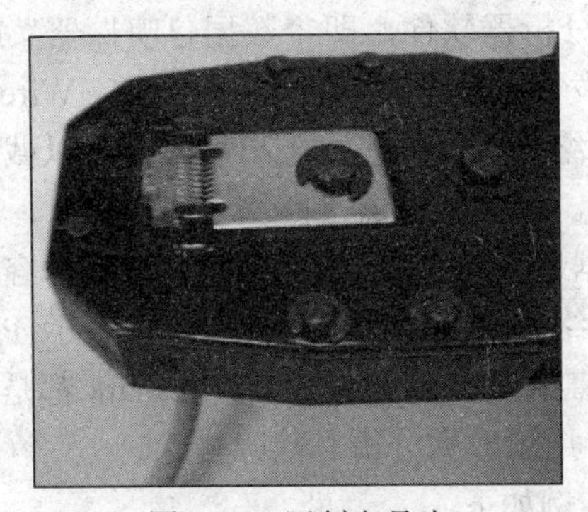

图 2-10　压制水晶头

（10）按照同样的办法将双绞线另一头的水晶头也做好。

（11）用测线仪测试网线和水晶头连接是否正常，如果两组 1、2、3、4、5、6、7、8 指示灯对应的灯同时亮，则表示双绞线制作成功，如图 2-11 所示。

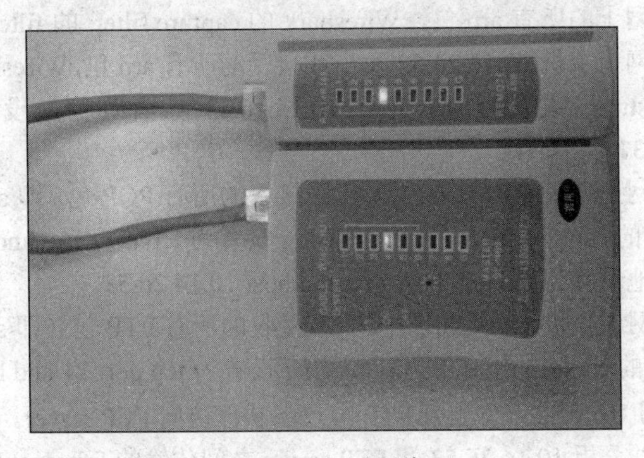

图 2-11　测试网线

另外，交叉线和直通线的做法差别仅在于双绞线两端分别用 568A 和 568B 标准。反转线的做法就是两端的顺序完全颠倒。

掌握每种双绞线各自的用途、适用的场合、发挥的作用。

2.2.3 实验总结

（1）网线有4对线，为什么每对线都要缠绕着？

（2）直通线和交叉线的区别是什么？

（3）两台计算机通过连一条直通线能互相访问吗？请分析其原因。

2.3 网络抓包软件的使用

2.3.1 原理简介

Wireshark 是一种协议分析器软件，即“数据包嗅探器”应用程序，适用于网络故障排除、分析、软件和协议开发以及教学。2006 年 6 月前，Wireshark 的原名是 WireShark。

数据包嗅探器（亦称网络分析器或协议分析器）是可以截取并记录通过数据网络传送的数据通信量的计算机软件。当数据流通过网络来回传输时，嗅探器可以“捕获”每个协议数据单元（PDU），并根据适当的 RFC 或其他规范对其内容进行解码和分析。Wireshark 的编程使其能够识别不同网络协议的结构，因此它可以显示 PDU 的封装和每个字段并可解释其含义。对于从事网络工作的任何人来说，Wireshark 都是一款实用工具，而且可以在 CCNA 课程的大部分实验中用于数据分析和故障排除。

Wireshark 的过滤规则实例如下。

- 捕捉主机 10.14.26.53 与 WWW 服务器 www.zju.edu.cn 之间的通信（这里主机 10.14.26.53 可以是自身，也可以是通过普通 HUB（而不是交换机）与本机相连的 LAN 上的其他主机或路由器），Wireshark 的 capture filter 的 filter string 设置为 host 10.14.26.53 and host www.zju.edu.cn。
- 捕捉局域网上的所有 arp 包，Wireshark 的 capture filter 的 filter string 设置为 arp。
- 捕捉局域网上主机 10.14.26.53 发出或接受的所有 arp 包，Wireshark 的 capture filter 的 filter string 设置为 arp host 10.14.26.53 或者等价地设置为 arp and host 10.14.26.53。
- 捕捉局域网上主机 10.14.26.53 发出或接收的所有 POP 包（即 src or dst port=110），Wireshark 的 capture filter 的 filter string 设置为 tcp port 110 and host 10.14.26.53，或者等价地设置为 tcp and port 110 and host 10.14.26.53。
- 捕捉局域网上主机 10.14.26.53 发出或接收的所有 FTP 包（即 src or dst port=21），Wireshark 的 capture filter 的 filter string 设置为 tcp port 21 and host 10.14.26.53。
  - 在主机 10.14.26.53 上用 FTP 客户端软件访问 FTP server。
  - 观察并分析 10.14.26.53 和 FTP server 之间传输的 Ethernet II（即 DIX Ethernet v2）帧结构、IP 数据报结构、TCP segment 结构。
  - 观察并分析 FTP PDU 的名称和结构。注意 10.14.26.53 发出的 FTP request PDU

中以 USER 开头、以 PASS 开头的两个 PDU，它们包含了什么信息？对 Internet 的 FTP 协议的安全性做出评价。

- 捕捉局域网上的所有 icmp 包，Wireshark 的 capture filter 的 filter string 设置为 icmp。
- 捕捉局域网上的所有 ethernet broadcast 帧，Wireshark 的 capture filter 的 filter string 设置为 ether broadcast。
- 捕捉局域网上的所有 IP 广播包，Wireshark 的 capture filter 的 filter string 设置为 ip broadcast。
- 捕捉局域网上的所有 ethernet multicast 帧，Wireshark 的 capture filter 的 filter string 设置为 ether multicast。
- 捕捉局域网上的所有 IP 广播包，Wireshark 的 capture filter 的 filter string 设置为 ip multicast。
- 捕捉局域网上的所有 ethernet multicast 或 broadcast 帧，Wireshark 的 capture filter 的 filter string 设置为 ether[0] & 1 != 0。

要以 MAC address 00:00:11:11:22:22 为抓封包条件，filter string 设置为 ether host 00:00:11:11:22:22。

2.3.2　实验步骤

安装了 Wireshark 的计算机必须有效地连接到网络且网络必须正常运行下，Wireshark 才能捕获数据。

任务 1：启动并熟悉 Wireshark 的使用

步骤 1：安装 Wireshark（版本：Wireshark 1.5.1）

中间会提示安装 WinPcap，一切都按默认安装即可。

步骤 2：启动 Wireshark

双击 Wireshark 图标启动 Wireshark，启动后将显示如图 2-12 所示的界面。

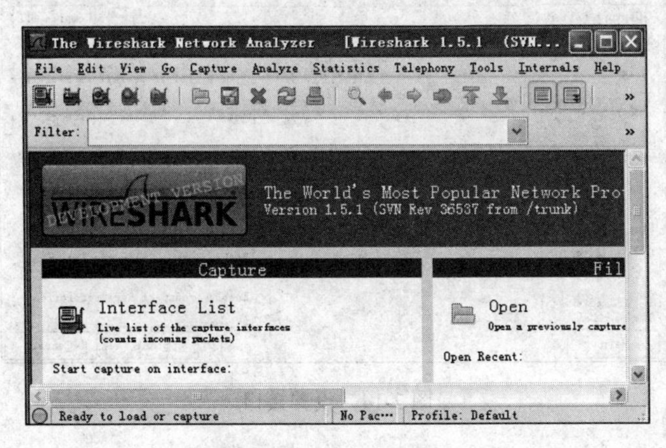

图 2-12　Wireshark 界面

步骤 3：设置捕获的选项

（1）要开始数据捕获，首先需要选择 Capture（捕获）菜单中的 Options（选项）命令。

Options（选项）窗口显示了多项设置和过滤器，用于确定捕获的数据通信类型及其数量，如图 2-13 所示。

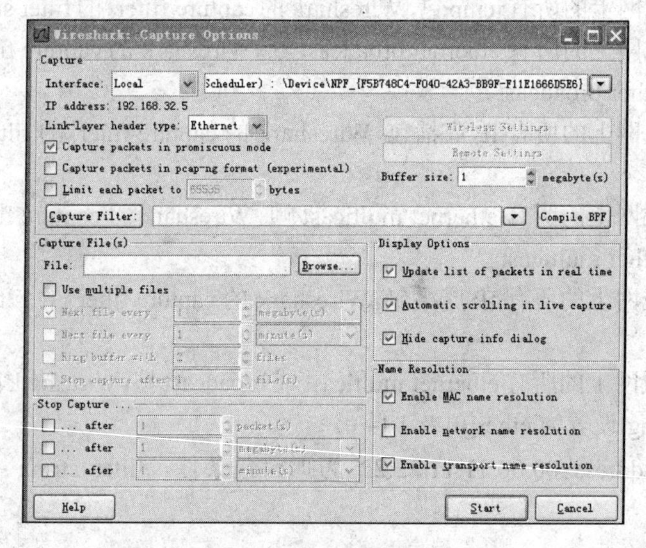

图 2-13　设置捕获选项

（2）必须确保将 Wireshark 设置为监控正确的接口。从 Interface（接口）下拉列表中选择使用中的网络适配器。通常，在计算机上是连接的以太网适配器。在 Capture Options（捕获选项）对话框的可用选项中，需要检查图 2-14 突出显示的两个选项。

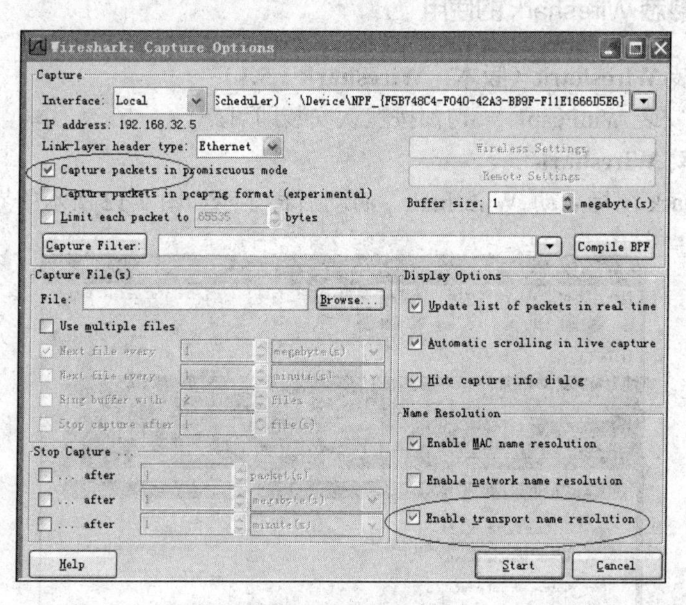

图 2-14　设置接口

（3）将 Wireshark 设置为在混杂模式下捕获数据包。如果未选择此功能，将只捕获发往本计算机的 PDU。如果选择此功能，则会捕获发往本计算机的所有 PDU 和该计算机网卡在同一网段上检测到的所有 PDU（即“途经”该网卡但不发往该计算机的 PDU）。

注意

捕获其他的 PDU 要依靠此网络中连接终端设备计算机的中间设备。由于这些课程的各部分使用了不同的中间设备（集线器、交换机、路由器），因此会看到不同的 Wireshark 结果。

步骤 4：开始数据捕获

单击 Start（开始）按钮开始数据捕获过程。图 2-15 是 Wireshark 的主显示窗口，有 3 个窗格。

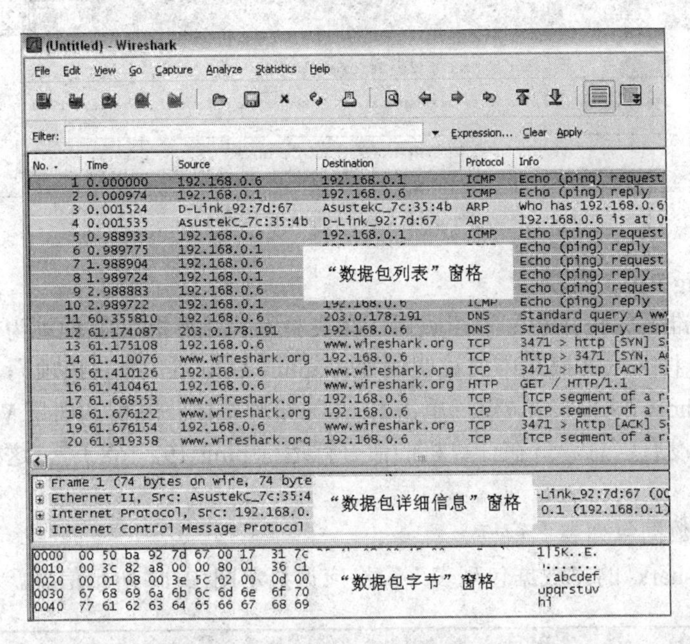

图 2-15　Wireshark 主显示窗口

图 2-15 顶部的 PDU（或数据包）列表窗格显示了捕获的每个数据包的摘要信息。单击该窗格中的数据包可控制另外两个窗格中显示的信息。

图 2-15 中间的 PDU（或数据包）详细信息窗格更加详细地显示了“数据包列表”窗格中所选的数据包。

图 2-15 底部的 PDU（或数据包）字节窗格显示了“数据包列表”窗格中所选数据包的实际数据（以十六进制形式表示实际的二进制），并突出显示了在“数据包详细信息”窗格中所选的字段。

“数据包列表”窗格中的每行对应捕获数据的一个 PDU 或数据包。如果选择该窗格中的一行，其相关详细信息将显示在“数据包详细信息”和“数据包字节”窗格中。如图 2-15 所示为使用 ping 实用程序和访问 http://www.Wireshark.org 时捕获的 PDU，该窗格中选择了编号为 1 的数据包。

“数据包详细信息”窗格以更加详细的形式显示了当前数据包（即“数据包列表”窗格中所选的数据包）。该窗格显示了所选数据包的协议和协议字段。该数据包的协议和字段以树结构显示，可以展开和折叠。“数据包字节”窗格以称为“十六进制转储”的样式显示当前数据包（即“数据包列表”窗格中所选的数据包）的数据。本实验不会详细研究该窗格，但是在需要进行更加深入的分析时，此处显示的信息有助于分析 PDU 的二进制值和内容。

步骤 5：保存捕获的数据

捕获的数据 PDU 信息可以保存在文件中。这样，将来就可以随时在 Wireshark 中打开该文件进行分析而无须再次捕获同样的数据通信量。打开捕获文件时显示的信息与原始捕获的信息相同。关闭数据捕获屏幕或退出 Wireshark 时，系统会提示保存捕获的 PDU，如图 2-16 所示。

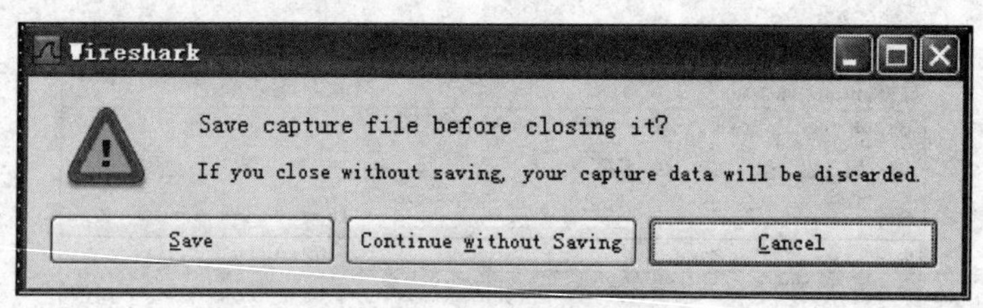

图 2-16 保存捕获的数据

步骤 6：ping PDU 捕获

（1）确定标准实验拓扑和配置正确后，在实验室的计算机（IP 地址为 192.168.1.6）上启动 Wireshark。按照上文概述中的说明设置 Capture Options（捕获选项），在 Capture Filter 文本框中输入“host 192.168.1.7”，单击 Start 按钮开始捕获过程。如果 Wireshark 的“数据包列表”窗格没有信息，就在计算机的命令行运行 ping 192.168.1.7，这样就可以捕获到 ping 的数据包。

（2）检查“数据包列表”窗格。

此时，Wireshark 的“数据包列表”窗格应该显示图 2-17 所示信息。

	Time	Source	Destination	Protocol	Length	Info
6	19.276724	HewlettP_cb:3	Broadcast	ARP	42	who has 192.168.1.7? Tell 192.168.1.6
7	19.276853	HewlettP_ca:e	HewlettP_cb::	ARP	60	192.168.1.7 is at 00:24:81:ca:ec:94
8	19.276865	192.168.1.6	192.168.1.7	ICMP	74	Echo (ping) request id=0x0200, seq=5376/21, ttl=64
9	19.276965	192.168.1.7	192.168.1.6	ICMP	74	Echo (ping) reply id=0x0200, seq=5376/21, ttl=64
10	20.276538	192.168.1.6	192.168.1.7	ICMP	74	Echo (ping) request id=0x0200, seq=5632/22, ttl=64
11	20.276671	192.168.1.7	192.168.1.6	ICMP	74	Echo (ping) reply id=0x0200, seq=5632/22, ttl=64
12	21.276556	192.168.1.6	192.168.1.7	ICMP	74	Echo (ping) request id=0x0200, seq=5888/23, ttl=64
13	21.276692	192.168.1.7	192.168.1.6	ICMP	74	Echo (ping) reply id=0x0200, seq=5888/23, ttl=64
14	21.341466	192.168.1.6	192.168.1.25!	BROWSEF	251	Domain/Workgroup Announcement WORKGROUP, NT Workstatic
15	22.276475	192.168.1.6	192.168.1.7	ICMP	74	Echo (ping) request id=0x0200, seq=6144/24, ttl=64
16	22.276608	192.168.1.7	192.168.1.6	ICMP	74	Echo (ping) reply id=0x0200, seq=6144/24, ttl=64
17	25.887684	HewlettP_cb:3	Broadcast	ARP	42	who has 192.168.1.100? Tell 192.168.1.6
18	32.909174	HewlettP_cb:3	Broadcast	ARP	42	who has 192.168.1.100? Tell 192.168.1.6

图 2-17 捕获到的 ping 数据

观察上面列出的数据包，我们关注的是编号为 8、9、10、11、12、13、15 和 16 的数据包。

任务 2：通过 Wireshark 捕获、嗅探 FTP 密码

步骤 1：启动并设置捕获选项

启动 Wireshark，选择 Capture（捕获）菜单中的 Options（选项）命令，弹出如图 2-18 所示的窗口。

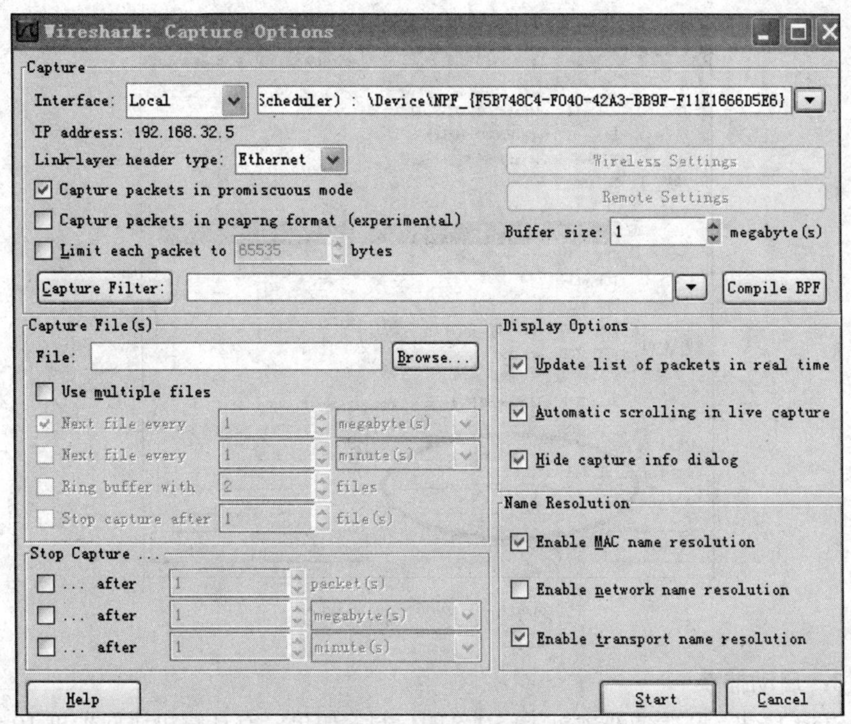

图 2-18 设置捕获选项

步骤 2：设置过滤规则

单击 Capture Filter 按钮，弹出如图 2-19 所示的窗口。

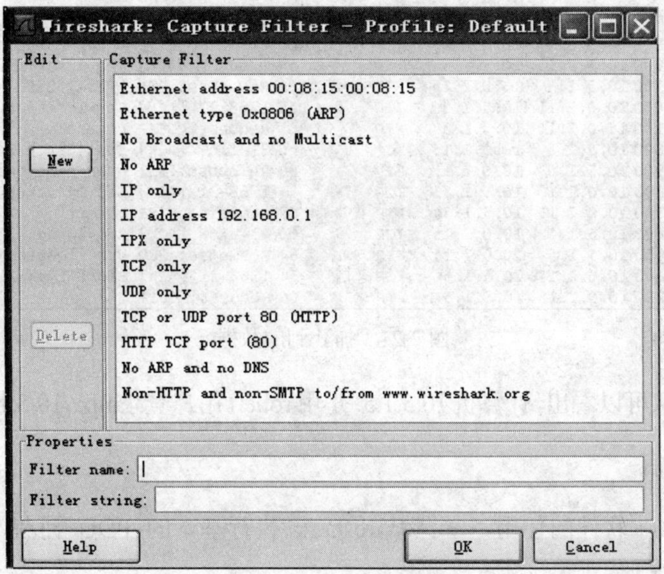

Wireshark: Capture Filter - Profile: Default
Edit
Capture Filter
New
Delete
Ethernet address 00:08:15:00:08:15
Ethernet type 0x0806 (ARP)
No Broadcast and no Multicast
No ARP
IP only
IP address 192.168.0.1
IPX only
TCP only
UDP only
TCP or UDP port 80 (HTTP)
HTTP TCP port (80)
No ARP and no DNS
Non-HTTP and non-SMTP to/from www.wireshark.org
Properties
Filter name:
Filter string:
Help
OK
Cancel

图 2-19 设置过滤规则 1

单击 New 按钮，新建“IP address 10.5.1.5”，如图 2-20 所示，再单击 OK 按钮。

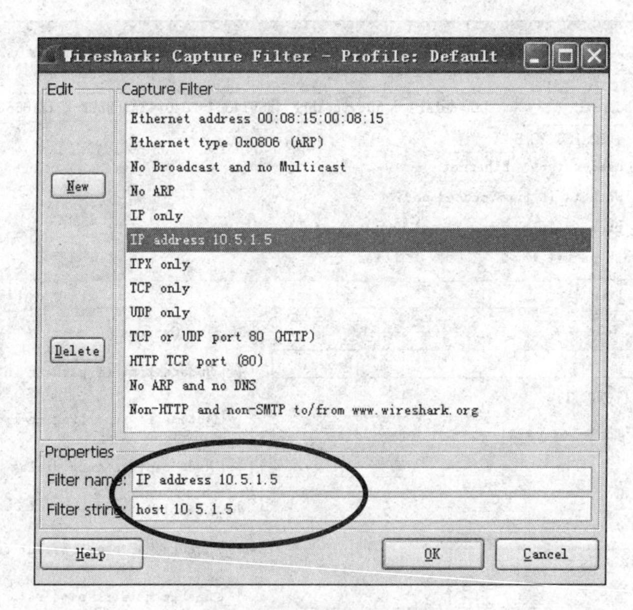

图 2-20 设置过滤规则 2

步骤 3：启动捕获

单击 Start 按钮，开始捕获主机 10.5.1.5 的信息，如果没有计算机访问主机 10.5.1.5，则捕获不到任何信息。

用 IE 浏览器登录 ftp://robert:robert@192.168.32.1。

Wireshark 捕获到的数据如图 2-21 所示。

No.	Time	Source	Destination	Protocol	Length	Info
1	0.0000000	10.0.2.15	10.5.1.5	TCP	62	1768→21 [SYN] Seq=0 Win=65535 Len=0 MSS=146
2	0.00167800	10.5.1.5	10.0.2.15	TCP	60	21→1768 [SYN, ACK] Seq=0 Ack=1 Win=65535 Le
3	0.00172800	10.0.2.15	10.5.1.5	TCP	54	1768→21 [ACK] Seq=1 Ack=1 Win=65535 Len=0
4	0.00253100	10.5.1.5	10.0.2.15	FTP	101	Response: 220 \273\252\304\317\300\355\271\
5	0.16754900	10.0.2.15	10.5.1.5	TCP	54	1768→21 [ACK] Seq=1 Ack=48 Win=65488 Len=0
6	3.33773100	10.0.2.15	10.5.1.5	FTP	67	Request: USER robert
7	3.33866800	10.5.1.5	10.0.2.15	TCP	60	21→1768 [ACK] Seq=48 Ack=14 Win=65535 Len=0
8	3.35035900	10.5.1.5	10.0.2.15	FTP	90	Response: 331 User name okay, need password.
9	3.47279100	10.0.2.15	10.5.1.5	TCP	54	1768→21 [ACK] Seq=14 Ack=84 Win=65452 Len=0
10	5.76964500	10.0.2.15	10.5.1.5	FTP	67	Request: PASS robert
11	5.77085600	10.5.1.5	10.0.2.15	TCP	60	21→1768 [ACK] Seq=84 Ack=27 Win=65535 Len=0
12	5.77159500	10.5.1.5	10.0.2.15	FTP	84	Response: 230 User logged in, proceed.
13	5.87561000	10.0.2.15	10.5.1.5	TCP	54	1768→21 [ACK] Seq=27 Ack=114 Win=65422 Len=
14	52.602622	10.0.2.15	10.5.1.5	FTP	60	Request: QUIT

图 2-21 捕获到的数据

从捕获的信息可以看出，计算机 10.5.1.5 是用 robert 用户登录 ftp://10.5.1.5，密码是 robert。

2.3.3 实验总结

掌握 Wireshark 软件的使用，掌握 Wireshark 执行基本的 PDU 捕获，掌握 Wireshark 捕获、嗅探 FTP 密码。

2.4　网络设备基本操作

2.4.1　原理简介

用户一般使用命令行用户界面（Command Line Interface，CLI）对网络设备进行配置和管理，常见的几种连接方式如下。

（1）控制台（Console）接口：一种最基本的连接方式，通过电缆将 PC 与交换机或路由器的控制台接口相连，首次配置时需采用该方式。

（2）AUX 接口：通过设备的 AUX 接口接 modem，通过电话线与远程 PC 相连。

（3）Telnet：通过 Telnet 远程登录配置设备。

（4）SSH：通过 SSH 终端远程登录配置设备，提供安全保障和强大的验证功能。

网络设备提供丰富的功能，也提供了相应的配置和查询命令，设备将命令按功能进行分类组织。命令视图是设备在命令行界面对用户的一种呈现方式，功能分类与命令视图对应，当要配置某功能的某条命令时，需要先进入这条命令所在的视图。在 H3C 的设备中，常见的命令视图类型包括以下几种。

（1）用户视图：用户登录设备后，直接进入用户视图。用户视图下可执行的操作主要包括查看操作、调试操作、文件管理操作、设置系统时间、重启设备、FTP 和 Telnet 操作等。

（2）系统视图：在用户视图下输入 system-view，即可进入系统视图。系统视图下能对设备运行参数进行配置，如配置系统名、配置欢迎信息、配置快捷键等。

（3）各种功能视图：在系统视图下输入不同的命令，可以进入相应的功能视图，完成各种功能的配置。例如，进入接口视图配置接口参数、创建 VLAN 并进入 VLAN 视图、进入用户界面视图配置登录用户的属性等。

系统的各种命令视图如图 2-22 所示。

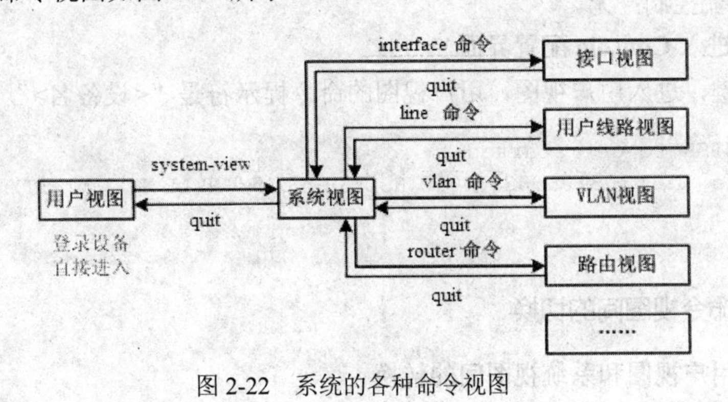

图 2-22　系统的各种命令视图

2.4.2　实验环境

（1）路由器：1 台，也可用交换机代替。

（2）PC：1 台，安装 Windows 7 系统，SecureCRT 终端仿真程序。

（3）线缆：1 条 Console 串口线，1 条 UTP 以太网连接线（交叉线）。

实验组网如图 2-23 所示。

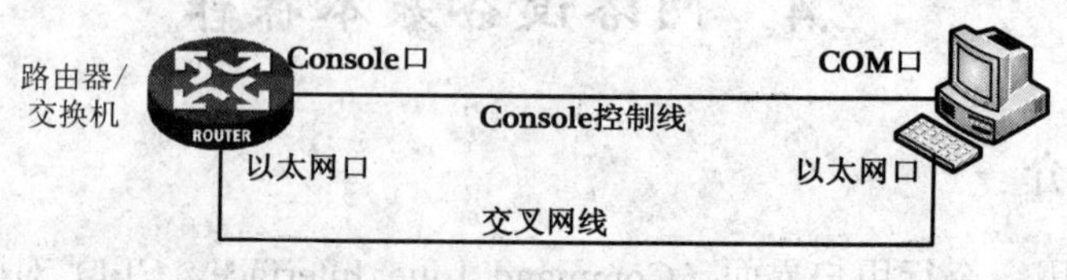

图 2-23　实验组网

2.4.3　使用 H3C 设备的实验过程

本实验中，路由器的型号为 MSR36-20。

任务 1：通过 Console 口连接设备

步骤 1：连接线缆

将 Console 线的 RJ-45 接口一端连接路由器的 Console 口，RS-232 接口一端连接计算机的串口 COM1，实现 PC 与路由器 Console 口的连接。

步骤 2：在 PC 上运行终端仿真程序

在 PC 中打开终端仿真程序 SecureCRT，选择“文件”→“快速连接”命令。在弹出的“快速连接”对话框中设置以下参数，单击“确定”按钮进行连接。

- 协议（P）：Serial。
- 接口（O）：COM1（Console 线路连接的接口）。
- 波特率（B）：9600。
- 数据位（D）：8。
- 奇偶校验（A）：无。
- 停止位（S）：1。
- 数据流控制：无。

步骤 3：进入 Console 配置界面

按 Enter 键，进入用户视图，用户视图的命令提示符是“<设备名>”，显示结果如下：

```
Press ENTER to get started.
<H3C>%Jun  1 10:03:05:831 2015 H3C SHELL/5/SHELL_LOGIN: TTY logged in from
aux0.
<H3C>
```

任务 2：熟悉命令视图间的切换

步骤 1：用户视图和系统视图间的转换

<H3C>**system-view**	/*用户视图下使用 system-view 命令进入系统视图*/
[H3C]	/*系统视图的命令提示符是“[设备名]”*/
[H3C]**quit**	/*系统视图下使用 quit 命令返回用户视图*/
<H3C>	

步骤 2：系统视图和各功能视图间的转换

<H3C>**system-view**	/*进入系统视图*/
[H3C]**interface** GigabitEthernet0/1	/*使用“interface 接口编号”命令进入接口视图*/
[H3C-GigabitEthernet0/1]**quit**	/*接口视图下使用 quit 命令返回系统视图*/
[H3C]**line vty** 0	/*使用 line vty 命令进入远程用户线路视图，部分早期版本需使用命令 user-interface vty 0 4*/
[H3C-line-vty0]**quit**	/*用户线路视图下使用 quit 命令返回系统视图*/
[H3C]	

任务 3：熟悉帮助命令

步骤 1：在任一视图下，输入“?”获取该命令视图下的所有命令及其简单描述

<H3C>?	/*使用“?”查看用户视图下可用的命令*/

路由器返回用户视图下可用的命令：

```
User view commands:
  access-list    acl
  archive        Archive configuration
  backup         Backup the startup configuration file to a TFTP server
  boot-loader    Software image file management
  bootrom        Update/read/backup/restore bootrom
…
```

在一屏显示的最后一行出现提示信息“---More---”时，表示后面还有信息，此时按 Space 键可以进行翻页显示，按 Enter 键可以进行翻行显示，按 Ctrl+C 快捷键可以结束显示。

<H3C>**system-view**	/*进入系统视图*/
[H3C]**?**	/*使用“?”查看系统视图下可用的命令*/

路由器返回系统视图下可用的命令：

```
System view commands:
  aaa                   AAA configuration
  access-list           acl
  acl                   Specify ACL configuration information
  alias                 Configure an alias for a command
  app-group             Specify an application group
…
```

步骤 2：任一命令后接空格分隔的“?”

（1）如果该位置为关键字，列出全部关键字及其描述：

[H3C] **interface ?**	/*列出 interface 命令后面可接的所有关键字*/

路由器返回的结果：

```
Dialer              Dialer interface
GigabitEthernet     GigabitEthernet interface
HDLC-bundle         Hdlc bundle interface
LoopBack            LoopBack interface
MP-group            MP-group interface
…
```

（2）如果该位置为参数，列出有关的参数描述：

```
[H3C] interface GigabitEthernet ?          /*列出命令后面可写的参数范围*/
```

返回结果：

```
<0,5-6>   GigabitEthernet interface number
```

如果返回结果是<cr>，表示该位置无参数，直接按 Enter 键即可执行。

步骤 3：字符串后紧接“?”，列出该字符串开头的所有命令

```
[H3C]in?                  /*列出在系统视图下，以 in 开头的所有命令*/
```

返回结果：

```
info-center
interface
```

步骤 4：任一命令，后接一字符串紧接“?”，列出命令以该字符串开头的所有关键字

```
[H3C]interface v?          /*列出 interface 命令中，以 v 开头的所有关键字*/
```

返回结果：

```
VE-L2VPN
VE-L3VPN
Virtual-Ethernet
Virtual-PPP
Virtual-Template
Vlan-interface
```

步骤 5：输入命令的某个关键字的前几个字母，按 Tab 键

显示以这些字母开头的完整的关键字，如果这几个字母不能唯一标示出该关键字，设备会按照字母顺序，依次显示出以这些字母开头的所有命令。

任务 4：配置 Telnet 远程登录

步骤 1：连接线缆

按图 2-23 所示，使用交叉网线把 PC 的以太网口与路由器的以太网口 G0/1 相连。

步骤 2：启动 Telnet 服务

```
<H3C>system-view                                   /*进入系统视图*/
[H3C]telnet server enable                          /*启动 Telnet 服务器*/
```

步骤 3：配置 vty 线路

（1）使用密码验证方式：

```
[H3C]line vty 0 4                                  /*进入 vty0~4 用户视图，早期版本使用命令
                                                   user-interface vty 0 4*/
[H3C-line-vty0-4]authentication-mode password      /*用户访问时使用密码验证*/
[H3C-line-vty0-4]set authentication password simple 123  /*设置用户的访问密码是明文的 123*/
```

（2）使用 Scheme 验证方式（用户名、密码）：

```
[H3C]local-user admin                              /*新建本地用户 admin*/
[H3C-luser-manage-admin] password simple 123       /*设置用户的登录密码为 123*/
[H3C-luser-manage-admin]service-type telnet        /*设置用户的服务类型为 telnet，供远程登录
                                                   验证使用*/
[H3C]line vty 0 4                                  /*进入 vty0~4 用户视图*/
[H3C-line-vty0-4]authentication-mode scheme        /*用户访问时使用 scheme 验证*/
```

步骤 4：配置设备接口的 IP 地址

```
[H3C]interface GigabitEthernet0/1                  /*进入与 PC 相连的以太网口*/
                    /*如果是交换机，则使用 interface vlan 1 命令进入虚拟 vlan 接口 1*/
[H3C-GigabitEthernet0/1]ip address 192.168.0.1 255.255.255.0   /*配置接口 IP 地址*/
```

步骤 5：配置 PC 机 IP

把 PC 机的 IP 设置为 192.168.0.2/24，与设备接口的 IP 地址在同一网段。

步骤 6：使用 Telnet 登录

在 PC 机的命令行窗口，用 telnet 192.168.0.1 命令 telnet 到路由器的以太网口的 IP 地址，与路由器建立连接，输入验证信息，进入命令行界面。

注意

默认 Windows 7 下的 Telnet 服务是没有打开的，可通过“控制面板”→“程序”→“打开或关闭 Windows 功能”，选中“Telnet 客户端”复选框，单击“确定”按钮，打开 PC 机的 Telnet 功能。

任务 5：设备的常规配置

步骤 1：设置设备的系统时间

```
<H3C>clock datetime 10:00:00 2015/03/05    /*用户视图下使用 clock datetime 命令修改系统时间*/
```

```
<H3C>display clock                        /*查看修改后的系统时间*/
```

注意

需要设置系统时间，必须先保证设备没有启动网络时间协议（NTP），可在特权视图下使用 clock protocol none 命令设置不使用 NTP 协议。

步骤 2：设置设备的名称

```
<H3C>system-view              /*进入系统视图*/
[H3C]sysname router           /*系统视图下使用 sysname 命令把设备名称修改为 router*/
[router]quit                  /*命令提示符中的设备名称被修改*/
<router>                      /*用户视图*/
```

步骤 3：保存当前的配置

```
<router>save                  /*保存当前运行的配置信息（可在任意视图下执行）*/
```

系统提示输入保存配置文件的文件名，其扩展名为*.cfg。如果不输入，默认的文件名为 startup.cfg，按 Enter 键确定。下一步系统提示是否覆盖以前的配置文件，按 Y 键确认。

如果不使用 save 命令保存配置，设备重启后所有配置信息都会丢失。

步骤 4：删除清空配置信息，恢复默认状态

```
<router>reset saved-configuration       /*用户视图下使用该命令删除保存的配置*/
<router>reboot                          /*用户视图下使用该命令重启设备*/
```

重启时，若系统提示是否保存当前配置，按 N 键取消保存。

2.4.4 使用 Cisco 设备的实验过程

本实验中，所有操作使用 Packet Tracert 6.0 模拟软件进行，使用的路由器型号为 2911。

任务 1：熟悉命令视图间的切换

在 Cisco 的路由器或交换机中有多种配置模式，不同模式有不同的命令提示状态，包括如下内容。

- ❑ Router >：用户模式。
- ❑ Router #：特权模式。
- ❑ Router(Config) #：全局配置模式。
- ❑ Router(Config-if)#：接口配置模式。

各个视图间的切换命令如下：

```
Router>enable                           /*用户模式，系统启动默认进入的模式*/
Router#configure terminal               /*用户模式下使用 enable 命令进入特权模式*/
Router(Config)#interface g0/0           /*全局配置模式下执行 interface  命令进入接口视图*/
```

```
Router(Config-if)#exit                 /*接口视图下执行 exit 命令退出*/
Router(Config)#exit                    /*全局配置模式下执行 exit 命令退出*/
Router#disable                         /*特权模式下执行 disable 命令返回用户模式*/
```

任务 2：熟悉帮助命令

在 Cisco 设备中的帮助命令与 H3C 设备类似，在任何模式下，用户在输入命令时，不用全部将其输入，只要前几个字母能够唯一标识该命令即可，或者按 Tab 键将显示全称。例如，configure terminal 可以写成 conf t，interface GigabitEthernet0/1 可以写成 int g0/1。

在 Cisco 中，也是使用“?”获得命令行的在线帮助：

```
Router# ?          /*在任一模式下，输入“?”获取该命令视图下的所有命令及其描述*/
Router# con?       /*输入一字符串，其后紧接“?”，可列出以该字符串开头的所有命令*/
Router# show ?     /*输入一命令，后接以空格分隔的“?”，即可显示对应位置的参数*/
```

任务 3：配置 Telnet 远程登录

按图 2-23 所示，使用交叉网线把 PC 的以太网口与路由器的一个以太网口 f0/1 相连，并按照以下步骤配置路由器的 telnet 连接：

```
Router>                                               /*用户模式*/
Router>enable                                         /*进入特权模式*/
Router#configure terminal                             /*进入全局配置模式*/
Router(config)#line vty 0 4                           /*允许 5 个 telnet 访问，并进入线路配置模式*/
Router(config-line)#password cisco                    /*设置登录密码为 cisco*/
Router(config-line)#login                             /*设置登录提示*/
Router(config-line)#exit                              /*退出线路模式*/
Router(config)#interface g0/0                         /*进入接口模式*/
Router(config-if)#ip address 192.168.0.1 255.255.255.0   /*配置接口 IP 地址*/
Router(config-if)#no shutdown                         /*启动接口*/
```

把 PC 机的 IP 设置为 192.168.0.2/24，与设备接口的 IP 地址在同一网段。

在 PC 机的命令行窗口，用 telnet 192.168.0.1 命令 telnet 到路由器的以太网口的 IP 地址，与路由器建立连接，输入验证信息，进入命令行界面。

任务 4：设备的常规配置

```
Router#clock set 10:00:00 05 march 2015        /*修改系统时间*/
Router#show clock                              /*查看修改后的系统时间*/
Router#configure terminal                      /*进入全局配置模式*/
Router(config)#hostname R1                     /*修改设备的名称*/
R1(config)#exit                                /*返回系统视图*/
```

```
R1#write                /*保存当前运行的配置信息*/
R1#write erase          /*删除保存的配置*/
R1#reload               /*重启设备*/
```

2.4.5 实验中的命令列表

1. H3C 设备的命令列表

本实验中，H3C 设备使用的实验命令如表 2-3 所示。

表 2-3 H3C 设备的实验命令列表

命　令	描　述
system-view	进入系统视图
quit	退出
interface interface-type interface-num	进入接口视图
ip address ip-address { mask-length | mask }	配置 IP 地址
telnet server enable	启动 telnet 服务
line vty first-num [last-num]	进入 vty 视图
authentication-mode {none | password | scheme }	设置认证视图
set authentication password { ciper | simple } password	配置验证信息
clock datetime hh:mm:ss YYYY/MM/DD	设置系统时间
sysname name	更改设备名称
save	保存配置
reset saved-configuration	清空保存的配置
reboot	重启系统

2. Cisco 设备的命令列表

本实验中，Cisco 设备使用的命令如表 2-4 所示。

表 2-4 Cisco 设备的实验命令列表

命　令	描　述
enable	进入特权视图
disable	退出特权视图
configure terminal	进入全局配置视图
exit	退出当前视图
interface interface-type interface-num	进入接口视图
ip address ip-address { mask-length | mask }	配置 IP 地址
line vty first-num [last-num]	进入 vty 视图
password password	设置登录密码

续表

命令	描述
login	设置登录时请求密码
clock set hh:mm:ss day month year	设置系统时间
show clock	查看当前系统时间
hostname name	更改设备名称
write	保存配置
write erase	删除保存的配置
reload	重启设备

2.4.6 实验总结

（1）网络设备支持多种访问方式：Console 口本地配置、AUX 口本地或远程配置、Telnet 远程配置。

（2）配置 Telnet 远程访问时，可选择 none、password、scheme 3 种验证方法，不同验证方式的配置命令和验证信息不同。

（3）网络设备使用命令行界面进行配置，提供多种命令视图：用户视图、系统视图、接口视图、用户界面视图等，不同视图下提供不同的配置命令和功能。

（4）命令行接口提供方便的在线帮助手段，配置时可利用此特性了解当前视图下可用的命令和参数。

2.5 网络设备的信息查看与调试

2.5.1 原理简介

网络组建的首要任务是保证网络的连通性，为达到网络连通性，单个设备及设备之间同时运行各种协议或交互各种控制信息。在单个设备上，可利用设备的信息查看命令，了解系统运行、配置参数、状态等信息。对于设备所支持的各种协议和特性，可利用系统的调试功能进行错误诊断和定位。

调试信息的输出可由以下两个开关控制。

（1）协议调试开关：控制是否输出某协议的调试信息。

（2）屏幕输出开关：控制是否在用户屏幕上输出调试信息。

2.5.2 实验环境

（1）路由器：1 台。

（2）PC：2 台，安装 Windows 7 系统。

（3）线缆：2 条 UTP 以太网连接线（交叉线），1 条 Console 串口线。

实验组网如图 2-24 所示。设备 IP 地址表设置如表 2-5 所示。

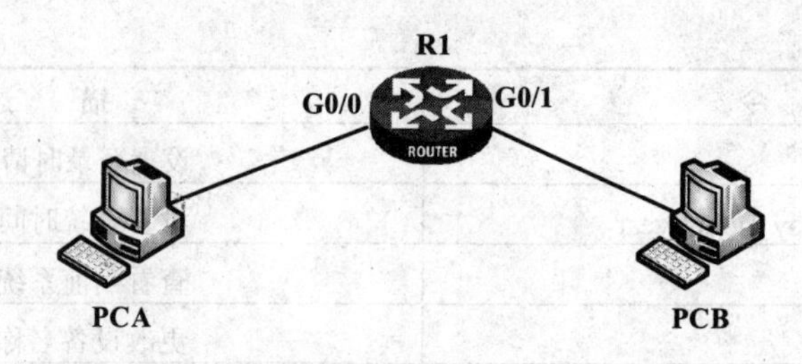

图 2-24　实验组网

表 2-5　设备的 IP 地址表

设　　备	接　　口	IP 地址	网　　关
路由器	G0/0	192.168.1.254/24	
	G0/1	192.168.2.254/24	
PCA		192.168.1.1/24	192.168.1.254
PCB		192.168.2.1/24	192.168.1.254

2.5.3　使用 H3C 设备的实验过程

本实验中，路由器的型号为 MSR36-20，交换机的型号为 S5820。

任务 1：搭建实验的网络环境

步骤 1：连接网络

根据图 2-24 实验网络的拓扑图，使用以太网连接线分别把主机 PCA、PCB 的以太网口与路由器 R1 的 G0/0、G0/1 互连起来。

检查路由器的配置是否为初始状态，如果不是，在用户视图下删除设备的配置文件，重启设备，使设备采用默认配置参数进行初始化，把设备的配置恢复到默认状态。

步骤 2：配置设备的 IP 地址

（1）配置路由器两个以太网口的 IP 地址：

```
<H3C>system-view                                              /*进入系统视图*/
[H3C]interface G0/0                                           /*进入 G0/0 接口视图*/
[H3C-GigabitEthernet0/0]ip address 192.168.1.254 255.255.255.0 /*配置接口的 IP 地址*/
[H3C-GigabitEthernet0/0]int G0/1                              /*进入 G0/1 接口视图*/
[H3C-GigabitEthernet0/1]ip address 192.168.2.254 255.255.255.0 /*配置接口的 IP 地址*/
[H3C-GigabitEthernet0/1]end                                   /*返回用户视图*/
```

（2）按表 2-5 的设备 IP 地址列表，配置主机 IP 地址。

任务 2：查看设备运行信息

步骤 1：显示系统版本信息

```
<H3C>display version              /*显示系统的版本信息（可在任意视图下执行）*/
```

设备的版本信息的部分内容：

```
H3C Comware Software, Version 7.1.059, Alpha 7159
Copyright (c) 2004-2014 Hangzhou H3C Tech. Co., Ltd. All rights reserved.
H3C MSR36 uptime is 0 weeks, 0 days, 0 hours, 7 minutes
Last reboot reason: User reboot

CPU ID: 0x2
512M bytes DDR3 SDRAM Memory
1024M bytes Flash Memory
PCB              Version:  2.0
CPLD             Version:  1.0
Basic     BootWare Version:  1.42
Extended BootWare Version:  1.42
```

其中的部分参数说明如下。

- Version 7.1.059,Alpha 7159：软件包的版本号。
- SDRAM Memory、Flash Memory：内存、闪存的大小。
- PCB、CPLD 等硬件的版本信息。

步骤 2：显示设备的内存使用情况

```
<H3C>display memory                    /*显示设备内存信息（可在任意视图下执行）*/
```

执行命令后显示的内容：

```
The statistics about memory is measured in KB:
Slot 0:
           Total      Used      Free    Shared    Buffers Cached FreeRatio
Mem:     512252     244332    267920       0         48    114492    52.3%
-/+ Buffers/Cache:129792     382460
Swap:         0          0         0
```

其中的部分参数说明如下。

- The statistics about memory is measured in KB：系统内存使用情况，以 KB 为单位。
- Slot：固定值 0，没有实际意义。
- Mem：内存使用信息。
- Total：系统可分配的物理内存大小。
- Used：系统已用的物理内存大小。
- Free：系统可用的物理内存大小。
- Shared：多个进程共享的物理内存总额。
- Buffers：已使用的文件缓冲区大小。
- Cached：高速缓冲寄存器已使用的内存大小。
- FreeRatio：整个物理内存的空闲率。
- -/+ Buffers/Cache: userd=Mem:Used-Mem:Buffers-Mem:Cached
  free=Mem:Free+Mem:Buffers+Mem:Cached

- Swap：交换分区的使用信息。

步骤 3：显示设备当前 CPU 利用率

```
<H3C>display cpu-usage                  /*显示设备当前 CPU 利用率（可在任意视图下执行）*/
```

执行命令后显示的内容如下。

```
Unit CPU usage:
        6% in last 5 seconds
        5% in last 1 minute
        6% in last 5 minutes
```

其中的部分参数说明如下。

- Unit CPU usage：CPU 利用率信息。
- in last 5 seconds：最近一个 5 秒统计周期内 CPU 的平均利用率。设备启动后，会以 5 秒为周期计算并记录一次该 5 秒内的 CPU 的平均利用率。
- in last 1 minute：最近一个 1 分钟统计周期内 CPU 的平均利用率。设备启动后，会以 1 分钟为周期计算并记录一次该 1 分钟内的 CPU 的平均利用率。
- in last 5 minutes：是最近一个 5 分钟统计周期内 CPU 的平均利用率。设备启动后，会以 5 分钟为周期计算并记录一次该 5 分钟内的 CPU 的平均利用率。

步骤 4：显示设备当前的配置信息

```
<H3C>display current-configuration          /*显示设备当前配置信息（可在任意视图下执行）*/
```

设备的所有配置信息的部分内容：

```
#
 version 7.1.059, Alpha 7159
#
 sysname H3C
#
…
#
interface GigabitEthernet0/0
 port link-mode route
 combo enable copper
 ip address 192.168.1.254 255.255.255.0
#
…
```

在一屏显示的最后一行出现提示信息“---More---”时，表示后面还有信息，按 Space 键进行翻页显示，按 Enter 键进行翻行显示，按 Ctrl+C 快捷键结束显示。

步骤 5：显示设备保存的配置信息

```
<H3C>display saved-configuration          /*显示系统保存的配置信息（可在任意视图下执行）*/
```

如果没有输出信息，原因是之前没有保存配置。

步骤 6：显示设备接口详细信息

```
<H3C>display interface                    /*显示设备接口信息（可在任意视图下执行）*/
```

设备的接口信息的部分内容：

```
GigabitEthernet0/0
Current state: UP
Line protocol state: UP
Description: GigabitEthernet0/0 Interface
Bandwidth: 1000000kbps
Maximum Transmit Unit: 1500
Internet Address is 192.168.1.254/24 Primary
IP Packet Frame Type:PKTFMT_ETHNT_2, Hardware Address: 0cb2-74a0-0105
IPv6 Packet Frame Type:PKTFMT_ETHNT_2, Hardware Address: 0cb2-74a0-0105
Output queue - Urgent queuing: Size/Length/Discards 0/100/0
Output queue - Protocol queuing: Size/Length/Discards 0/500/0
Output queue - FIFO queuing: Size/Length/Discards 0/75/0
Last link flapping: 0 hours 45 minutes 4 seconds
Last clearing of counters: Never
 Peak value of input: 0 bytes/sec, at 00-00-00 00:00:00
 Peak value of output: 0 bytes/sec, at 00-00-00 00:00:00
 Last 300 seconds input: 0 packets/sec 0 bytes/sec 0%
 Last 300 seconds output: 0 packets/sec 0 bytes/sec 0%
 Input (total): 0 packets, 0 bytes
          0 unicasts, 0 broadcasts, 0 multicasts, 0 pauses
 Input (normal): 0 packets, 0 bytes
          0 unicasts, 0 broadcasts, 0 multicasts, 0 pauses
 Input: 0 input errors, 0 runts, 0 giants, 0 throttles
          0 CRC, 0 frame, 0 overruns, 0 aborts
          0 ignored, 0 parity errors
 Output (total): 0 packets, 0 bytes
          0 unicasts, 0 broadcasts, 0 multicasts, 0 pauses
 Output (normal): 0 packets, 0 bytes
          0 unicasts, 0 broadcasts, 0 multicasts, 0 pauses
 Output: 0 output errors, 0 underruns, 0 buffer failures
          0 aborts, 0 deferred, 0 collisions, 0 late collisions
          0 lost carrier, 0 no carrier
…
```

其中的部分参数说明如下。

- ❑ GigabitEthernet0/0：先指明当前是哪个接口的信息。
- ❑ Current state：接口的物理状态。其值为 Administratively down，表示接口通过 shutdown 命令被关闭，即接口管理状态为关闭。值为 DOWN，表示接口管理状态为开启，但可能因为没有物理线路或链路故障，物理状态为关闭的。值为 UP，表示该接口管理状态和物理状态都是开启的。

- Line protocol state：接口的链路层协议状态。值为 UP，表示链路层状态为开启。值为 DOWN，表示链路层状态为关闭。
- Description：接口的描述信息。
- Bandwidth：接口的期望带宽。
- Maximum Transmit Unit：接口的 MTU（最大传输单元），以字节为单位。
- Internet Address：接口的 IP 地址。
- IP Packet Frame Type：以太网帧格式，PKTFMT_ETHNT_2 表示以以太网帧格式封装。
- Hardware Address：表示接口的 MAC 地址。
- Last 300 seconds input/output：接口最近 300 秒接收和发送报文的平均速率，单位分别为数据包/秒和字节/秒，以及实际速率和接口带宽的百分比。
- Input(total)：接口接收总的报文统计值，单位分别为报文数、字节数，还分别统计接口接收的单播报文、广播报文、组播报文和 PAUSE 帧的数量。
- Input(normal)：端口接收的正常报文的统计值，单位分别为报文数、字节数。还分别统计接口接收的正常单播报文、广播报文、组播报文和 PAUSE 帧的数。
- Input。
  - errors：接收的错误报文数。
  - runts：接收到的长度小于 64 字节的帧的数量。
  - giants：接收到的超大帧的数量。
  - throttles：接收到的长度为非整数字节的帧的个数。
  - CRC：接收到的 CRC 检验错误、长度正常的帧个数。
  - frame：接收到的 CRC 校验错误且长度不是整字节数的帧的个数。
  - overruns：接口接收速率超过接收队列的处理能力，导致丢弃的报文的个数。
  - aborts：接收到的非法报文总数。
  - ignored：接口接收缓冲区不足等原因丢弃的报文总数。
  - parity errors：接收到的奇偶校验错误的帧的数目。
- output(total)、output(normal)、output：接口发送的报文情况，具体参数的作用与 input 类似。

步骤 7：显示设备接口摘要信息

<H3C>**display interface brief**	/*显示设备接口摘要信息（可在任意视图下执行），早期版本使用命令 display brief interface*/

设备的接口摘要信息的部分内容：

```
Brief information on interface(s) under route mode:
Link: ADM - administratively down; Stby - standby
Protocol: (s) - spoofing
Interface          Link Protocol Main IP          Description
GE0/0                UP    UP    192.168.1.254
```

```
GE0/1              UP    UP     192.168.2.254
InLoop0            UP    UP(s)  --
NULL0              UP    UP(s)  --
…
```

其中的部分参数说明如下。

- under route mode：三层模式下（route）接口的概要信息，即三层接口的概要信息。
- Link：接口的物理连接状态。值是 UP 表示接口物理上是连通的；值是 DOWN 表示接口物理上不通；值是 ADM，表示该接口被管理员手工关闭了，需要执行 undo shutdown 命令才能打开接口；值为 Stby，表示该接口是一个备份接口，使用 display interface-backup state 命令可以查看该备份接口对应的主接口。
- Protocol：接口的数据链路层状态。值是 UP 表示接口的数据链路层是连通的；值是 DOWN 表示接口的数据链路层不通；值是 UP(s)，则表示该接口的数据链路层协议状态显示为 UP，但实际可能没有对应的链路，或者对应的链路不是永久存在而是按需建立的。如显示的结果中，NULL、LoopBack 等接口的值为 UP(s)会具有该属性。
- Main IP：接口主 IP 地址。
- Description：用户通过 description 命令给接口配置的描述信息。

任务 3：查看设备调试信息

步骤 1：开启路由器的监视和显示功能

```
<H3C>terminal monior                    /*用户视图下开启系统的调试监视功能*/
<H3C>terminal debugging                 /*用户视图下开启系统的调试显示功能*/
```

步骤 2：在路由器上打开 ICMP 协议的调试开关

```
<H3C>debugging ip icmp                  /*用户视图下开启 ICMP 协议的调试监视功能*/
```

步骤 3：在路由器上观察调试信息

在主机 A 上 ping 路由器的接口地址：ping 192.168.1.254。

在路由器上观察到的 debugging 信息：

```
*Jun   2 07:02:58:586 2015 H3C SOCKET/7/ICMP:
ICMP Input:
 ICMP Packet: src = 192.168.1.1, dst = 192.168.1.254
type = 8, code = 0 (echo)
*Jun   2 07:02:58:586 2015 H3C SOCKET/7/ICMP:
ICMP Output:
 ICMP Packet: src = 192.168.1.254, dst = 192.168.1.1
type = 0, code = 0 (echo-reply)
…
```

在输出的信息中，可看出每个数据包的源地址、目的地址、ICMP 类型值。

步骤 4：显示所有打开的调试开关

```
<H3C>display debugging                /*显示所有打开的调试开关（可在任意视图下执行）*/
```

显示结果：

```
IP ICMP debugging is on
```

步骤 5：关闭调试开关

```
<H3C>undo debugging all               /*用户视图下关闭所有调试开关*/
```

2.5.4 使用 Cisco 设备的实验过程

本实验中，所有操作使用 Packet Tracert 6.0 模拟软件进行，使用的路由器型号为 2911。

任务 1：查看设备运行信息

按照图 2-24 的拓扑连接网络，并执行命令配置路由器 IP 地址和主机 IP 地址，查看设备运行信息：

```
Router#configure terminal                                          /*进入全局配置模式*/
Router(config)#interface g0/0                                      /*进入接口配置模式*/
Router(config-if)#ip address 192.168.1.254 255.255.255.0           /*配置接口 IP 地址*/
Router(config-if)#no shutdown                                      /*打开接口*/
Router(config-if)#interface g0/1                                   /*进入接口配置模式*/
Router(config-if)#ip address 192.168.2.254 255.255.255.0           /*配置接口 IP 地址*/
Router(config-if)#no shutdown                                      /*打开接口*/
Router(config-if)#exit                                             /*退出接口配置模式*/
Router(config)#exit                                                /*退出全局配置模式*/
Router#show version                                                /*查看版本信息*/
Router#show memory                                                 /*查看系统内存使用情况*/
Router#show process cpu                                            /*查看系统 CPU 利用率*/
Router#show running-config                                         /*查看系统当前配置信息*/
Router#show startup-config                                         /*查看系统启动配置信息*/
Router#show ip interface                                           /*查看接口详细信息*/
Router#show interface f0/0                                         /*查看某接口的具体信息*/
Router#show ip interface brief                                     /*查看接口摘要信息*/
```

（1）执行 show version 命令后，设备显示的版本信息的部分内容：

```
Cisco IOS Software, C2900 Software (C2900-UNIVERSALK9-M), Version 15.1(4)M4, RELEASE
SOFTWARE (fc2)
Technical Support: http://www.cisco.com/techsupport
```

```
Copyright (c) 1986-2007 by Cisco Systems, Inc.
Compiled Wed 18-Jul-07 06:21 by pt_rel_team

ROM: System Bootstrap, Version 15.1(4)M4, RELEASE SOFTWARE (fc1)
cisco2911 uptime is 8 minutes, 33 seconds
System returned to ROM by power-on
System image file is "flash0:c2900-universalk9-mz.SPA.151-1.M4.bin"
Last reload type: Normal Reload

…

Cisco CISCO2911/K9 (revision 1.0) with 491520K/32768K bytes of memory.
Processor board ID FTX152400KS
3 Gigabit Ethernet interfaces
DRAM configuration is 64 bits wide with parity disabled.
255K bytes of non-volatile configuration memory.
249856K bytes of ATA System CompactFlash 0 (Read/Write)
…

Configuration register is 0x2102
```

其中的部分参数说明如下。

- Cisco IOS Software …：路由器的 IOS 软件的版本号。
- Technical Support：技术支持的网址。
- Copyright …：版权信息。
- Compiled …：编译信息。
- ROM：引导程序的版本。
- System image file：系统映像文件的名称。
- 491520K/32768K bytes of memory：路由器总内存大小是 491 520KB，当前可用大小是 32 768KB。
- Processor board ID：路由器的 CPU 的 ID。
- 3 Gigabit Ethernet interfaces：路由器包含 3Gb 以太网接口。
- 255K bytes of non-volatile configuration memory：非易失性随机存取存储器（NVRAM）的大小是 255KB。
- Configuration register：软件配置登记码，用于约定加载 IOS 软件的位置。

（2）在 Packet Tracert 模拟软件中，不支持 show memory、show process cpu 命令，但在真实的设备中，可使用这两个命令查看设备内存和 CPU 资源运行情况。

（3）执行 show running-config 命令后，设备显示的当前配置信息的部分内容：

```
Building configuration...

Current configuration : 656 bytes
!
```

```
version 15.1
no service timestamps log datetime msec
no service timestamps debug datetime msec
no service password-encryption
!
hostname Router
!
spanning-tree mode pvst
!
interface GigabitEthernet0/0
 ip address 192.168.1.254 255.255.255.0
 duplex auto
 speed auto
!
interface GigabitEthernet0/1
 ip address 192.168.2.254 255.255.255.0
 duplex auto
 speed auto
!
interface Vlan1
 no ip address
 shutdown
!
…
```

（4）执行 show startup-config 命令后，设备显示的信息：

```
startup-config is not present
```

上述信息表明，设备启动后没有执行命令保存配置信息，所以没有启动配置信息。

（5）执行 show ip interface 命令后，设备显示的接口信息的部分内容：

```
GigabitEthernet0/0 is up, line protocol is up (connected)
  Internet address is 192.168.1.254/24
  Broadcast address is 255.255.255.255
  Address determined by setup command
  MTU is 1500 bytes
  Helper address is not set
  Directed broadcast forwarding is disabled
  Outgoing access list is not set
  Inbound access list is not set
  Proxy ARP is enabled
  Security level is default
…
```

其中的部分参数说明如下。

- ❑ GigabitEthernet0/0 is up, line protocol is up：先指明当前是哪个接口的信息，并说明该接口的物理状态和链路层状态。
- ❑ Internet address：该接口的 IP 地址。
- ❑ Broadcast address：该接口的广播地址。

- MTU：该接口的最大传输单元。
- Helper address、Director broadcast…：具体介绍了接口开启的参数、支持的协议等信息。

（6）执行 show interface g0/0 命令后，设备显示的接口信息：

```
GigabitEthernet0/0 is up, line protocol is up (connected)
  Hardware is Lance, address is 0050.0f50.2901 (bia 0050.0f50.2901)
  Internet address is 192.168.1.254/24
  MTU 1500 bytes, BW 100000 Kbit, DLY 100 usec,
     reliability 255/255, txload 1/255, rxload 1/255
  Keepalive set (10 sec)
  Full-duplex, 100Mb/s, media type is RJ45
  output flow-control is unsupported, input flow-control is unsupported
  ARP type: ARPA, ARP Timeout 04:00:00,
  Last input 00:00:08, output 00:00:05, output hang never
  Last clearing of "show interface" counters never
  Input queue: 0/75/0 (size/max/drops); Total output drops: 0
  Queueing strategy: fifo
  Output queue :0/40 (size/max)
  5 minute input rate 0 bits/sec, 0 packets/sec
  5 minute output rate 0 bits/sec, 0 packets/sec
     0 packets input, 0 bytes, 0 no buffer
     Received 0 broadcasts, 0 runts, 0 giants, 0 throttles
     0 input errors, 0 CRC, 0 frame, 0 overrun, 0 ignored, 0 abort
     0 input packets with dribble condition detected
     4 packets output, 116 bytes, 0 underruns
     0 output errors, 0 collisions, 1 interface resets
     0 babbles, 0 late collision, 0 deferred
     0 lost carrier, 0 no carrier
     0 output buffer failures, 0 output buffers swapped out
```

该命令显示了接口具体的连接状态、物理地址、IP 地址、MTU 大小、封装的协议、接收的字节数、错误的字节数等信息，具体的参数说明可以参考 H3C 设备的参数说明。

（7）执行 show ip interface brief 命令后，设备显示的接口摘要信息：

```
Interface              IP-Address      OK?      Method Status              Protocol
GigabitEthernet0/0     192.168.1.254   YES       manual     up               up
GigabitEthernet0/1     192.168.2.254   YES       manual     up               up
GigabitEthernet0/2     unassigned      YES unset administratively down     down
Vlan1                  unassigned      YES unset administratively down     down
```

其中的部分参数说明如下。

- Interface：具体接口信息。
- IP-Address：接口的 IP 地址。
- Method：手工配置 IP 后显示为 manual，保存配置重启后显示为 nvram，如果配置文件从 tftp 读取则显示为 tftp，如果配置为 dhcp 自动获得则显示为 dhcp。
- Status：接口的物理层状态。
- Protocol：接口的数据链路层状态。

任务 2：查看设备调试信息

在路由器中执行以下命令打开 ICMP 协议的调试开关，查看 ping 命令的执行过程：

```
Router#debug ip icmp                    /*打开 ICMP 协议调试*/
Router#show debugging                   /*查看所有开启的调试开关*/
```

在主机 A 上 ping 路由器的接口地址：ping 192.168.1.254。
在路由器上观察到的 debugging 信息：

```
ICMP: echo reply sent, src 192.168.1.254, dst 192.168.1.1
ICMP: echo reply sent, src 192.168.1.254, dst 192.168.1.1
ICMP: echo reply sent, src 192.168.1.254, dst 192.168.1.1
ICMP: echo reply sent, src 192.168.1.254, dst 192.168.1.1…
```

执行 show debugging 命令后，路由器显示当前已开启的调试开关信息：

```
ICMP packet debugging is on
```

2.5.5 实验中的命令列表

1. H3C 设备的命令列表

本实验中，H3C 设备使用的命令如表 2-6 所示。

表 2-6 H3C 设备的实验命令列表

命　令	描　述
display version	显示系统版本信息
display memory	显示设备的内存信息
display cpu-usage	显示设备 CPU 利用率
display current-configuration	显示设备当前的配置
display saved-configuration	显示保存的配置
display interface	显示接口信息
display interface brief	显示接口摘要信息
terminal monitor	开启设备对系统信息的调试监视功能
terminal debugging	开启设备对系统信息的调试显示功能
debugging {all [timeout time**]| **module-name **[** option **] }**	打开设备指定信息的调试开关
display debugging	显示所有调试开关

2. Cisco 设备的命令列表

本实验中，Cisco 设备使用的命令如表 2-7 所示。

表 2-7 Cisco 设备的实验命令列表

命 令	描 述
show version	显示系统版本信息
show memory	显示系统内存使用情况
show process cpu	显示系统 CPU 利用率
show running-config	显示设备当前的配置
show startup-config	显示保存的启动配置
show ip interface	显示接口信息
show interface interface-type interface-num	显示接口的详细信息
show ip interface brief	显示接口摘要信息
debug protocol	打开指定信息的调试开关
show debugging	显示所有调试开关

2.5.6 实验总结

在设备信息的查看和调试过程中：

（1）使用 display 命令查看设备的各种配置信息和运行状态。

（2）使用 terminal monitor、terminal debugging 命令可启动设备的调试监视和显示功能。

（3）使用 debugging 命令可以打开各种调试开关，但是调试会占用一定的设备资源，所以调试开关的打开需慎重。

2.6 交换机的 MAC 地址转发表

2.6.1 原理简介

以太网交换机是局域网中最重要的设备，工作在 OSI 模型中的数据链路层，常被称为二层交换机。以太网交换机的主要功能是在数据链路层对报文进行转发，也就是根据报文的目的 MAC 地址将报文输出到相应的接口。

MAC 地址转发表是一张包含了 MAC 地址与转发接口对应关系的二层转发表，是以太网交换机实现二层报文快速转发的基础。每条 MAC 地址表项包含以下信息：目的 MAC 地址、接口所属 VLAN ID 和转发接口编号。

交换机收到数据帧时，根据 MAC 地址表项信息，采取以下方式实现数据包的转发或丢弃。

（1）单播方式：MAC 表中有与收到帧的目的地址匹配的项目，将数据帧从该表项记录的转发接口发送出去。

（2）广播方式：MAC 表中没有与收到帧的目的地址匹配的项目，将数据帧通过所有其他接口（除去收到数据帧的接口）转发出去。

（3）如果来自某接口的数据包的目的地址是从该接口转发出去，那么交换机收到该数据后将丢弃该包。

MAC 地址转发表中规定表项可通过以下两种方式更新和维护：

（1）手工配置方式。

（2）MAC 地址学习方式。交换机收到一个数据帧后，查找 MAC 地址表有没有与收到帧的源地址相匹配的项目，如果没有，则在转发表中增加一个项目，如果有，则把原有项目更新。

2.6.2 实验环境

（1）交换机：1 台。

（2）PC：4 台，安装 Windows 7 系统。

（3）线缆：4 条 UTP 以太网连接线，1 条 Console 串口线。

实验组网如图 2-25 所示。设备的 IP 地址设置如表 2-8 所示。

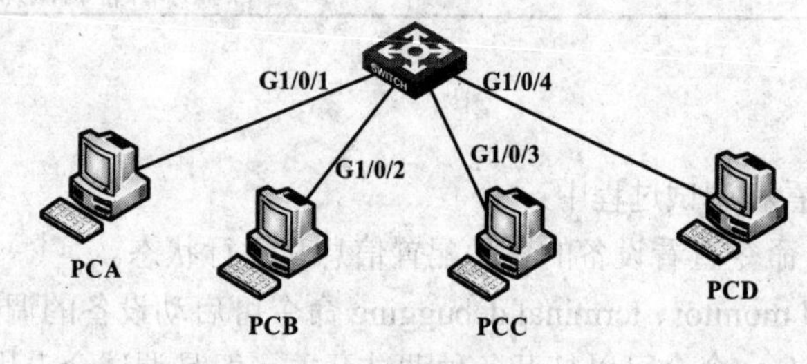

图 2-25 实验组网

表 2-8 设备的 IP 地址表

设　备	IP 地址
PCA	192.168.1.1/24
PCB	192.168.1.2/24
PCC	192.168.1.3/24
PCD	192.168.1.4/24

2.6.3 使用 H3C 设备的实验过程

本实验中，交换机的型号为 S5820。

任务 1：了解交换机 MAC 地址学习过程

步骤 1：初始化交换机配置

配置交换机时，使用 Console 线把主机的 COM 口和交换机的 Console 口连接，参照 2.4.1 节的任务 1，进入交换机的命令行界面。

检查交换机的配置是否为初始状态，如果不是，在用户视图下删除设备的配置文件，重启设备，使设备采用默认配置参数进行初始化，把设备的配置恢复到默认状态。

步骤 2：连接 PC 机并查看 MAC 地址表

使用以太网连接线，把 PCA 的以太网口与交换机的 G1/0/1 口连接，并按表 2-8 配置主机 PCA 的 IP，在交换机命令行界面的任意视图下执行以下命令查看地址表项：

```
<H3C>display mac-address                                  /*显示地址表信息*/
```

显示的结果如下所示：

MAC Address	VLAN ID	State	Port/NickName	Aging
000f-e235-dc71	1	Config static	Ethernet 1/0/1	NOAGED

同理，使用以太网连接线，把 PCB 的以太网口与交换机的 G1/0/2 口连接，按表 2-8 配置主机 PCB 的 IP，执行命令查看地址表项。

从结果可知，交换机连接主机时，进行地址学习，记录相连的主机 MAC 地址、本交换机连接主机的接口、表项的老化时间等信息。

任务 2：设置静态 MAC 地址表项

步骤 1：在系统视图下添加 MAC 地址表项

使用以太网连接线把 PCC 的以太网口与交换机的 G1/0/3 口连接，按表 2-8 配置主机 PCC 的 IP，执行以下命令为 PCC 配置静态地址表项：

```
<H3C>system-view                                                        /*进入系统视图*/
[H3C]mac-address static A417-31F3-CD71 interface G1/0/3 vlan 1          /*系统视图下添加 MAC
                                                                         地址表项需要指定接口*/
```

步骤 2：在接口视图下添加 MAC 地址表项

使用以太网连接线把 PCD 的以太网口与交换机的 G1/0/4 口连接，按表 2-8 配置主机 PCD 的 IP，执行以下命令为 PCC 配置静态地址表项：

```
[H3C]interface   G1/0/4                            /*进入 G1/0/4 的接口视图*/
[H3C]mac-address static 3C97-0E67-ED8F vlan 1      /*接口视图下添加 MAC 地址表项*/
```

步骤 3：设置 MAC 地址老化时间

```
[H3C]mac-address timer aging 200                   /*设置 MAC 地址表项的老化时间 200 秒*/
```

步骤 4：设置以太网接口最多可学习的地址数目

```
[H3C]interface G1/0/1                              /*进入 G1/0/1 的接口视图*/
[H3C-GigabitEthernet1/0/1]mac-address              /*设置接口最多学习 5 个 MAC 地址*/
max-mac-count 5
[H3C-GigabitEthernet1/0/1]exit                     /*返回系统视图*/
```

任务 3：MAC 地址表显示和维护

步骤 1：显示 MAC 地址表老化时间

```
[H3C]display mac-address aging-time                    /*显示地址表的老化时间*/
```

显示结果如下：

```
Mac address aging time: 500s
```

步骤 2：显示 MAC 地址的学习状态

```
[H3C]display mac-address mac-learning                  /*显示地址表的学习状态*/
```

步骤 3：显示 MAC 地址表的统计信息

```
[H3C]display mac-address statistics                    /*显示地址表的统计信息*/
```

2.6.4 使用 Cisco 设备的实验过程

本实验中，所有操作使用 Packet Tracert 6.0 模拟软件进行，使用的交换机型号为 2960。

任务 1：了解交换机 MAC 地址学习

按照图 2-25 的网络拓扑，把 PCA 和 PCB 连接到交换机上，并按照表 2-8 的 IP 列表设置两台主机的 IP 地址，并在交换机中执行以下命令查看 MAC 地址表：

```
Switch>enable                                  /*进入特权配置模式*/
Switch#show mac-address-table                  /*显示 MAC 地址表信息*/
```

交换机中显示的结果：

```
            Mac Address Table
-------------------------------------------
Vlan    Mac Address       Type        Ports
----    -----------       --------    -----
 1      0001.c70a.d062    DYNAMIC     Fa0/2
 1      000b.be19.1c6c    DYNAMIC     Fa0/1
```

从结果可知，交换机连接主机时，进行 MAC 地址的学习，并记录学习到的 MAC 地址和对应的连接接口。由于地址都是动态学习得到的，类型值都为 DYNAMIC。另外，交换机的所有端口，默认都是属于 VLAN 1。

任务 2：设置静态 MAC 地址表项

按照图 2-25 的拓扑图，把 PCC 和 PCD 连接到交换机上，并按照表 2-8 的 IP 列表设置 PCC、PCD 的 IP 地址，并在交换机中执行以下命令静态添加 MAC 绑定信息：

```
Switch#configure terminal                                          /*进入全局配置模式*/
Switch(config)#mac-address-table static 00E0.F789.D71C vlan 1      /*添加静态 MAC 地址绑定信息*/
interface f0/3
Switch(config)#mac-address-table static 0003.E41E.6657 vlan 1      /*添加静态 MAC 地址绑定信息*/
interface f0/4
Switch(config)#exit                                                /*退出全局配置模式*/
Switch#show mac-address-table static                               /*显示静态 MAC 地址表信息*/
```

交换机中显示的静态 MAC 地址表项：

```
          Mac Address Table
-------------------------------------------
Vlan    Mac Address       Type        Ports
----    -----------       --------    -----
  1     0003.e41e.6657    STATIC      Fa0/4
  1     00e0.f789.d71c    STATIC      Fa0/3
```

地址类型值为 STATIC，表示这些地址是手工配置得到的，而不是通过交换机的学习生成的。

2.6.5 实验中的命令列表

1. H3C 设备的命令列表

本实验中，H3C 设备使用的命令如表 2-9 所示。

表 2-9 H3C 设备的实验命令列表

命　令	描　述
mac-address {static | dynamic | blackhole } mac-address **interface** interface-type interface-num vlan **vlan**-id	在系统视图下添加MAC地址表项，指定接口和vlan
mac-address {static | dynamic | blackhole } mac-address **vlan** vlan-id	在接口视图下添加 MAC 地址表项，指定 vlan
mac-address timer {aging age | **no-aging}**	设置 MAC 地址表项的老化时间
mac-address max-mac-count count	设置接口学习 MAC 地址的数量限制
display mac-address	显示 MAC 地址表
display mac-address aging-time	显示 MAC 地址表项的老化时间
display mac-address mac-learning	显示接口地址表学习状态
display mac-address statistics	显示接口地址表学习状态

2. Cisco 设备的命令列表

本实验中，Cisco 设备使用的命令如表 2-10 所示。

表 2-10　Cisco 设备的实验命令列表

命　令	描　述
mac-address-table static mac-address **vlan** vlan-id **interface** interface-type interface-num	在全局配置视图下添加 MAC 地址表项，指定接口和 vlan
show mac-address-table [{dynamic | static | interfaces interface-type interface-num}]	显示 MAC 地址表

2.6.6　实验总结

（1）MAC 地址表是交换机进行数据帧转发的依据，可利用 mac-address 命令配置静态绑定 MAC 地址和接口信息。

（2）可配置 MAC 地址表项的老化时间和接口学习的地址数目。

（3）可利用 display 命令查看 MAC 地址表。

2.7　交换机 VLAN 基础实验

2.7.1　原理简介

虚拟局域网（Virtual Local Area Network，VLAN）是一种通过将局域网内的设备逻辑地划分成一个个网段并进行管理的技术，主要为了解决交换机进行局域网互联时无法限制广播的问题。

VLAN 可以在单台交换机上或跨交换机实现，把一个物理网段划分成多个虚拟局域网，而无须考虑用户或主机在网络中的物理位置。交换机配置 VLAN 后，相同 VLAN 内的主机可以相互直接通信，不同 VLAN 内的主机不能直接访问，必须经过路由设备的转发。VLAN 遵循了 IEEE802.1q 协议的标准，在利用配置了 VLAN 的接口进行数据通信时，需要在数据帧内添加 4 个字节的 802.1q 标记信息，用来指明该帧属于哪个 VLAN。

VLAN 技术有效地控制了广播域范围，增强了局域网的安全性，可以灵活构建虚拟工作组，增强了网络的健壮性。交换机可使用多种方式对 VLAN 进行划分，其中最简单、最有效的划分方法是基于接口的划分方式。该方式按照设备接口来定义 VLAN 成员，将指定接口加入到指定 VLAN 中后，该接口就可以转发指定 VLAN 的数据帧。

2.7.2　实验环境

（1）交换机：2 台。

（2）PC：4 台，安装 Windows 7 系统。

（3）线缆：5 条 UTP 以太网连接线，1 条 Console 串口线。

实验组网如图 2-26 所示。设备 IP 地址设置如表 2-11 所示。

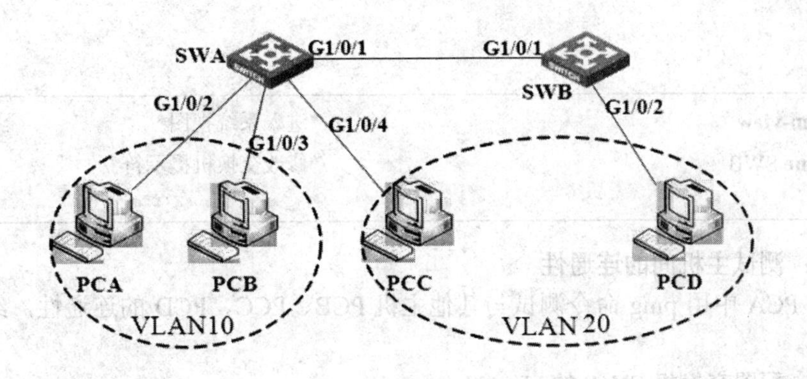

图 2-26　实验组网

表 2-11　设备的 IP 地址表

设　备	IP 地址
PCA	192.168.1.1/24
PCB	192.168.1.2/24
PCC	192.168.1.3/24
PCD	192.168.1.4/24

2.7.3　使用 H3C 设备的实验过程

本实验中，交换机的型号为 S5820。

任务 1：配置单个交换机的 VLAN

本实验的主要任务是在交换机 SWA 中划分 VLAN：VLAN 10 和 VLAN 20，并把连接主机 PCA、PCB 的端口 G1/0/2、G1/0/3 添加到 VLAN 10 中，连接 PCC 的端口 G1/0/4 加到 VLAN 20 中，并验证同一个 VLAN 内的主机可以通信，不同 VLAN 间的主机不能通信。

步骤 1：连接网络

根据实验网络的拓扑图，使用以太网连接线分别把主机 PCA、PCB、PCC 的以太网口与交换机 SWA 的 G1/0/2、G1/0/3、G/1/0/4 相连。

检查交换机的配置是否为初始状态，如果不是，在用户视图下删除设备的配置文件，重启设备，使设备采用默认配置参数进行初始化，把设备的配置恢复到默认状态。

步骤 2：配置主机的 IP 地址和交换机名称

把设备的所有配置清空，并重启设备，按表 2-11 配置主机的 IP，并把两个交换机的提示符分别改为 SWA 和 SWB。

SWA：

```
<H3C>system-view                    /*进入系统视图*/
[H3C]sysname SWA                    /*修改交换机提示符*/
[SWA]
```

SWB：

```
<H3C>system-view                                    /*进入系统视图*/
[H3C]sysname SWB                                    /*修改交换机提示符*/
[SWB]
```

步骤 3：测试主机间的连通性

在主机 PCA 中用 ping 命令测试与其他主机 PCB、PCC、PCD 的连通性，结果显示，能互相通信。

步骤 4：配置交换机 SWA 的 VLAN

在交换机中指定 VLAN 接口有两种方法。

方法一：新建 VLAN，并在 VLAN 视图下添加接口。

```
[SWA]vlan 10                                  /*创建 VLAN 并进入 VLAN 视图*/
[SWA -vlan10]port G1/0/2                      /*在 VLAN 视图下添加接口*/
[SWA -vlan10]port G1/0/3                      /*在 VLAN 视图下添加接口*/
[SWA-vlan10]quit                              /*退出 VLAN 视图*/
```

方法二：新建 VLAN，进入指定接口的接口视图，设置接口所属的 VLAN。

```
[SWA]vlan 20                                  /*创建 VLAN 并进入 VLAN 视图*/
[SWA-vlan20]quit                              /*退出 VLAN 视图*/
[SWA]interface G1/0/4                         /*进入 G1/0/4 接口*/
[SWA -GigabitEthernet1/0/4]port access vlan 20  /*在接口视图下指定接口所属 VLAN*/
[SWA -GigabitEthernet1/0/4]quit               /*退出接口视图*/
```

步骤 5：在 SWA 上显示 VLAN 信息

（1）显示所有 VLAN 信息：

```
[SWA]display vlan                             /*显示 VLAN 信息*/
```

显示结果如下：

```
Total VLANs: 3
 The VLANs include:
 1(default), 10, 20
```

（2）显示单个 VLAN 信息：

```
[SWA]display vlan 10                          /*显示 VLAN 10 信息*/
```

显示结果如下：

```
VLAN ID: 10
 VLAN type: Static
```

```
Route interface: Not configured
Description: VLAN 0010
Name: VLAN 0010
Tagged ports: None
Untagged ports:
    GigabitEthernet1/0/2            GigabitEthernet1/0/3
```

从显示信息可见，VLAN 10 中包括了接口 GigabitEthernet 1/0/2、GigabitEthernet 1/0/3，数据帧通过接口时需要去除标签通过。

步骤 6：测试 VLAN 间的隔离

在 PCA 上使用 ping 命令测试与 PCB、PCC 的连通性。结果显示 PCA 和 PCB 可以互通，PCA 和 PCC 不能互通。

任务 2：配置两个交换机间的 VLAN 链路

本实验主要任务是在两个交换机内分别建立 VLAN，并实现连接在不同交换机上，属于同一 VLAN 的主机可以互相通信。

步骤 1：连接网络

根据实验网络的拓扑图，使用以太网连接线把交换机 SWA 的 G1/0/1 端口与交换机 SWB 的 G1/0/1 端口相连，把主机 PCD 的以太网口与交换机 SWB 的 G1/0/2 端口相连。

保持交换机 SWA 在任务 1 中的配置不变。

把交换机 SWB 的配置恢复到出厂默认状态。

步骤 2：配置交换机 SWB 的 VLAN

```
[SWB]vlan 20                          /*创建 VLAN 并进入 VLAN 视图*/
[SWB-vlan20]port G1/0/2               /*在 VLAN 视图下添加接口*/
[SWB-vlan20]quit                      /*退出 VLAN 视图*/
```

步骤 3：跨交换机 VLAN 互通测试

在 PCC 上使用 ping 命令测试与 PCD 的连通性。结果显示 PCC 和 PCD 不能互通。

分析结果，虽然 PCC 与 PCD 属于同一个 VLAN，但是两个交换机相连的接口 G1/0/1 的链路类型默认为 Access 类型，表示只允许单个 VLAN 数据不带标签传输，而且默认只允许 VLAN 1 的数据通过，不允许 VLAN 20 的数据通过。因此，不同交换机之间的 VLAN 需要通信，还需配置 Trunk 链路。

步骤 4：配置 Trunk 链路接口

在 SWA 和 SWB 上配置 G1/0/1 为 Trunk 链路接口，并设置允许需要的 VLAN 数据帧通过。

配置 SWA 上接口 G1/0/1 的 Trunk 属性：

```
[SWA]interface G1/0/1                                      /*进入 G1/0/1 接口配置视图*/
[SWA-GigabitEthernet1/0/1]port link-type trunk             /*设置 G1/0/1 接口链路类型为 Trunk*/
[SWA-GigabitEthernet1/0/1]port trunk permit vlan all       /*允许所有 VLAN 通过该接口*/
[SWA-GigabitEthernet1/0/1]quit                             /*退出接口视图*/
```

配置 SWB 上接口 G1/0/1 的 Trunk 属性：

```
[SWB]interface G1/0/1                                      /*进入 G1/0/1 接口配置视图*/
[SWB-GigabitEthernet1/0/1]port link-type trunk             /*设置 G1/0/1 接口链路类型为 Trunk*/
[SWB-GigabitEthernet1/0/1]port trunk permit vlan all       /*允许所有 VLAN 通过该接口*/
[SWB-GigabitEthernet1/0/1]                                 /*退出接口视图*/
```

步骤 5：显示 VLAN 信息

```
[SWA]display vlan 20                                       /*显示 VLAN 20 信息*/
```

显示结果如下：

```
VLAN ID: 20
 VLAN type: Static
 Route interface: Not configured
 Description: VLAN 0020
 Name: VLAN 0020
 Tagged ports:
     GigabitEthernet1/0/1
 Untagged ports:
     GigabitEthernet1/0/3
```

从显示信息可见，VLAN 20 中包括了接口 GigabitEthernet 1/0/1，而且数据帧是以带标签形式通过接口。

步骤 6：跨交换机 VLAN 互通测试

在 PCA、PCC 上分别使用 ping 命令测试与 PCD 的连通性。结果显示，PCA 和 PCD 不能通信，PCC 和 PCD 可以互通。分析结果可知，PCA、PCD 不属于同一个 VLAN，所以不能通信，PCC、PCD 虽然连接在不同交换机上，但是属于同一个 VLAN，所以可以互相通信。

2.7.4 使用 Cisco 设备的实验过程

本实验中，所有操作使用 Packet Tracert 6.0 模拟软件进行，使用的交换机型号为 2960。

任务 1：配置单个交换机的 VLAN

步骤 1：连接网络配置主机 IP

根据图 2-26 的网络拓扑图，把主机 PCA、PCB、PCC 分别连接交换机 SWA 的 f0/2、f0/3、f0/4 接口。根据表 2-11 设置主机的 IP 地址。

步骤 2：在交换机 SWA 上配置 VLAN

在交换机中执行以下配置，创建 VLAN 10 和 VLAN 20，并把连接 PCA、PCC 的 f0/2、f0/4 添加到 VLAN 10 中，连接 PCB 的 f0/3 接口添加到 VLAN 20 中：

```
Switch>enable                                              /*进入特权配置模式*/
Switch#configure terminal                                  /*进入全局配置模式*/
```

```
Switch(config)# hostname SWA                        /*修改设备的名称*/
SWA(config)#vlan 10                                 /*在全局模式下创建 VLAN 并进入 VLAN
                                                    配置模式*/
SWA(config-vlan)#vlan 20                            /*创建 VLAN*/
SWA(config-vlan)#exit                               /*退出 VLAN 配置模式*/
SWA(config)#interface f0/2                          /*进入接口配置模式*/
SWA(config-if)#switchport mode access               /*设置接口的访问类型是 access*/
SWA(config-if)#switchport access vlan 10            /*指定接口所属 VLAN*/
SWA(config-if)#interface f0/3                       /*进入接口配置模式*/
SWA(config-if)#switchport mode access               /*设置接口的访问类型是 access*/
SWA(config-if)#switchport access vlan 10            /*指定接口所属 VLAN*/
SWA(config-if)#interface f0/4                       /*进入接口配置模式*/
SWA(config-if)#switchport mode access               /*设置接口的访问类型是 access*/
SWA(config-if)#switchport access vlan 20            /*指定接口所属 VLAN*/
SWA(config-if)#exit                                 /*退出接口配置模式*/
SWA(config)#exit                                    /*退出全局配置模式*/
SWA#show vlan brief                                 /*查看所有 VLAN 的摘要信息*/
SWA#show vlan id 10                                 /*查看具体 VLAN 的详细信息*/
```

在交换机中执行 show vlan brief 命令后，显示结果如下：

```
VLAN Name                             Status    Ports
---- -------------------------------- --------- -------------------------------
1    default                          active    Fa0/1, Fa0/5, Fa0/6, Fa0/7
                                                Fa0/8, Fa0/9, Fa0/10, Fa0/11
                                                Fa0/12, Fa0/13, Fa0/14, Fa0/15
                                                Fa0/16, Fa0/17, Fa0/18, Fa0/19
                                                Fa0/20, Fa0/21, Fa0/22, Fa0/23
                                                Fa0/24, Gig1/1, Gig1/2
10   VLAN0010                         active    Fa0/2, Fa0/3
20   VLAN0020                         active    Fa0/4
1002 fddi-default                     active
1003 token-ring-default               active
1004 fddinet-default                  active
1005 trnet-default                    active
```

在交换机中执行 show vlan id 10 命令后，显示结果如下：

```
VLAN Name                             Status    Ports
---- -------------------------------- --------- -------------------------------
10   VLAN0010                         active    Fa0/2, Fa0/3

VLAN Type SAID MTU Parent RingNo BridgeNo Stp BrdgMode Trans1 Trans2
---- ----- ---------- ----- ------ ------ -------- ---- -------- ------ ------
10   enet  100010     1500  -      -      -        -    -        0      0
```

从上述结果可知，在交换机中创建了两个 VLAN，分别是 VLAN 10 和 VLAN 20，通过配置，F0/2、F0/3 接口属于 VLAN 10，F0/4 接口属于 VLAN 20，其他接口默认属于 VLAN 1。

步骤 3：测试验证

在 PCA 上使用 ping 命令测试与 PCB、PCC 的连通性。结果显示，PCA 和 PCB 能互通，PCA 和 PCC 不能互通。

通过验证可知，属于同一个 VLAN 的主机可以互相通信，不属于同一个 VLAN 的主机不能直接通信。

任务 2：VTP 配置

VTP（VLAN Trunking Protocol，VLAN 中继协议），是 Cisco 的私有协议。VTP 在 VLAN 变化时，自动广播信息，保持所有交换机 VLAN 配置的统一性。VTP 具有 server、client、transparent 3 种模式，只有在服务器或透明模式下才可以创建、增加或删除 VLAN。

步骤 1：连接网络配置主机 IP

根据图 2-26 的网络拓扑图，把交换机 SWA 的 F0/1 端口与交换机 SWB 的 F0/1 端口相连，把主机 PCD 连接到交换机 SWB 的 F0/2 端口上，并按照表 2-11 配置主机 PCD 的 IP 地址。

步骤 2：在交换机 SWA 上配置 VTP 协议

在交换机 SWA 中，保持任务 1 中的配置不变，并执行以下命令配置 VTP 协议，把此交换机设置为 Server 模式，并把与交换机 SWB 连接的接口设置为 trunk 访问类型，即可允许多个 VLAN 数据通过：

```
SWA#vlan database                              /*进入 VLAN 配置模式*/
SWA(vlan)#vtp domain cisco                     /*设置 VTP 域*/
SWA(vlan)#vtp password 123                     /*设置 VTP 域的密码*/
SWA(vlan)#vtp server                           /*设置交换机在 VTP 域中的角色 */
SWA(vlan)#vtp v2-mode                          /*设置 VTP 的版本*/
SWA(vlan)#exit                                 /*退出 VLAN 配置模式*/
SWA#configure terminal                         /*进入全局配置模式*/
SWA(config-if)#interface f0/1                  /*进入接口配置模式*/
SWA(config-if)#switchport mode trunk           /*设置接口的访问类型是 Trunk*/
SWA(config-if)#exit                            /*退出接口配置模式*/
SWA(config)#exit                               /*退出全局配置模式*/
SWA#show vtp status                            /*查看 VTP 域的状态*/
```

在交换机 SWA 中执行 show vtp status 命令后，显示结果如下：

```
VTP Version                          : 2
Configuration Revision               : 1
Maximum VLANs supported locally : 255
Number of existing VLANs             : 7
VTP Operating Mode                   : Server
VTP Domain Name                      : cisco
VTP Pruning Mode                     : Disabled
```

```
VTP V2 Mode                          : Enabled
VTP Traps Generation                 : Disabled
MD5 digest                           : 0xB4 0xA6 0xEE 0xB0 0xF0 0x3C 0x40 0xFD
Configuration last modified by 0.0.0.0 at 3-1-93 01:48:04
Local updater ID is 0.0.0.0 (no valid interface found)
```

显示的信息中可见，交换机 SWA 中的 VTP 的版本是 2，VTP 域名是 cisco，VTP 的运行模式是 Server。

步骤 3：在交换机 SWB 上配置 VTP 协议

在 SWB 中进行 VTP 协议的配置，保证与 SWA 处于同一个 VTP 域和具有相同的密码，并把交换机设置为 Client 模式，用于接收 VTP 域 Server 的 VLAN 信息，并把与交换机 SWA 连接的接口设置为 trunk 访问类型，把 PCD 连接的 F0/2 端口添加到 VLAN 20 中。

```
Switch>enable                                   /*进入特权配置模式*/
Switch#configure terminal                       /*进入全局配置模式*/
Switch(config)# hostname SWB                    /*修改设备的名称*/
SWB(config)#exit                                /*退出全局配置模式*/
SWB#vlan database                               /*进入 VLAN 配置模式*/
SWB(vlan)#vtp domain cisco                      /*设置 VTP 域*/
SWB(vlan)#vtp password 123                      /*设置 VTP 域的密码*/
SWB(vlan)#vtp client                            /*设置交换机在 VTP 域中的角色 */
SWB(vlan)#vtp v2-mode                           /*设置 VTP 的版本*/
SWB(vlan)#exit                                  /*退出 VLAN 配置模式*/
SWB#configure terminal                          /*进入全局配置模式*/
SWB(config-if)#interface f0/1                   /*进入接口配置模式*/
SWB(config-if)#switchport mode trunk            /*设置接口的访问类型是 Trunk*/
SWB(config-if)#exit                             /*退出接口配置模式*/
SWB(config)#exit                                /*退出全局配置模式*/
SWB#show vtp status                             /*查看 VTP 域的状态*/
SWB#show vlan brief                             /*查看 VLAN 摘要信息*/
SWB#configure terminal                          /*进入全局配置模式*/
SWB(config-if)#interface f0/2                   /*进入接口配置模式*/
SWB(config-if)#switchport mode access           /*设置接口的访问类型是 access*/
SWB(config-if)#switchport access vlan 20        /*指定接口所属 VLAN*/
SWB(config-if)#exit                             /*退出接口配置模式*/
SWB(config)#exit                                /*退出全局配置模式*/
SWB#show vlan id 20                             /*查看 VTP 域的状态*/
```

（1）在交换机 SWB 中执行 show vtp status 命令后，显示结果如下：

```
VTP Version                          : 2
Configuration Revision               : 1
```

```
Maximum VLANs supported locally : 255
Number of existing VLANs         : 7
VTP Operating Mode               : Client
VTP Domain Name                  : cisco
VTP Pruning Mode                 : Disabled
VTP V2 Mode                      : Enabled
VTP Traps Generation             : Disabled
MD5 digest                       : 0xB4 0xA6 0xEE 0xB0 0xF0 0x3C 0x40 0xFD
Configuration last modified by 0.0.0.0 at 3-1-93 01:48:04
```

显示的信息中可见，交换机 SWB 中 VTP 的版本、VTP 域名等信息都跟 SWA 的相同，而其 VTP 的运行模式是 Client，表示只能接受 Server 的 VLAN 信息，自己不能创建 VLAN。

（2）在交换机 SWB 中执行 show vlan brief 命令后，显示结果如下：

```
VLAN Name                             Status    Ports
---- -------------------------------- --------- -------------
1    default                          active    Fa0/3, Fa0/4, Fa0/5
                                                Fa0/6, Fa0/7, Fa0/8, Fa0/9
                                                Fa0/10, Fa0/11, Fa0/12, Fa0/13
                                                Fa0/14, Fa0/15, Fa0/16, Fa0/17
                                                Fa0/18, Fa0/19, Fa0/20, Fa0/21
                                                Fa0/22, Fa0/23, Fa0/24
10   VLAN0010                         active
20   VLAN0020                         active    Fa0/2
1002 fddi-default                     active
1003 token-ring-default               active
1004 fddinet-default                  active
1005 trnet-default                    active
```

显示的信息中可见，交换机 SWB 中不需要创建 VLAN，通过 VTP 协议，自动从交换机 SWA 中获取到 VLAN 信息，也生成了 VLAN 10 和 VLAN 20 两个新的 VLAN。

（3）在交换机 SWB 中执行 show vlan id 20 命令后，显示结果如下：

```
VLAN Name                             Status    Ports
---- -------------------------------- --------- -------------------------------
20   VLAN0020                         active    Fa0/2
VLAN Type SAID MTU Parent RingNo BridgeNo Stp BrdgMode Trans1 Trans2
---- ----- ---------- ----- ------ ------ -------- ---- -------- ------ ------
20   enet 100020 1500  -      -      -        -    -        0      0
```

显示的信息中可见，交换机 SWB 连接 PCD 的接口 F0/2 已经添加到 VLAN 20 中。

步骤 4：测试验证

在 PCA、PCC 上分别使用 ping 命令测试与 PCD 的连通性。结果显示，PCA 和 PCD 不能通信，PCC 和 PCD 可以互通。分析结果可知，PCA、PCD 不属于同一个 VLAN，所以不能通信，PCC、PCD 虽然连接在不同交换机上，但是属于同一个 VLAN，所以可以互相通信。

2.7.5 实验中的命令列表

1. H3C 设备的命令列表

本实验中，H3C 设备使用的命令如表 2-12 所示。

表 2-12 H3C 设备的实验命令列表

命 令	描 述
vlan vlan-id	创建单个 VLAN 并进入 VLAN 视图
description string	在 VLAN 视图下为当前 VLAN 指定描述字符串
name string	在 VLAN 视图下为当前 VLAN 命令
port interface-list	在 VLAN 视图为当前 VLAN 增加接口
interface interface-type interface-num	进入接口视图
port access vlan vlan-id	在接口视图下指定接口所属 VLAN
port link-type trunk	在接口视图下指定接口链路类型为 Trunk
port trunk permit vlan {vlan-id-list | all }	在接口视图下指定允许通过的 VLAN 帧
port trunk pvid vlan vlan-id	在接口视图下设定 Trunk 接口的默认 VLAN
display vlan	显示所有 VLAN 信息
display vlan vlan-id	显示单个 VLAN 的信息

2. Cisco 设备的命令列表

本实验中，Cisco 设备使用的命令如表 2-13 所示。

表 2-13 Cisco 设备的实验命令列表

命 令	描 述
vlan vlan-id	创建单个 VLAN 并进入 VLAN 视图
name string	在 VLAN 视图下为当前 VLAN 命令
interface interface-type interface-num	进入接口视图
switchport access vlan vlan-id	在接口视图下指定接口所属 VLAN
switchport mode { trunk | access }	在接口视图下指定接口链路类型
vtp domain string	设置 VTP 域
vtp password password	设置 VTP 域的密码
vtp mode{server | client}	设置 VTP 的模式
vtp v2-mode	设置 VTP 的版本
show vtp { counters | password | status}	显示 VTP 域信息
show vlan	显示 VLAN 信息
show vlan id vlan-id	显示单个的 VLAN 信息

2.7.6 实验总结

VLAN 的作用是限制局域网中广播数据的传输。一般情况下同一 VLAN 内的主机应设为相同的网络号，则同一 VLAN 内的主机能够通信，不同 VLAN 内的主机不能通信。

VLAN 1 不需要创建，默认情况下，交换机的所有接口都处于 VLAN 1 中。

如果同一 VLAN 要跨区域通信，需要配置 Trunk 链路。

2.8 静态路由配置

2.8.1 原理简介

路由器属于网络层设备，提供将异构网络互联起来的机制，能够根据 IP 包头部信息，选择一条最佳路径，将数据包转发出去，实现不同网段的主机之间的互相通信。

路由就是指导数据包发送的路径信息，路由器就是根据路由表进行选路和转发的，路由表中包含下列信息。

（1）目的地址/网络掩码：标识 IP 数据包的目的网络，将目的地址和网络掩码逐位相"与"后，可得到目的主机所在的网络地址。

（2）出接口：指明 IP 包将从路由器哪个接口转发。

（3）下一跳地址：下一跳路由器的 IP 地址。

（4）度量值：说明 IP 数据包到达目的所需要花费的代价。

路由表的产生方式一般有以下 3 种。

（1）直连路由：不需要配置，当路由器接口配置了 IP 地址，路由器自动产生该接口 IP 所在网络的路由信息。

（2）静态路由：由管理员通过手工的方式配置的路由信息。实现简单、开销小，但不能及时适应网络状态的变化。

（3）动态路由协议发现的路由：路由器运行动态路由协议后，路由器间互相交换信息，自动学习产生的路由，能较好地适应网络状态的变化。

2.8.2 实验环境

（1）路由器：2 台，型号：MSR36-20。

（2）PC：2 台，安装 Windows 7 系统。

（3）线缆：3 条 UTP 以太网连接线（交叉线），1 条 Console 串口线。

实验组网如图 2-27 所示。设备 IP 地址设置如表 2-14 所示。

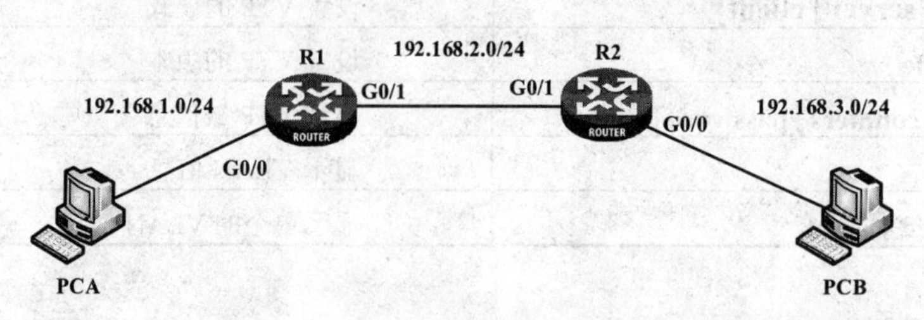

图 2-27　实验组网

表 2-14　设备的 IP 地址表

设　　备	接　　口	IP 地址	网　　关
R1	G0/0	192.168.1.254/24	
	G0/1	192.168.2.1/24	
R2	G0/0	192.168.3.254/24	
	G0/1	192.168.2.2/24	
PCA		192.168.1.1/24	192.168.1.254
PCB		192.168.3.1/24	192.168.3.254

2.8.3　使用 H3C 设备的实验过程

本实验中，路由器的型号为 MSR36-20。

任务 1：直连路由和路由表的查看

步骤 1：连接网络

根据实验网络的拓扑图，使用以太网连接线分别把主机 PCA 的以太网口与路由器 R1 的 G0/0 接口、PCB 的以太网口与 R2 的 G0/0 接口，R1、R2 的 G0/1 接口互联起来。

检查路由器的配置是否为初始状态，如果不是，在用户视图下删除设备的配置文件，重启设备，使设备采用默认配置参数进行初始化，把设备的配置恢复到默认状态。

步骤 2：在路由器上查看路由表

把路由器所有配置清空，重启设备，并查看路由表：

```
<H3C>display ip routing-table                          /*查看路由表*/
```

R1 的路由表显示结果如下：

```
Destinations : 8         Routes : 8
Destination/Mask     Proto   Pre Cost      NextHop       Interface
0.0.0.0/32           Direct   0    0       127.0.0.1     InLoop0
127.0.0.0/8          Direct   0    0       127.0.0.1     InLoop0
127.0.0.0/32         Direct   0    0       127.0.0.1     InLoop0
127.0.0.1/32         Direct   0    0       127.0.0.1     InLoop0
127.255.255.255/32 Direct     0    0       127.0.0.1     InLoop0
224.0.0.0/4          Direct   0    0       0.0.0.0       NULL0
224.0.0.0/24         Direct   0    0       0.0.0.0       NULL0
255.255.255.255/32 Direct     0    0       127.0.0.1     InLoop0
```

在以上路由表中，各参数的作用如下。

- Destination/Mask：目的网络和掩码长度。
- Proto：表示使用的路由协议，Direct 表示是直连路由。
- Pre：路由的优先级。
- Cost：路由的度量值。

❑ NextHop：表示此路由的下一跳地址。
❑ Interface：表示出接口，即该目的网段的数据包将从此接口发出。

从结果可见，路由器刚启动时，只包含内部环回地址和内部组播地址的路由信息。

步骤 3：配置设备的 IP 地址

（1）配置路由器 R1 两个以太网接口的 IP 地址：

```
<H3C>system-view                                              /*进入系统视图*/
[H3C]sysname R1                                               /*修改路由器名称*/
[R1]interface G0/0                                            /*进入 G0/0 接口视图*/
[R1-GigabitEthernet0/0]ip address 192.168.1.254 255.255.255.0 /*配置接口的 IP 地址*/
[R1-GigabitEthernet0/0]int G0/1                               /*进入 G0/1 接口视图*/
[R1-GigabitEthernet0/1] ip address 192.168.2.1 255.255.255.0  /*配置接口的 IP 地址*/
```

（2）按表 2-14 的 IP 地址列表，配置路由器 R2 两个以太网接口的 IP 地址。

```
<H3C>system-view                                              /*进入系统视图*/
[H3C]sysname R2                                               /*修改路由器名称*/
[R2]interface G0/0                                            /*进入 G0/0 接口视图*/
[R2-GigabitEthernet0/0]ip address 192.168.3.254 255.255.255.0 /*配置接口的 IP 地址*/
[R2-GigabitEthernet0/0]int G0/1                               /*进入 G0/1 接口视图*/
[R2-GigabitEthernet0/1] ip address 192.168.2.2 255.255.255.0  /*配置接口的 IP 地址*/
```

（3）按表 2-14 的 IP 地址列表，配置 2 台主机 IP 地址。

步骤 4：查看路由器接口状态

```
[R1]display interface brief                    /*查看接口状态*/
```

R1 接口的基本信息：

```
Brief information on interface(s) under route mode:
Link: ADM - administratively down; Stby - standby
Protocol: (s) - spoofing
Interface           Link Protocol  Main IP          Description
GE0/0               UP     UP      192.168.1.254
GE0/1               UP     UP      192.168.2.1
```

同理，在 R2 上执行命令，R2 接口的基本信息：

```
Interface           Link Protocol  Main IP          Description
GE0/0               UP     UP      192.168.3.254
GE0/1               UP     UP      192.168.2.2
```

步骤 5：在路由器 R1 上查看路由表

```
[R1]display ip routing-table                   /*查看路由表*/
```

对比步骤3显示的路由表信息，R1的路由表中增加了路由器接口所在网段的直连路由，这种类型的路由不需要特别的配置，它是由链路层协议发现的路由，只需在路由器接口配置 IP，接口的物理层和链路层状态都为 UP，路由器即认为接口工作正常，就会把直连路由添加到路由表中。

```
Destination/Mask    Proto   Pre Cost        NextHop         Interface
192.168.1.0/24      Direct  0    0          192.168.1.254   GE0/0
192.168.1.0/32      Direct  0    0          192.168.1.254   GE0/0
192.168.1.254/32    Direct  0    0          127.0.0.1       InLoop0
192.168.1.255/32    Direct  0    0          192.168.1.254   GE0/0
192.168.2.0/24      Direct  0    0          192.168.2.1     GE0/1
192.168.2.0/32      Direct  0    0          192.168.2.1     GE0/1
192.168.2.1/32      Direct  0    0          127.0.0.1       InLoop0
192.168.2.255/32    Direct  0    0          192.168.2.1     GE0/1
```

步骤 6：测试各网络的连通性

（1）在 PCA 上使用 ping 命令测试到网关 192.168.1.254 的可达性，测试结果是：可以互通。

（2）在 PCA 上使用 ping 命令测试到主机 PCB 的可达性，测试结果是：不能互通。

造成该结果的原因是：R1 中没有到达 PCB 所在网段（192.168.3.0）的路由信息，R2 中也没有到达 PCA 所在网段（192.168.1.0）的路由信息。因此，为解决这个问题，需要在 R1、R2 上分别配置一条静态路由。

任务 2：静态路由的配置

步骤 1：配置路由器 R1 的静态路由

根据拓扑图，路由器 R1 应配置一条到达目的网段 192.168.3.0，下一跳地址是 192.168.2.2 的静态路由：

```
[R1]ip route-static 192.168.3.0 255.255.255.0 192.168.2.2        /*配置静态路由*/
[R1]display ip routing-table                                    /*查看路由表*/
```

对比任务 1 步骤 4 显示的路由表信息，R1 的路由表中增加了一条到网段 192.168.3.0 的静态路由：

```
Destination/Mask    Proto   Pre Cost        NextHop         Interface
192.168.3.0/24      Static  60   0          192.168.2.2     GE0/1
```

以上信息中，Static 表示静态路由，60 表示静态路由的优先级默认取值。

步骤 2：配置路由器 R2 的静态路由

根据拓扑图，路由器 R2 应配置一条到达目的网段 192.168.1.0，下一跳地址是 192.168.2.1 的静态路由：

```
[R2]ip route-static 192.168.1.0 255.255.255.0 192.168.2.1        /*配置静态路由*/
[R2]display ip routing-table                                    /*查看路由表*/
```

R2 的路由表中有一条到网段 192.168.3.0 的静态路由：

```
Destination/Mask Proto   Pre Cost        NextHop        Interface
192.168.1.0/24   Static  60  0           192.168.2.1    GE0/1
```

步骤 3：测试各网络的连通性

在 PCA 上使用 ping 命令测试到主机 PCB 的可达性，测试结果是：可以互通。

2.8.4 使用 Cisco 设备的实验过程

本实验中，所有操作使用 Packet Tracert 6.0 模拟软件进行，使用的路由器型号为 2911，交换机型号为 2960。

任务 1：直连路由和路由表的查看

步骤 1：连接网络配置主机 IP

根据图 2-27 的网络拓扑，把两个路由器的 G0/1 接口相连，把主机 PCA、PCB 分别连接两个路由器的 G0/0 接口，根据表 2-14 设置主机的 IP 地址、掩码和网关地址。

步骤 2：配置路由器 R1

在路由器 R1 上执行以下命令，配置设备 IP 地址、查看路由表：

```
Router>enable                                          /*进入特权配置模式*/
Router#configure terminal                              /*进入全局配置模式*/
Router(config)# hostname R1                            /*修改设备的名称*/
R1(config)# interface g0/0                             /*进入接口配置模式*/
R1(config-if)#ip address 192.168.1.254 255.255.255.0  /*配置接口 IP 地址*/
R1(config-if)#no shutdown                              /*打开接口*/
R1(config-if)# interface g0/1                          /*进入接口配置模式*/
R1(config-if)#ip address 192.168.2.1 255.255.255.0    /*配置接口 IP 地址*/
R1(config-if)#no shutdown                              /*打开接口*/
R1(config-if)#exit                                     /*退出接口配置模式*/
R1(config)#exit                                        /*退出全局配置模式*/
R1# show ip route                                      /*显示路由表*/
```

R1 的路由表显示结果如下：

```
Codes: L- local,C- connected,S- static,R - RIP,M - mobile,B - BGP
       D- EIGRP, EX - EIGRP external, O - OSPF, IA - OSPF inter area
      N1 - OSPF NSSA external type 1,N2 - OSPF NSSA external type 2
       E1 - OSPF external type 1, E2 - OSPF external type 2, E - EGP
      i-IS-IS,L1-IS-IS level-1,L2-IS-IS level-2,ia- IS-IS inter area
       * - candidate default, U - per-user static route, o - ODR
       P - periodic downloaded static route

Gateway of last resort is not set
```

```
      192.168.1.0/24 is variably subnetted, 2 subnets, 2 masks
C        192.168.1.0/24 is directly connected, GigabitEthernet0/0
L        192.168.1.254/32 is directly connected, GigabitEthernet0/0
      192.168.2.0/24 is variably subnetted, 2 subnets, 2 masks
C        192.168.2.0/24 is directly connected, GigabitEthernet0/1
L        192.168.2.1/32 is directly connected, GigabitEthernet0/1
```

在以上路由表中，每个路由前面会有一个代码，其中的意思代表如下。

- C：直连路由，不需要配置，其目的网络是路由器接口所在网络。
- L：本地路由，其目的网络是本路由器某接口 IP，掩码长度是 32 位，表明此路由值只匹配本接口 IP。

步骤 3：配置路由器 R2

在路由器 R2 上执行以下命令，配置设备 IP 地址、查看路由表：

```
Router>enable                                          /*进入特权配置模式*/
Router#configure terminal                              /*进入全局配置模式*/
Router(config)# hostname R2                            /*修改设备的名称*/
R2(config)# interface g0/0                             /*进入接口配置模式*/
R2(config-if)#ip address 192.168.3.254 255.255.255.0   /*配置接口 IP 地址*/
R2(config-if)#no shutdown                              /*打开接口*/
R2(config-if)# interface g0/1                          /*进入接口配置模式*/
R2(config-if)#ip address 192.168.2.2 255.255.255.0     /*配置接口 IP 地址*/
R2(config-if)#no shutdown                              /*打开接口*/
R2(config-if)#exit                                     /*退出接口配置模式*/
R2(config)# exit                                       /*退出全局配置模式*/
R2# show ip route                                      /*显示路由表*/
```

步骤 4：测试各网络连通性

PCA 可以 ping 通网关 192.168.1.254，但不能 ping 通 PCB，因为路由器 R1 上没有到达 PCB 所在网段（192.168.3.0）的路由信息。

任务 2：静态路由的配置

步骤 1：配置 R1 的静态路由

在 R1 上配置到达目的网段 192.168.3.0，下一跳地址是 192.168.2.2 的静态路由：

```
R1#configure terminal                                            /*进入全局配置模式*/
R1(config)#ip route-static 192.168.3.0 255.255.255.0 192.168.2.2 /*配置静态路由*/
R1(config)# exit                                                 /*退出全局配置模式*/
R1# show ip route                                                /*显示路由表*/
```

对比任务 1 显示的路由表，R1 的路由表中增加了一条到网段 192.168.3.0 的静态路由：

```
S     192.168.3.0/24 [1/0] via 192.168.2.2
```

以上信息中，S 表示静态路由，[1/0]中，1 表示管理距离，0 表示度量值，via 192.168.2.2 表示下一跳地址。

步骤 2：配置 R2 的静态路由

在 R2 上配置到达目的网段 192.168.3.0，下一跳地址是 192.168.2.2 的静态路由：

```
R2#configure terminal                                               /*进入全局配置模式*/
R2(config)#ip route-static 192.1681.0 255.255.255.0 192.168.2.1     /*配置静态路由*/
R2(config)# exit                                                    /*退出全局配置模式*/
R2# show ip route                                                   /*显示路由表*/
```

通过配置，R2 的路由表中也增加了一条静态路由：

```
S       192.168.1.0/24 [1/0] via 192.168.2.1
```

步骤 3：测试各网络连通性

在 PCA 上使用 ping 命令，测试到 PCB 的可达性，测试结果是各网络可互通。

2.8.5 实验中的命令列表

1. H3C 设备的命令列表

本实验中，H3C 设备使用的命令如表 2-15 所示。

表 2-15 H3C 设备的实验命令列表

命　令	描　述
interface interface-type interface-num	进入接口视图
ip address ip-address { mask-length | mask }	配置 IP 地址
ip route-static dest-address { mask-length | mask } {gateway-address | interface-type interface-num }	配置静态路由目的网段（包括子网掩码）和下一跳
display ip routing-table ip-address[mask-length | mask]	显示路由器路由表信息或显示匹配某个目的网段或地址的路由信息

2. Cisco 设备的命令列表

本实验中，Cisco 设备使用的命令如表 2-16 所示。

表 2-16 Cisco 设备的实验命令列表

命　令	描　述
interface interface-type interface-num	进入接口视图
ip address ip-address { mask-length | mask }	配置 IP 地址
ip route dest-address { mask-length | mask } {gateway-address | interface-type interface-num }	配置静态路由目的网段（包括子网掩码）和下一跳
show ip route	显示路由器路由表信息

2.8.6 实验总结

路由器是根据路由表进行选路和数据包的转发。

直连路由不需要特别配置，只需配置路由器接口的 IP，接口的物理层和链路层状态都为 UP，路由器即自动产生本接口 IP 所在网段的路由信息。

在拓扑结构简单的网络，若需实现不同网段之间的连接，可通过手工的方式配置本路由器到未知网段的路由信息，即通过配置静态路由，指定目的网段及其下一跳地址。

PC 主机网关一定要填写直连的路由器 IP 地址，如 PCA 与路由器 R1 的 G0/0 接口直接相连，因此网关信息填写 R1 的 G0/0 口的 IP 地址。

2.9 RIP 路由配置

2.9.1 原理简介

RIP（Routing Information Protocol，路由信息协议）是内部网关协议（Interior Gateway Protocol，IGP）中最先得到广泛使用的协议，主要用于规模较小的网络中，其最大优点就是简单。

RIP 是一种分布式的基于距离矢量的路由选择协议。RIP 使用跳数来衡量到达目的网络的距离。在 RIP 中，把路由器到直接连接网络的跳数定义为 0，而路由器到非直接连接网络的跳数与经过的路由器数目有关，每经过一个路由器，跳数加 1，因此，路由器到非直接连接网络的跳数定义为所经过的路由器数目。RIP 允许一条路径最多只能包含 15 个路由器，大于或等于 16 的跳数被定义为不可达。可见，RIP 只适用于小型互联网。

路由器刚开始工作时，路由表中只包含直接相连网络的路由信息，RIP 协议启动后，以广播方式向各接口发送请求报文，相邻的 RIP 路由器收到请求后，以响应报文回应，报文中携带了本路由器路由表的全部信息。请求路由器收到响应报文后，按以下规则对路由表进行更新：

- 若接收到的路由表项的目的网络不在路由表中，则将该项目添加到路由表中。
- 若路由表中已有相同目的网络的项目，且下一跳字段相同，则无条件地更新该路由项。
- 若路由表中有相同目的网络的项目，但下一跳字段不同，则比较它们的度量值，只有度量值减少时，更新该路由项。

RIP 路由器以 30 秒为更新周期，向邻居路由器广播发送的一个路由更新报文。路由器也定义了路由老化时间为 180 秒，如果在此时间内没有收到邻居路由器发来的更新报文，则相关路由项的度量值会被设置为无穷大（16），并从路由表中删除。

RIP 不能在两个网络之间同时使用多条路由，RIP 认为好的路由就是通过的路由器数目少，RIP 只选择一条具有最少路由器的路由。

RIP 协议有 RIPv1 和 RIPv2 两个版本。RIPv1 是有类别路由协议，协议报文中不携带掩码信息，不支持 VLSM（可变长子网掩码）。RIPv2 是无类别路由协议，支持 VLSM，使用组播方式进行路由信息的更新，组播地址是 224.0.0.9。同时，RIPv2 支持明文认证和 MD5 密文认证。

2.9.2 实验环境

（1）路由器：2 台。

（2）PC：2 台，安装 Windows 7 系统。

（3）线缆：3 条 UTP 以太网连接线（交叉线），1 条 Console 串口线。

实验组网如图 2-28 所示。设备 IP 地址设置如表 2-17 所示。

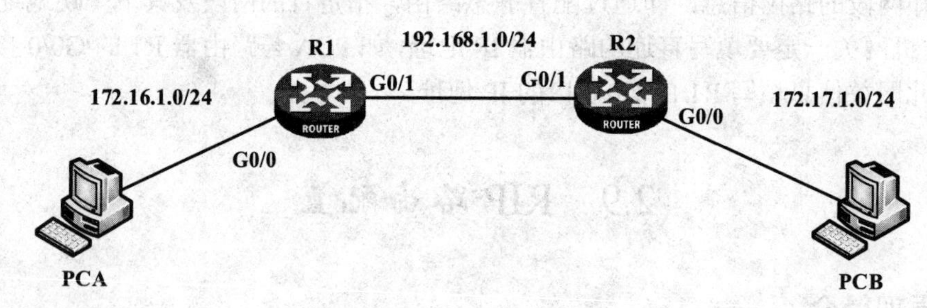

图 2-28 实验组网

表 2-17 设备的 IP 地址表

设 备	接 口	IP 地址	网 关
R1	G0/0	172.16.1.1/24	
	G0/1	192.168.1.1/24	
R2	G0/0	172.17.1.1/24	
	G0/1	192.168.1.2/24	
PCA		172.16.1.2/24	172.16.1.1
PCB		172.17.1.2/24	172.17.1.1

2.9.3 使用 H3C 设备的实验过程

本实验中，路由器的型号为 MSR36-20。

任务 1：配置 RIPv1

步骤 1：连接网络

根据实验网络的拓扑图，使用以太网连接线分别把主机 PCA 的以太网口与路由器 R1 的 G0/0 接口、PCB 的以太网口与 R2 的 G0/0 接口，R1、R2 的 G0/1 接口互联起来。

检查路由器的配置是否为初始状态，如果不是，在用户视图下删除设备的配置文件，重启设备，使设备采用默认配置参数进行初始化，把设备的配置恢复到默认状态。

步骤 2：配置设备的 IP 地址

（1）配置路由器 R1 两个以太网接口的 IP 地址：

```
<H3C>system-view                                    /*进入系统视图*/
[H3C]sysname R1                                     /*修改路由器名称*/
[R1]interface G0/0                                  /*进入 G0/0 接口视图*/
```

```
[R1-GigabitEthernet0/0]ip address 172.16.1.1 255.255.255.0      /*配置接口的 IP 地址*/
[R1-GigabitEthernet0/0]int G0/1                                 /*进入 G0/1 接口视图*/
[R1-GigabitEthernet0/1] ip address 192.168.1.1 255.255.255.0    /*配置接口的 IP 地址*/
[R1-GigabitEthernet0/1]quit                                     /*退出接口视图*/
```

（2）按照表 2-17 的 IP 地址列表，配置路由器 R2 两个以太网接口的 IP 地址。

（3）按照表 2-17 的 IP 地址列表，配置两台主机的 IP 地址、掩码和网关信息。

步骤 3：测试各个网络的连通性

在 PCA 上使用 ping 命令测试到网关 127.16.1.1 的可达性，测试结果是：可以互通。

在 PCA 上使用 ping 命令测试到主机 PCB 的可达性，测试结果是：不能互通。

步骤 4：在路由器 R1 上配置 RIP 协议

```
[R1]rip                            /*在路由器上启动 RIP 协议*/
[R1-rip-1]network 172.16.1.0       /*在 172.16.1.0 直连网段上启用 RIP*/
[R1-rip-1]network 192.168.1.0      /*在 192.168.1.0 直连网段上启用 RIP*/
```

步骤 5：在路由器 R2 上配置 RIP 协议

```
[R2]rip                            /*在路由器上启动 RIP 协议*/
[R2-rip-1]network 192.168.1.0      /*在 192.168.1.0 直连网段上启用 RIP*/
[R2-rip-1]network 172.17.1.0       /*在 172.17.1.0 直连网段上启用 RIP*/
```

步骤 6：查看路由表

```
[R1]display ip routing-table       /*显示路由表信息*/
```

R1 的路由表中增加的动态路由信息：

```
Destination/Mask   Proto   Pre Cost      NextHop         Interface
172.17.0.0/16      RIP     100 1         192.168.1.2       GE0/1
```

同理，在 R2 中执行命令查看路由表，路由表中增加的动态路由信息：

```
Destination/Mask Proto   Pre Cost      NextHop         Interface
172.16.0.0/16      RIP   100 1         192.168.1.1       GE0/1
```

在以上的两个路由信息中，172.17.0.0（172.16.0.0）为目的网络，属于 B 类地址，而 RIPv1 不支持可变长子网掩码，因此只能使用默认的 16 位掩码， RIP 表示使用 rip 动态路由，100 为 RIP 协议的默认优先级取值，1 表示到目的网络的距离（跳数）是 1，即只经过 1 个路由器转发。

步骤 7：测试各网络的连通性

在 PCA 上使用 ping 命令测试到主机 PCB 的可达性，测试结果是：可以互通。

步骤 8：查看 RIP 的运行状态

```
[R1]display rip                                   /*查看 RIP 运行状态*/
```

R1 中的显示结果如下：

```
Public VPN-instance name:
  RIP process: 1
     RIP version: 1
     Preference: 100
     Checkzero: Enabled
     Default cost: 0
     Summary: Enabled
     Host routes: Enabled
     Maximum number of load balanced routes: 6
     Update time    :   30 secs   Timeout time          :   180 secs
     Suppress time :   120 secs   Garbage-collect time :   120 secs
     Update output delay:    20(ms)   Output count:       3
     TRIP retransmit time:     5(s)   Retransmit count: 36
     Graceful-restart interval:    60 secs
     Triggered Interval : 5 50 200
     Silent interfaces: None
     Default routes: Disabled
     Verify-source: Enabled
     Networks:
        172.16.0.0              192.168.1.0
     Configured peers: None
     Triggered updates sent: 1
     Number of routes changes: 3
     Number of replies to queries: 0
```

在以上显示信息中，部分参数的作用如下。

- RIP process：RIP 进程号。
- RIP version：RIP 版本，此处是 v1 版本。
- Preference：RIP 路由优先级，默认是 100。
- Summary：路由聚合功能，默认是打开的（Enabled），即使用默认的自然分类掩码。
- Update Time：路由更新周期，默认 30 秒。
- Timeout Time：路由超时时间，默认 180 秒。
- Networks：启用了 RIP 的网段地址。

任务 2：配置 RIPv2

步骤 1：在路由器上配置 RIPv2 协议

（1）R1 中的配置：

```
[R1]rip                                  /*进入 RIP 配置视图*/
[R1-rip-1]version 2                      /*配置协议版本为 version 2*/
```

```
[R1-rip-1]undo summary                         /*关闭路由信息的自动汇总*/
[R1-rip-1]network 172.16.1.0                   /*在 172.16.1.0 直连网段上启用 RIP*/
[R1-rip-1]network 192.168.1.0                  /*在 192.168.1.0 直连网段上启用 RIP*/
```

（2）R2 中的配置：

```
[R2]rip                                        /*进入 RIP 配置视图*/
[R2-rip-1]version 2                            /*配置协议版本为 version2*/
[R2-rip-1]undo summary                         /*关闭路由信息的自动汇总*/
[R2-rip-1]network 192.168.1.0                  /*在 192.168.1.0 直连网段上启用 RIP*/
[R2-rip-1]network 172.17.1.0                   /*在 172.17.1.0 直连网段上启用 RIP*/
```

步骤 2：查看路由表

```
[R1]display ip routing-table                   /*显示路由表信息*/
```

R1 的路由表中动态路由信息更新为：

```
Destination/Mask Proto    Pre Cost    NextHop        Interface
172.17.1.0/24    RIP      100 1       192.168.1.2    GE0/1
```

同理，在 R2 中执行命令查看路由表，路由表中的动态路由信息为：

```
Destination/Mask Proto    Pre Cost    NextHop        Interface
172.16.1.0/24    RIP      100 1       192.168.1.1    GE0/1
```

对比任务 1 使用 RIPv1 的路由表，目的网络和掩码字段不再采用自然分类掩码，而是使用划分子网后的掩码 24 位，目的网络也变为 172.17.1.0 和 172.16.1.0，其他字段没有变化。

步骤 3：查看 RIP 的运行状态

```
[R1]display rip                                /*查看 RIP 运行状态*/
```

R1 中的显示结果如下：

```
Public VPN-instance name:
  RIP process: 1
      RIP version: 2
      Preference: 100
      Checkzero: Enabled
      Default cost: 0
      Summary: Disabled
…
```

从以上信息可知，目前路由器运行的 RIP 协议版本（RIP version）为 2，自动聚合功能（Summary）是关闭的，即可使用 VLSM 变长的子网掩码。

步骤 4：测试各网络的连通性

在 PCA 上使用 ping 命令测试到主机 PCB 的可达性，测试结果是：可以互通。

2.9.4 使用 Cisco 设备的实验过程

本实验中，所有操作使用 Packet Tracert 6.0 模拟软件进行，使用的路由器型号为 2911。

任务 1：配置 RIPv1

步骤 1：连接网络配置主机 IP

根据图 2-28 的网络拓扑，把两个路由器的 G0/1 接口相连，把主机 PCA、PCB 分别连接两个路由器的 G0/0 接口。根据表 2-17 设置主机的 IP 地址、掩码和网关地址。

步骤 2：配置路由器 R1

在路由器 R1 上执行以下命令，配置设备 IP 地址、RIP 路由协议：

```
Router>enable                                        /*进入特权配置模式*/
Router#configure terminal                            /*进入全局配置模式*/
Router(config)# hostname R1                          /*修改设备的名称*/
R1(config)# interface g0/0                           /*进入接口配置模式*/
R1(config-if)#ip address 172.16.1.1 255.255.255.0    /*配置接口 IP 地址*/
R1(config-if)#no shutdown                            /*打开接口*/
R1(config-if)# interface g0/1                        /*进入接口配置模式*/
R1(config-if)#ip address 192.168.1.1 255.255.255.0   /*配置接口 IP 地址*/
R1(config-if)#no shutdown                            /*打开接口*/
R1(config-if)#exit                                   /*退出接口配置模式*/
R1(config)#router rip                                /*进入 RIP 路由配置模式*/
R1(config-router)#network 172.16.1.0                 /*在 172.16.1.0 网段上启用 RIP*/
R1(config-router)#network 192.168.1.0                /*在 192.168.1.0 网段上启用 RIP*/
R1(config-router)#exit                               /*退出路由配置模式*/
R1(config)# exit                                     /*退出全局配置模式*/
```

步骤 3：配置路由器 R2

在路由器 R2 上执行以下命令，配置设备 IP 地址、RIP 路由协议：

```
Router>enable                                        /*进入特权配置模式*/
Router#configure terminal                            /*进入全局配置模式*/
Router(config)# hostname R2                          /*修改设备的名称*/
R2(config)# interface g0/0                           /*进入接口配置模式*/
R2(config-if)#ip address 172.17.1.1 255.255.255.0    /*配置接口 IP 地址*/
R2(config-if)#no shutdown                            /*打开接口*/
R2(config-if)# interface g0/1                        /*进入接口配置模式*/
R2(config-if)#ip address 192.168.1.2 255.255.255.0   /*配置接口 IP 地址*/
R2(config-if)#no shutdown                            /*打开接口*/
R2(config-if)#exit                                   /*退出接口配置模式*/
```

```
R2(config)#router rip                              /*进入 RIP 路由配置模式*/
R2(config-router)#network 172.17.1.0               /*在 172.16.1.0 网段上启用 RIP*/
R2(config-router)#network 192.168.1.0              /*在 192.168.1.0 网段上启用 RIP*/
R2(config-router)#exit                             /*退出路由配置模式*/
R2(config)# exit                                   /*退出全局配置模式*/
```

步骤 4：查看路由表

R1、R2 都配置完 RIP 路由后，执行 show ip route 命令显示路由表：

```
R1# show ip route                                  /*显示路由表*/
```

在 R1 路由表中增加的动态路由信息：

```
R 172.17.0.0/16 [120/1] via 192.168.1.2, 00:00:07, GigabitEthernet0/1
```

同理，在 R2 中查看路由表，路由表中增加的动态路由信息：

```
R 172.16.0.0/16 [120/1] via 192.168.1.1, 00:00:01, GigabitEthernet0/1
```

在以上两个路由信息中，代码 R 表示使用 rip 动态路由；172.17.0.0/16（172.16.0.0/16）为目的网络，RIPv1 不支持可变长子网掩码，因此只能使用默认的 16 位掩码；[120/1]中的 120 为 RIP 协议的默认优先级取值，1 表示到目的网络的距离（跳数）是 1，即只经过 1 个路由器转发；via 192.168.1.2 表示下一跳地址；GigabitEthernet0/1 表示转发接口。

步骤 5：测试各网络连通性

在 PCA 上使用 ping 命令测试到达 PCB 的连通性，结果能 ping 通，各个网络可互通。

任务 2：配置 RIPv2

在两个路由器上执行命令，设置 RIP 协议的版本为 V2 版本，并采用变长子网掩码。

步骤 1：配置路由器 R1

```
R1#configure terminal                              /*进入全局配置模式*/
R1(config)#router rip                              /*进入 RIP 路由配置模式*/
R1(config-router)#version 2                        /*设置版本为 version 2*/
R1(config-router)#no auto-summary                  /*关闭路由信息的自动汇总*/
R1(config-router)#exit                             /*退出路由配置模式*/
R1(config)# exit                                   /*退出全局配置模式*/
R1# show ip route                                  /*显示路由表*/
```

步骤 2：配置路由器 R2

```
R2#configure terminal                              /*进入全局配置模式*/
R2(config)#router rip                              /*进入 RIP 路由配置模式*/
R2(config-router)#version 2                        /*设置版本为 version 2*/
```

R2(config-router)#**no auto-summary**	/*关闭路由信息的自动汇总*/
R2(config-router)#**exit**	/*退出路由配置模式*/
R2(config)# **exit**	/*退出全局配置模式*/
R2# **show ip route**	/*显示路由表*/

步骤 3：查看路由表

R1、R2 都配置完 RIP 版本后，执行 show ip route 命令，在 R1 路由表中的路由信息更新为：

```
172.17.0.0/24 is subnetted, 1 subnets
R 172.17.1.0/24 [120/1] via 192.168.1.1, 00:00:17, GigabitEthernet0/1
```

在 R2 路由表中的路由信息更新为：

```
172.16.0.0/24 is subnetted, 1 subnets
R 172.16.1.0/24 [120/1] via 192.168.1.2, 00:00:17, GigabitEthernet0/1
```

对比任务 1 使用 RIPv1 的路由表，R1 路由表中，172.17.0.0/24 is subnetted 表明目的网络和掩码字段不再采用自然分类掩码，而是采用了子网划分，掩码变为 24 位，目的网络也变为 172.17.1.0，其他字段没有变化。

步骤 4：测试各网络连通性

在 PCA 上使用 ping 命令测试到达 PCB 的连通性，结果能 ping 通，各个网络可互通。

2.9.5 实验中的命令列表

1. H3C 设备的命令列表

本实验中，H3C 设备使用的命令如表 2-18 所示。

表 2-18 H3C 设备的实验命令列表

命 令	描 述
rip [process-id]	创建 RIP 进程，并进入 RIP 视图
network network-address	在指定网段接口上启用 RIP
version { **1** | **2** }	配置 RIP 版本
undo summary	取消 RIPv2 的自动路由聚合功能
display rip	显示 RIP 进程当前运行状态和配置信息
display ip routing-table	查看路由表

2. Cisco 设备的命令列表

本实验中，Cisco 设备使用的命令如表 2-19 所示。

表 2-19 Cisco 设备的实验命令列表

命 令	描 述
router rip	创建 RIP 进程，并进入 RIP 视图
network network-address	在指定网段接口上启用 RIP

续表

命 令	描 述
version { 1 | 2 }	配置 RIP 版本
no auto-summary	取消 RIPv2 的自动路由聚合功能
show ip route	查看路由表信息

2.9.6 实验总结

RIP 协议是一种距离矢量路由协议，使用跳数来衡量到达目的网络的距离，能使用的最大距离为 15，限制了网络规模。路由器之间交换的路由信息是路由器完整的路由表，随着网络规模的扩大，开销不断增加。因此，RIP 协议只适用于小型互联网。

在路由器上使用 RIP 协议，必须先启动 RIP 进程，然后在指定网段的接口上启用 RIP。RIP 包括 v1 和 v2 两个版本，RIPv1 不支持 VLSM，在生成的路由信息中只能使用自然分类掩码，路由信息的更新周期默认为 30 秒。RIPv2 支持 VLSM，可使用命令 undo summary 关闭聚合功能，使生成的路由信息中使用变长的子网掩码。

2.10 OSPF 路由配置

2.10.1 原理简介

OSPF（Open Shortest Path First，开放最短路径优先）协议是一种基于链路状态的动态路由协议，使用 Dijkstra 的 SPF（Shortest Path First，最短路径优先算法）计算和选择路由。

在 OSPF 中，路由器使用洪泛法（Flooding）向区域内的所有路由器发送本路由器相邻的所有路由器的链路状态（接口 UP、DOWN、IP、掩码、带宽、利用率、时延等），通过频繁的信息交换，所有路由器最终获得全网的拓扑结构图。随后，路由器以此为依据，使用 SPF 算法计算和构造出自己的路由表。

OSPF 直接使用 IP 数据包传输，协议号为 89。OSPF 包采用组播方式进行交换，组播地址为 224.0.0.5（全部 OSPF 路由器）和 224.0.0.6（指定路由器）。与 RIP 协议相比，OSPF 协议具有更大的扩展性、快速收敛性和安排可靠性，使用成本（cost）作为最佳路径的度量值，能胜任中大型、较复杂的网络环境。

但是，SPF 算法比较复杂，OSPF 计算路由表耗费更多的路由器内存和处理能力。在网络规模较大时，OSPF 采用分层的结构，OSPF 将一个自治系统（AS，采用相同路由协议的一组路由器）划分为若干个更小的范围，称为区域（Area），每个区域都有一个 32 位的区域标识符。在区域之间通过一个骨干区域互联，骨干区域只能有一个，区域号为 0 或 0.0.0.0，其他非骨干区域都必须连接到骨干区域，以便交换信息和路由数据包。骨干区域和非骨干区域的划分大大降低了区域内路由器的工作负担。

在 OSPF 中，每台路由器有一个 Route ID（路由器 ID），用于唯一标识这台路由器。Route ID 是一个 32 位无符号整数，若不配置，默认值为 Loopback 接口或物理接口上最大的 IP 地址作为 Route ID。

2.10.2 实验环境

（1）路由器：2 台。

（2）PC：2 台，安装 Windows 7 系统。

（3）线缆：3 条 UTP 以太网连接线（交叉线），1 条 Console 串口线。

实验组网如图 2-29 所示。设备 IP 地址设置如表 2-20 所示。

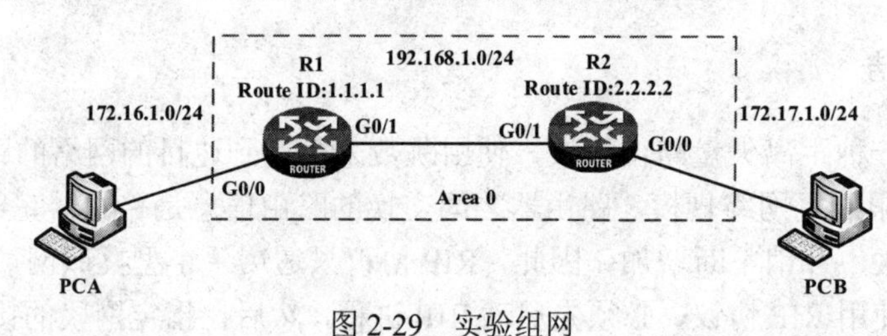

图 2-29 实验组网

表 2-20 设备的 IP 地址表

设　　备	接　　口	IP 地址	网　　关
R1	G0/0	172.16.1.1/24	
	G0/1	192.168.1.1/24	
R2	G0/0	172.17.1.1/24	
	G0/1	192.168.1.2/24	
PCA		172.16.1.2/24	172.16.1.1
PCB		172.17.1.2/24	172.17.1.1

2.10.3 使用 H3C 设备的实验过程

本实验中，路由器的型号为 MSR36-20。

任务 1：配置单个区域的 OSPF 路由协议

步骤 1：连接网络

根据实验网络的拓扑图，使用以太网连接线分别把主机 PCA 的以太网口与路由器 R1 的 G0/0 接口、PCB 的以太网口与 R2 的 G0/0 接口，R1、R2 的 G0/1 接口互联起来。

检查路由器的配置是否为初始状态，如果不是，在用户视图下删除设备的配置文件，重启设备，使设备采用默认配置参数进行初始化，把设备的配置恢复到默认状态。

步骤 2：配置设备的 IP 地址

（1）配置路由器 R1 两个以太网接口的 IP 地址：

```
<H3C>system-view                                                  /*进入系统视图*/
[H3C]sysname R1                                                   /*修改路由器名称*/
[R1]interface G0/0                                                /*进入 G0/0 接口视图*/
[R1-GigabitEthernet0/0]ip address 172.16.1.1 255.255.255.0        /*配置接口的 IP 地址*/
[R1-GigabitEthernet0/0]int G0/1                                   /*进入 G0/1 接口视图*/
[R1-GigabitEthernet0/1] ip address 192.168.1.1 255.255.255.0      /*配置接口的 IP 地址*/
```

（2）按表 2-20 的 IP 地址列表，配置路由器 R2 两个以太网接口的 IP 地址。

（3）按照表 2-20 的 IP 地址列表，配置两台主机的 IP 地址、掩码和网关信息。

步骤 3：测试各个网络的连通性

在 PCA 上使用 ping 命令测试到网关 127.16.1.1 的可达性，测试结果是：可以互通。

在 PCA 上使用 ping 命令测试到主机 PCB 的可达性，测试结果是：不能互通。

步骤 4：在路由器 R1 上配置 OSPF 协议

[R1]**router id** 1.1.1.1	/*配置路由器 ID 为 1.1.1.1*/
[R1]**ospf**	/*在路由器上启动 OSPF 协议*/
[R1-ospf-1]**area** 0.0.0.0	/*配置 OSPF 区域，进入区域视图*/
[R1-ospf-1-area-0.0.0.0]**network** 172.16.1.0 0.0.0.255	/*配置区域包含的网段，并在此网段接口启用 OSPF，172.16.1.0 为网络号，0.0.0.255 表示掩码的反码*/
[R1-ospf-1-area-0.0.0.0]**network** 192.168.1.0 0.0.0.255	/*配置区域包含的网段，并在此网段接口启用 OSPF*/

步骤 5：在路由器 R2 上配置 OSPF 协议

[R1]**router id** 2.2.2.2	/*配置路由器 ID 为 2.2.2.2*/
[R1]**ospf**	/*在路由器上启动 OSPF 协议*/
[R1-ospf-1]**area** 0.0.0.0	/*配置 OSPF 区域，进入区域视图*/
[R1-ospf-1-area-0.0.0.0]**network** 172.17.1.0 0.0.0.255	/*配置区域包含的网段，并在此网段接口启用 OSPF*/
[R1-ospf-1-area-0.0.0.0]**network** 192.168.1.0 0.0.0.255	/*配置区域包含的网段，并在此网段接口启用 OSPF*/

步骤 6：查看路由表

[R1]**display ip routing-table**	/*显示路由表信息*/

R1 的路由表中增加的动态路由信息：

Destination/Mask	Proto	Pre	Cost	NextHop	Interface
172.17.1.0/24	O_INTRA	10	2	192.168.1.2	GE0/1

同理，在 R2 中执行命令查看路由表，路由表中增加的动态路由信息：

Destination/Mask	Proto	Pre	Cost	NextHop	Interface
172.16.1.0/24	O_INTRA	10	2	192.168.1.1	GE0/1

在以上两个路由信息中，目的网络 172.17.1.0/24 和 172.16.1.0/24 采用分类子网掩码，OSPF 支持 VLSM。O_INTRA 表示使用 OSPF 内部区域路由协议，10 为区域内 OSPF 协议的默认优先级取值，2 表示到目的网络的开销是 2。

步骤 7：测试各网络的连通性

在 PCA 上使用 ping 命令测试到主机 PCB 的可达性，测试结果是：可以互通。

任务 2：查看 OSPF 路由协议信息

步骤 1：查看 OSPF 的邻居状态

```
[R1]display ospf peer                              /*查看 OSPF 的邻居*/
```

R1 中的显示结果如下：

```
            OSPF Process 1 with Router ID 1.1.1.1
                    Neighbor Brief Information

Area: 0.0.0.0
Router ID      Address        Pri Dead-Time  State           Interface
2.2.2.2        192.168.1.2    1    37        Full/DR         GE0/1
```

在以上显示信息中，各参数的作用如下。

- Area：邻居所属的区域。
- Route ID：邻居路由器 ID，此处为 2.2.2.2，即指向路由器 R2。
- Address：邻居路由器接口 IP 地址。
- Pri：邻居路由器的优先级。
- Dead-Time：OSPF 邻居的失效时间。
- State：邻居状态，Full 表示 R1 和 R2 之间的链路状态数据库同步，R1 具有到达 R2 的路由信息。
- Interface：与邻居相连的接口。

步骤 2：查看 OSPF 路由信息

```
[R1]display ospf routing                           /*查看 OSPF 路由信息*/
```

R1 中的显示结果如下：

```
            OSPF Process 1 with Router ID 1.1.1.1
                    Routing Table

 Routing for network
 Destination      Cost  Type     NextHop        AdvRouter     Area
 172.16.1.0/24     1     Stub    0.0.0.0        1.1.1.1       0.0.0.0
 172.17.1.0/24     2     Stub    192.168.1.2    2.2.2.2       0.0.0.0
 192.168.1.0/24    1   Transit   0.0.0.0        2.2.2.2       0.0.0.0
 Total nets: 3
 Intra area: 3   Inter area: 0   ASE: 0   NSSA: 0
```

在以上显示信息中，各参数的作用如下。

- Destination：目的网络。

- ❑ Cost：到达目的网络的接口开销。当链路接口没有明确配置接口开销时，接口开销=带宽参考值/接口带宽，当计算出来的开销值大于 65 535 时，取最大值 65 535；当计算出来值小于 1 时，取最小值 1。默认情况下，带宽参考值为 100Mbps。
- ❑ Type：路由类型，Stub 表示末梢区域，此区域仅有一个通路连接到其他网络；Transit 表示传输区域，该网络负责连接 OSPF 其他网络。
- ❑ NextTop：下一跳地址，0.0.0.0 表明是直连网络。
- ❑ AdvRouter：LSA（链路状态通告）的发布路由器。
- ❑ Area：区域 ID。
- ❑ Intra area：区域内部路由总数，此处 3 条路由都是区域内路由。其他的 Inter Area 表示区域间路由数，ASE 表示区域外路由数，NSSA 表示 NSSA 区域路由数。

步骤 3：查看 OSPF 链路状态数据库（LSDB）

```
[R1]display ospf lsdb                    /*查看 OSPF 链路状态数据库*/
```

R1 中的显示结果如下：

```
          OSPF Process 1 with Router ID 1.1.1.1
                  Link State Database
                          Area: 0.0.0.0
 Type       LinkState ID     AdvRouter       Age    Len   Sequence     Metric
 Router     1.1.1.1          1.1.1.1         1004   48    80000009     0
 Router     2.2.2.2          2.2.2.2         1002   48    80000008     0
 Network    192.168.1.2      2.2.2.2         998    32    80000003     0
```

在以上显示信息中，各参数的作用如下。

- ❑ Type：LSA（链路状态通告）类型，Router 为路由器信息，Network 为网络信息。
- ❑ LinkState ID：LSA 链路状态 ID。
- ❑ AdvRouter：发布 LSA 的路由器。
- ❑ Age：LSA 的老化时间。
- ❑ Len：LSA 的长度。
- ❑ Sequence：LSA 顺序号。
- ❑ Metric：度量值。

步骤 4：查看所有接口的 OSPF 概要信息

```
[R1]display ospf interface                    /*查看所有接口的 OSPF 概要信息*/
```

R1 中的显示结果如下：

```
          OSPF Process 1 with Router ID 1.1.1.1
                  Interfaces
 Area: 0.0.0.0
 IP Address     Type        State   Cost   Pri    DR              BDR
 172.16.1.1     Broadcast   DR      1      1      172.16.1.1      0.0.0.0
 192.168.1.1    Broadcast   BDR     1      1      192.168.1.2     192.168.1.1
```

在以上显示信息中，各参数的作用如下。

- Area：接口所属区域 ID。
- IP Address：接口 IP 地址。
- Type：接口的网络类型，Broadcast 表示网络类型为广播。
- State：表示接口状态，DR 表示路由器是所连网络的指定路由器，即负责接收和发送链路状态的路由器。BDR 表示路由器是所连网络的备份指定路由器，当 DR 失效时备用。
- Cost：接口开销。
- Pri：路由器优先级。
- DR：接口所属网段的 DR，接口 192.168.1.1 的 DR 是 192.168.1.2，即该网段的指定路由器是 R2。
- BDR：接口所属网段的 BDR。

2.10.4 使用 Cisco 设备的实验过程

本实验中，所有操作使用 Packet Tracert 6.0 模拟软件进行，使用的路由器型号为 2911。

任务 1：配置单个区域的 OSPF 路由协议

步骤 1：连接网络配置主机 IP

根据图 2-29 的网络拓扑，把两个路由器的 G0/1 接口相连，把主机 PCA、PCB 分别连接两个路由器的 G0/0 接口。根据表 2-20 设置主机的 IP 地址、掩码和网关地址。

步骤 2：配置路由器 R1

在路由器 R1 中执行以下命令配置各接口的 IP 地址，配置 OSPF 协议：

```
Router>enable                                          /*进入特权配置模式*/
Router#configure terminal                              /*进入全局配置模式*/
Router(config)# hostname R1                            /*修改设备的名称*/
R1(config)# interface g0/0                             /*进入接口配置模式*/
R1(config-if)#ip address 172.16.1.1 255.255.255.0      /*配置接口 IP 地址*/
R1(config-if)#no shutdown                              /*打开接口*/
R1(config-if)# interface g0/1                          /*进入接口配置模式*/
R1(config-if)#ip address 192.168.1.1 255.255.255.0     /*配置接口 IP 地址*/
R1(config-if)#no shutdown                              /*打开接口*/
R1(config-if)#exit                                     /*退出接口配置模式*/
R1(config)#router ospf 100                             /*进入 OSPF 路由配置模式*/
R1(config-router)#network 172.16.1.0 0.0.0.255 area    /*在 172.16.1.0 网段上启用 OSPF 并设置其
0.0.0.0                                                区域为 area 0*/
R1(config-router)#network 192.168.1.0 0.0.0.255 area   /*在 192.168.1.0 网段上启用 OSPF 并设置其
0.0.0.0                                                区域为 area 0*/
R1(config-router)#exit                                 /*退出路由配置模式*/
```

```
R1(config)# exit                                    /*退出全局配置模式*/
R1# show ip route                                   /*显示路由表*/
```

步骤 3：配置路由器 R2

在路由器 R2 中执行以下命令配置各接口的 IP 地址，配置 OSPF 协议：

```
Router>enable                                       /*进入特权配置模式*/
Router#configure terminal                           /*进入全局配置模式*/
Router(config)# hostname R2                         /*修改设备的名称*/
R2(config)# interface g0/0                          /*进入接口配置模式*/
R2(config-if)#ip address 172.17.1.1 255.255.255.0   /*配置接口 IP 地址*/
R2(config-if)#no shutdown                           /*打开接口*/
R2(config-if)# interface g0/1                       /*进入接口配置模式*/
R2(config-if)#ip address 192.168.1.2 255.255.255.0  /*配置接口 IP 地址*/
R2(config-if)#no shutdown                           /*打开接口*/
R2(config-if)#exit                                  /*退出接口配置模式*/
R2(config)#router ospf 100                          /*进入 OSPF 路由配置模式*/
R2(config-router)#network 172.17.1.0 0.0.0.255 area /*在 172.16.1.0 网段上启用 OSPF 并设置其
0.0.0.0                                             区域为 area 0*/
R2(config-router)#network 192.168.1.0 0.0.0.255 area /*在 192.168.1.0 网段上启用 OSPF 并设置其
0.0.0.0                                             区域为 area 0*/
R2(config-router)#exit                              /*退出路由配置模式*/
R2(config)# exit                                    /*退出全局配置模式*/
R2# show ip route                                   /*显示路由表*/
```

步骤 4：查看路由表

R1、R2 都配置完 OSPF 路由后，执行 show ip route 命令，在 R1 路由表中增加的动态路由信息：

```
     172.17.0.0/24 is subnetted, 1 subnets
O 172.17.1.0/24 [110/2] via 192.168.1.2, 00:02:26, GigabitEthernet0/1
```

同理，在 R2 中查看路由表，路由表中增加的动态路由信息：

```
     172.16.0.0/24 is subnetted, 1 subnets
O 172.16.1.0/24 [110/2] via 192.168.1.1, 00:01:57, GigabitEthernet0/1
```

在以上的两个路由信息中，代码 O 表示使用 OSPF 动态路由；172.17.1.0/24 为目的网络，OSPF 支持可变长子网掩码，所以路由表显示 172.17.0.0/24 is subnetted 已划分子网，子网掩码为 24 位；[110/2]中的 110 为 OSPF 协议的默认优先级取值，2 表示到目的网络的开销；via 192.168.1.2 表示下一跳地址；GigabitEthernet0/1 表示转发接口。

步骤 5：测试各网络连通性

在 PCA 上使用 ping 命令测试到达 PCB 的连通性，结果能 ping 通，各个网络可互通。

任务 2：查看 OSPF 路由协议信息

在两个路由器上执行以下命令，可以查看 OSPF 协议的相关信息：

```
R1#show ip ospf neighbor          /*显示 OSPF 中各区域邻居的信息*/
R1#show ip route ospf             /*显示 OSPF 协议生成的路由信息*/
R1#show ip ospf database          /*显示 OSPF 链路状态数据库信息*/
R1#show ip ospf interface         /*显示 OSPF 接口*/
```

（1）在 R1 中执行 show ip neighbor 命令后，显示的邻居信息：

```
Neighbor ID    Pri   State       Dead Time    Address        Interface
192.168.1.2    1     FULL/BDR    00:00:38     192.168.1.2    GigabitEthernet0/1
```

在 R2 中执行 show ip neighbor 命令后，显示的邻居信息：

```
Neighbor ID    Pri   State       Dead Time    Address        Interface
192.168.1.1    1     FULL/DR     00:00:31     192.168.1.1    GigabitEthernet0/1
```

在以上显示信息中，各参数的作用可以参考 H3C 设备的参数说明。从状态字段 State 的取值可知，R1 和 R2 之间的链路状态数据库同步，R1 具有到达 R2 的路由信息，路由器 192.168.1.1 作为指定路由器 DR，而路由器 192.168.1.2 为备份路由器 BDR。

（2）在 R1 中执行 show ip route ospf 命令，只显示 OSPF 路由信息：

```
     172.17.0.0/24 is subnetted, 1 subnets
O    172.17.1.0 [110/2] via 192.168.1.2, 00:28:12, GigabitEthernet0/1
```

（3）在 R1 中执行 show ip ospf database 命令后，显示的 OSPF 链路状态数据库信息：

```
              OSPF Router with ID (192.168.1.1) (Process ID 100)
                  Router Link States (Area 0.0.0.0)
Link ID        ADV Router     Age    Seq#          Checksum    Link count
192.168.1.1    192.168.1.1    51     0x80000004    0x00c411    2
192.168.1.2    192.168.1.2    50     0x80000004    0x00d6fa    2
                  Net Link States (Area 0.0.0.0)
Link ID        ADV Router     Age    Seq#          Checksum
192.168.1.1    192.168.1.1    51     0x80000002    0x00102e
```

在以上显示信息中，Router Link States 为路由器信息，Net Link States 为网络信息，其他参数的作用可以参考 H3C 设备的参数说明。

（4）在 R1 中执行 show ip ospf interface 命令后，显示接口与 OSPF 协议相关的信息：

```
...
GigabitEthernet0/1 is up, line protocol is up
  Internet address is 192.168.1.1/24, Area 0.0.0.0
  Process ID 100, Router ID 192.168.1.1, Network Type BROADCAST, Cost: 1
  Transmit Delay is 1 sec, State DR, Priority 1
  Designated Router (ID) 192.168.1.1, Interface address 192.168.1.1
  Backup Designated Router (ID) 192.168.1.2, Interface address 192.168.1.2
Timer intervals configured,Hello 10,Dead 40, Wait 40, Retransmit 5
```

```
    Hello due in 00:00:02
  Index 2/2, flood queue length 0
  Next 0x0(0)/0x0(0)
  Last flood scan length is 1, maximum is 1
  Last flood scan time is 0 msec, maximum is 0 msec
  Neighbor Count is 1, Adjacent neighbor count is 1
    Adjacent with neighbor 192.168.1.2   (Backup Designated Router)
  Suppress hello for 0 neighbor(s)
```

在以上信息中，显示了接口的 IP 地址、所在区域、进程 ID（Process ID）、路由器 ID（Router ID）、网络类型、传输时延、优先级、指定路由器的 ID（Designated Router (ID)）和 IP 地址、备份路由器的 ID 和 IP 地址、邻居数（Neighbor Count）等信息。

2.10.5　实验中的命令列表

1. H3C 设备的命令列表

本实验中，H3C 设备使用的命令如表 2-21 所示。

表 2-21　H3C 设备的实验命令列表

命　　令	描　　述
router id router-id	配置路由器 ID
ospf [process-id]	启动 OSPF 进程，并进入 OSPF 视图
area area-id	创建 OSPF 区域，并进入 OSPF 区域视图
network ip-address wildcard-mask	在指定网段接口上启动 OSPF
display ospf [process-id] **peer**	显示 OSPF 中各区域邻居的信息
display ospf [process-id] **routing**	显示 OSPF 路由表信息
display ospf [process-id] **lsdb**	显示 OSPF 的链路状态数据库信息
display ospf [process-id] **interface** [interface-type interface-number]	显示 OSPF 的接口信息

2. Cisco 设备的命令列表

本实验中，Cisco 设备使用的命令如表 2-22 所示。

表 2-22　Cisco 设备的实验命令列表

命　　令	描　　述
router ospf [process-id]	启动 OSPF 进程，并进入路由视图
router-id router-id	创建该进程的路由器 ID
network ip-address wildcard-mask **area** area-id	在指定网段接口上启动 OSPF，并定义所属的区域
show ip ospf	显示 OSPF 进程及详细信息
show ip ospf neighbor	显示 OSPF 中各区域邻居的信息
show ip route ospf [process-id]	显示 OSPF 路由表信息

续表

命　令	描　述
show ip ospf database	显示 OSPF 的链路状态数据库信息
show ip ospf interface	显示 OSPF 的接口信息

2.10.6　实验总结

OSPF 是链路状态路由协议，使用 SPF 算法计算最短路径，选路更合理，不会产生路由环路。OSPF 通过划分区域的管理方法，简化了路由表的计算，减少了路由选择的开销，加快了收敛速度，增加了网络的稳定性，信息传递可靠，支持 VLSM，可用于中大型网络。

在路由器上启动 OSPF 功能，必须先创建 OSPF 进程，指定进程关联的区域及区域包括的网段。若路由器的接口 IP 在某个区域网段内，而该接口属于此区域并启动管理 OSPF 功能，则 OSPF 将把这个接口的直接路由宣告出去。在配置 OSPF 启用的网段时，参数 wildcard-mask 使用的是通配符掩码，即子网掩码的反码，用于说明 IP 地址中相应位是否需要被检测与匹配，通配符掩码中的 1 表示对应的 IP 地址相应位不需要匹配，而 0 表示对应的位要严格匹配。如 network 192.168.1.0　0.0.0.3　area 0.0.0.0 表示网段 192.168.1.0 转化为二进制后的前 30 位严格对应为 1100 0000.1010 1000.0000 0001.0000 00，后两位可以任意，即可以为 00、01、10 或 11。

2.11　广域网接口和线缆

2.11.1　原理简介

WAN（Wide Area Network，广域网）是一种跨地区的数据通信网络，通常使用电信运营商提供的设备和线路作为信息传输平台，其作用范围大，可覆盖一个城市、一个国家、甚至全球。分散在各个不同地理位置的局域网通过广域网互相连接起来，广域网对通信的要求高，复杂性也高。

广域网技术主要对应于 OSI 参考模型的物理层和数据链路层，即 TCP/IP 模型的网络接口层。

广域网的物理层规定了向广域网提供服务的设备、线缆和接口的物理特性。路由器中常见的广域网接口如下。

- 同/异步串口：常用 DB-28 连接器，可工作在同步或异步模式下，接口名称为 Serial。同步模式下，可工作在 DTE（Data Terminal Equipment，数据终端设备）和 DCE（Data Circuit-terminating Equipment，数据通信设备）两种方式下，一般情况下作为 DTE 设备，接收 DCE 设备提供的时钟和波特率，可外接 V.24、V.35 等多种类型电缆，可支持 PPP、帧中继、LAPB、X.25 等数据链路层协议。异步模式时可外接 Modem 或 ISDN 终端适配器，作为拨号接口使用，可支持 PPP 协议。
- E1、CE1、E1 PRI 接口：常用 DB-15 连接器，支持 E1 数字通信系统。
- T1、CT1、T1 PRI 接口：常用 RJ-45 连接器，支持 T1 数字通信系统。

- ISDN BRI 接口：常用 RJ-45 连接器，通过接入 ISDN（综合业务数字网），拨号接通对端路由器。
- AM（模拟调制解调器）接口、ADSL 接口：常用 RJ-11 连接器，通过接入 PSTN（公共交换电话网），需按照传输的类型选择相应的数据链路层协议将数据封装成帧，保障数据在物理链路上的可靠传输，典型的广域网数据链路层协议包括 HDLC、PPP、帧中继等。

2.11.2 实验环境

（1）路由器：2 台。

（2）PC：1 台，安装 Windows 7 系统。

（3）线缆：1 条 V.35 DTE 串口线，1 条 V.35 DCE 串口线，1 条 Console 串口线。

实验组网如图 2-30 所示。设备的 IP 地址设置如表 2-23 所示。

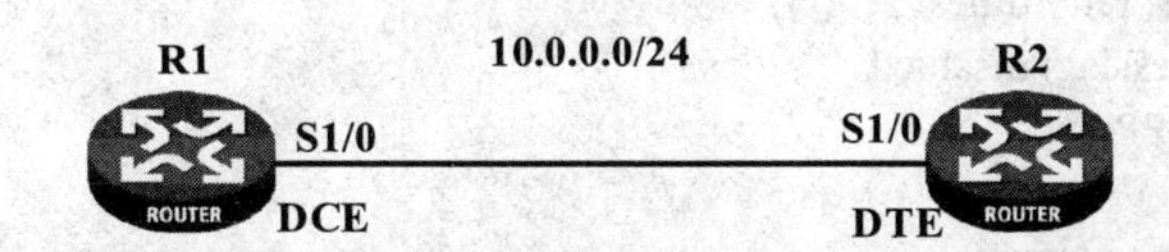

图 2-30 实验组网

表 2-23 设备的 IP 地址表

设　备	接　口	IP 地址
R1	S1/0	10.0.0.1/24
R2	S1/0	10.0.0.2/24

2.11.3 使用 H3C 设备的实验过程

本实验中，路由器的型号为 MSR36-20。

任务：广域网接口配置

步骤 1：区分两条 V.35 线缆

V.35 线缆的一端为 28 针 D 型连接器，用于连接路由器。另一端如果是 34 针的 D 型连接器，则是 DTE 类型电缆，如果是 34 孔的 D 型连接器，则是 DCE 类型电缆。

步骤 2：连接线缆和路由器

把 V.35 DCE 线缆（34 孔）的 28 针 D 型连接器与路由器 R1 的串行口 S1/0 相连，外接端的 34 孔连接头与 V.35 DTE 线缆（34 针）的连接头相连。V.35 DTE 线缆的 28 针 D 型连接器与路由器 R2 的串行口 S1/0 相连。

连接后可知，路由器 R1 的接口 S1/0 是 DCE 端，路由器 R2 的接口 S1/0 是 DTE 端。

检查路由器的配置是否为初始状态，如果不是，在用户视图下删除设备的配置文件，重启设备，使设备采用默认配置参数进行初始化，把设备的配置恢复到默认状态。

步骤 3：查看广域网接口信息

在 R1 上执行命令查看广域网接口 S1/0 的基本信息：

```
<H3C>system-view                          /*进入系统视图*/
[H3C]sysname R1                           /*修改路由器名称*/
[R1]display interface serial 1/0          /*显示串口基本信息*/
```

R1 中的显示结果如下：

```
Serial1/0
Current state: UP
Line protocol state: UP
Description: Serial1/0 Interface
Bandwidth: 64kbps
Maximum Transmit Unit: 1500
Hold timer:10 seconds, retry times: 5
Internet protocol processing: disabled
Link layer protocol: PPP
LCP: opened
Last clearing of counters: Never
Physical layer: synchronous, Baudrate: 64000 bps
Output queue - Urgent queuing: Size/Length/Discards 0/100/0
Output queue - Protocol queuing: Size/Length/Discards 0/500/0
Output queue - FIFO queuing: Size/Length/Discards 0/75/0
Interface: DCE
Cable type: V35
Clock mode: DCECLK
…
```

在以上显示信息中，各参数的作用如下。

- Current state：接口的物理状态和管理状态，如果已连接物理线缆，该状态为 UP。
- Line protocol state：接口的数据链路层协议状态，如果相连的两个接口的链路层协议一致，该状态应为 UP。
- Description：接口的描述信息。
- Bandwidth：接口的期望带宽，单位是 kbps，默认情况下，等于接口波特率/1000。
- Maximum Transmit Unit：接口的最大传输单元，默认值是 1 500bit。
- Hold timer：接口发送 Keepalive 报文的周期。
- Internet protocol processing：是否配置了网络层协议，如果配置了 IP 地址，则启用了网络层协议。
- Link layer protocol：链路层协议，接口默认使用 PPP 协议。
- LCP:opened：表示 PPP 连接建立成功。
- Last clearing of counters: Never：最近一次使用 reset counters interface 命令清除接口统计信息的时间，如果设备启动后没执行此命令，则显示 Never。
- Physical layer：物理层链路信息，默认是工作在同步模式下（synchronous），而接口的波特率（Baudrate）默认是 64 000bps。

- ❑ Output queue：输出队列中的消息数，最大消息数和已丢弃的消息数，分别有紧急队列、协议队列和先进先出队列。
- ❑ Interface:DCE：表明串口的时钟选择方式是 DCE，即向对端提供时钟。
- ❑ Cable type：线缆类型是 V35。
- ❑ Clock mode: DCECLK：DCE 向对端提供接收、发送时钟。

在 R2 上执行命令，查看串口 S1/0 的基本信息，部分显示结果如下：

```
Serial1/0
Current state: UP
Line protocol state: UP
Description: Serial1/0 Interface
Bandwidth: 64kbps
…
Interface: DTE
Cable type: V35
Clock mode: DCECLK
…
```

从以上显示信息可见，R2 路由器的串口 s1/0 的时钟选择方式是 DCE，即负责接收对端提供的时钟。

步骤 4：配置广域网接口的波特率

在路由器 R1 上执行命令：

```
[R1]interface serial 1/0                          /*进入 s1/0 串口视图*/
[R1-Serial/0]description DCE-interface            /*设置串口的描述信息*/
[R1-Serial/0]display interface serial 1/0         /*显示串口基本信息*/
```

命令执行后，对比步骤 3 中的显示信息：

```
Description: DCE-interface
```

可见，路由器的 S1/0 接口的描述信息已经修改。

步骤 5：配置广域网接口的波特率

（1）在路由器 R2 的 S1/0 接口模式下执行命令，把 S1/0 的波特率改为 9 600bps：

```
[R2]interface serial 1/0                          /*进入 s1/0 串口视图*/
[R2]baudrate 9600                                 /*设置串口的波特率*/
```

命令执行后，出现以下信息提示：

```
Serial1/0:Baudrate can only be set on the DCE
```

可见，只能在 DCE 侧修改接口的波特率（即传输速率）。

（2）在路由器 R1 的 S1/0 接口模式下执行命令，并展示修改结果：

```
[R1-Serial/0]baudrate 9600                        /*设置串口的波特率*/
[R1-Serial/0]display interface serial 1/0         /*显示基本信息*/
```

命令执行后，对比步骤 3 中的显示信息：

```
Physical layer: synchronous, Baudrate: 9600 bps
```

可见，路由器的接口波特率已经修改。

同理，在路由器 R2 上执行 display interface serial1/0 命令，也可查看到 R2 路由器的波特率也自动跟 DCE 设备的同步，变为 9 600bps。

步骤 6：配置广域网接口的数据链路层协议

在路由器 R1 的 S1/0 接口模式下执行命令：

```
[R1-Serial/0]link-protocol hdlc                     /*设置串口的链路层协议*/
[R1-Serial/0]display interface serial1/0            /*显示串口基本信息*/
```

命令执行后，对比步骤 3 中的显示信息：

```
Serial1/0
Current state: UP
Line protocol state: DOWN
…
Link layer protocol: HDLC
```

链路层协议变为 HDLC，链路层的连接状态变为 Down，因为只修改了 R1 端串口的协议，而 R2 端串口的链路层协议还是 PPP 协议，链路两端的链路层协议不同，链路层连接断开。所以，配置路由器接口的链路层协议时，必须保证链路两端的协议的一致性。

在路由器 R2 的串口 S1/0 执行以上命令，再执行 display interface serial1/0 命令可见，链路层连接状态变为 UP。

步骤 7：配置广域网接口的 IP 地址

在路由器 R1 的 S1/0 接口模式下执行命令：

```
[R1-Serial/0]ip address10.0.0.1 255.255.255.0       /*设置串口的 IP 地址*/
[R1-Serial/0]display interface serial1/0            /*显示串口基本信息*/
[R1-Serial/0]quit                                   /*返回特权模式*/
```

命令执行后，对比步骤 3 中的显示信息：

```
Internet Address is 10.0.0.1/24 Primary
```

网络层协议部分显示已设置的 IP 地址。

步骤 8：配置广域网接口的工作模式

在路由器 R1 的 S1/0 接口模式下执行命令：

```
[R1]physical-mode async                             /*设置串口的工作模式为异步模式*/
```

一般情况下，V.35 电缆只用于同步方式传输数据。

2.11.4 使用 Cisco 设备的实验过程

本实验中，所有操作使用 Packet Tracert 6.0 模拟软件进行，选择的路由器型号为 2811，并添加接口模块 NM-4A/S。

任务：广域网接口配置

步骤 1：连接网络配置主机 IP

根据图 2-30 的网络拓扑图，使用串口线把两个路由器的串口 S1/0 接口相连，其中 R1 的 S1/0 口是 DCE 端，R2 的 S1/0 接口是 DTE 端。

步骤 2：配置路由器 R1 的串口

Router>**enable**	/*进入特权配置模式*/
Router#**configure terminal**	/*进入全局配置模式*/
Router(config)# **hostname** R1	/*修改设备的名称*/
R1(config)#**interface** serial 1/0	/*进入串口配置模式*/
R1(config-if)# **description** DCE-interface	/*设置接口的描述*/
R1(config-if)# **clock rate** 9600	/*配置时钟速率*/
R1(config-if)# **ip address10.0.0.1 255.255.255.0**	/*配置串口的 IP 地址*/
R1(config-if)# **no shutdown**	/*打开接口*/
R1(config-if)#**end**	/*返回特权模式*/
R1#**show interfaces** serial1/0	/*查看串口的信息*/

命令执行后，查看串口信息，路由器 R1 的显示结果如下：

```
Serial1/0 is up, line protocol is up (connected)
  Hardware is HD64570
  Description: DCE-interface
  Internet address is 10.0.0.1/24
  MTU 1500 bytes, BW 128 Kbit, DLY 20000 usec,
     reliability 255/255, txload 1/255, rxload 1/255
  Encapsulation HDLC, loopback not set, keepalive set (10 sec)
  Last input never, output never, output hang never
  Last clearing of "show interface" counters never
  Input queue: 0/75/0 (size/max/drops); Total output drops: 0
  Queueing strategy: weighted fair
  Output queue: 0/1000/64/0 (size/max total/threshold/drops)
     Conversations 0/0/256 (active/max active/max total)
     Reserved Conversations 0/0 (allocated/max allocated)
     Available Bandwidth 96 kilobits/sec
  5 minute input rate 0 bits/sec, 0 packets/sec
  5 minute output rate 0 bits/sec, 0 packets/sec
     0 packets input, 0 bytes, 0 no buffer
     Received 0 broadcasts, 0 runts, 0 giants, 0 throttles
     0 input errors, 0 CRC, 0 frame, 0 overrun, 0 ignored, 0 abort
     0 packets output, 0 bytes, 0 underruns
     0 output errors, 0 collisions, 1 interface resets
```

```
    0 output buffer failures, 0 output buffers swapped out
    0 carrier transitions
    DCD=up   DSR=up   DTR=up   RTS=up   CTS=up
```

从以上信息可见，路由器串口的数据链路层默认使用 HDLC 协议进行封装。

步骤 3：配置路由器 R2 的串口

```
Router>enable                                       /*进入特权配置模式*/
Router#configure terminal                           /*进入全局配置模式*/
Router(config)# hostname R2                         /*修改设备的名称*/
R2(config)#interface serial1/0                      /*进入串口配置模式*/
R2(config-if)# description DCE-interface            /*设置接口的描述*/
R2(config-if)# ip address10.0.0.2 255.255.255.0     /*配置串口的 IP 地址*/
R2(config-if)# no shutdown                          /*打开接口*/
R2(config-if)#end                                   /*返回特权模式*/
```

2.11.5 实验中的命令列表

1. H3C 设备的命令列表

本实验中，H3C 设备使用的命令如表 2-24 所示。

表 2-24 H3C 设备的实验命令列表

命 令	描 述
display interface serial interface-number	显示串口的基本信息
description text	设置接口的描述信息
baudrate baudrate	设置同步串口的波特率
link-protocol { hdlc | ppp }	设置同步串口的链路层协议：HDLC、PPP
ip address ip-address {mask|mask-lenth}	设置接口的 IP 地址
physical-mode { async | sync }	设置串口的工作方式：async-异步，sync-同步

2. Cisco 设备的命令列表

本实验中，Cisco 设备使用的命令如表 2-25 所示。

表 2-25 Cisco 设备的实验命令列表

命 令	描 述
show interface serial interface-number	显示串口的基本信息
description text	设置接口的描述信息
clock rate baudrate	设置同步串口的波特率
encapsulation {hdlc | ppp | frame-relay}	设置链路层封装的协议
ip address ip-address {mask|mask-lenth}	设置接口的 IP 地址

2.11.6 实验总结

广域网的作用范围远，通常为几十到几千千米，其任务是长距离运送主机所发送的数据。广域网中的链路一般是高速链路，具有较大的通信容量。

广域网接口和线缆种类繁多，根据使用的不同通信标准和数据传输方式，选择不同的接口和连接线缆。

2.12 广域网数据链路层协议

2.12.1 原理简介

数据在广域网上传输，必须封装成广域网能够识别及支持的数据链路层协议，典型的广域网数据链路层协议介绍如下。

（1）HDLC（High level Data Link Control，高级数据链路控制）

HDLC 是面向比特的同步协议，保证传送到下一层的数据在通信过程中能准确地被接收。在 HDLC 中，所有信息传输都封装成帧格式，并定义了一个特殊标志字符 0111 1110，用于指明帧的开始和结束。HDLC 的帧可分为 3 种不同类型。

- ❑ 信息帧（I 帧）：用于传送用户数据。
- ❑ 监控帧（S 帧）：用于差错控制和浏览控制。
- ❑ 无编号帧（U 帧）：用于提供对链路建立、拆除及多种控制功能。

HDLC 协议具有简单的探测链路及对端状态的功能，每个固定周期向对端发送 Keepalive 消息，如果 5 个周期内没收到对方发出的 Keepalive 消息，则判定链路不可用。同一链路两端设备的轮询时间间隔需一致。

HDLC 只支持点对点的同步链路，对任何一种比特流都可实现透明传输，但不支持验证，不支持 IP 地址协商。

（2）PPP（Point-to-Point Protocol，点到点协议）

PPP 是一种点到点数据链路层协议，可工作在同步或异步模式下。在 PPP 中，所有数据封装成 PPP 帧格式，与 HDLC 类似，也使用 0111 1110 作为帧的开始和结束标志位。PPP 协议提供了一整套方案解决链路建立、维护、拆除、上层协议协商、认证等问题。

- ❑ 使用 LCP（Link Control Protocol，链路控制协议）建立、配置和测试数据链路连接。
- ❑ 支持使用验证协议，更好地保证了网络安全性。
  - ➢ PAP（Password Authentication Protocol，密码验证协议）：为两次握手验证，分为主验证方和被验证方。被验证方以明文发送用户名和密码到主验证方，主验证方核实用户名和密码。
  - ➢ CHAP（Challenge-Handshake Authentication Protocol，竞争握手验证协议）：为三次握手验证，分为主验证方和被验证方。主验证方主动发出验证请求，向被验证方发送一个随机数值和本端用户名，被验证方收到请求后，检查密码，利用摘要算法对报文 ID、密码和随机数生成一个摘要，并发送给主验证方，主验证方也利用相同的摘要算法对报文 ID、密码和随机数生成一个摘要并与收到的摘要进行对比验证。

- ❑ 支持各种 NCP（Network Control Protocol，网络控制协议），解决物理连接上运行不同网络层协议，解决上层网络协议发生的问题。支持对网络层地址的协商，IP 地址的远程分配。

一个 PPP 链路的建立过程，可分为 3 个阶段。

- ❑ 创建 PPP 链路：运行 PPP 的设备发送 LCP 报文检测链路状况，配置参数，建立链路。
- ❑ 用户验证：使用 PAP 或 CHAP 协议进行用户身份的验证。在此阶段，只允许传输 LCP 协议分组、鉴别分组和监测链路质量的分组。
- ❑ 网络层协商：允许 PPP 的双方发生 NCP 报文选择和配置网络层协议，选择对应的网络层地址，若协商通过，PPP 链路建立成功。

（3）帧中继（Frame Relay，FR）

帧中继是为解决在地理上分散的局域网实现相互通信而开发的一种快速分组交换技术，数据在发送前先封装成帧，并在链路层完成帧透明传输、错误监测等功能。帧中继是一种统计复用协议，可在一条物理传输线路上复用多个逻辑连接，即建立多条虚电路。虚电路是面向连接的，每条虚电路用 DLCI（Data Link Connection Identifier，数据链路连接标识）进行标识，可保证用户帧正确传送到目的地。帧中继网络的用户接口最多可支持 1 024 条虚电路，用户可用的 DLCI 范围是 16~1 007，其余保留，DLCI 只具有本地意义。

帧中继的虚电路可以分为以下两种类型。

- ❑ 永久虚电路（Permanent Virtual Circuit，PVC）：通过手工配置方式产生，若没有人工操作取消，则一直存在。
- ❑ 交换虚电路（Switched Virtual Circuit，SVC）：通过协议自动分配产生，只在数据传递过程中建立和维护。

帧中继采用面向连接的分组技术，利用复用技术能充分利用网络资源，具有吞吐量高、时延低，适合突发性业务等特点。

2.12.2 实验环境

（1）路由器：2 台。

（2）PC：2 台，安装 Windows 7 系统。

（3）线缆：1 条 V.35 DTE 串口线，1 条 V.35 DCE 串口线，1 条 Console 串口线，2 条 UTP 以太网连接线（交叉线）。

实验组网如图 2-31 所示。设备的 IP 地址设置如表 2-26 所示。

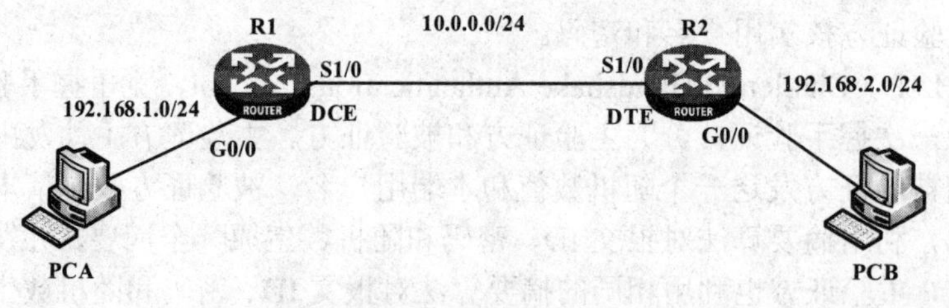

图 2-31　实验组网

表 2-26 设备的 IP 地址表

设 备	接 口	IP 地址	网 关
R1	S1/0（DCE 端）	10.0.0.1/24	
	G0/0	192.168.1.1/24	
R2	S1/0（DTE 端）	10.0.0.2/24	
	G0/0	192.168.2.1/24	
PCA		192.168.1.2/24	192.168.1.1
PCB		192.168.2.2	192.168.2.1

2.12.3 使用 H3C 设备的实验过程

本实验中，路由器的型号为 MSR36-20。

任务 1：配置 HDLC 协议

步骤 1：连接网络

根据实验网络的拓扑图，使用以太网连接线分别把主机 PCA 的以太网口与路由器 R1 的 G0/0 接口、PCB 的以太网口与 R2 的 G0/0 接口互联起来，把 DCE 线缆的 34 孔连接器与 DTE 线缆的 34 针连接器连接,DCE 线缆的另一端连接器与 R1 的串行口 S1/0 接口连接，DTE 线缆的另一端连接器与 R2 的 S1/0 接口连接。

检查路由器的配置是否为初始状态，如果不是，在用户视图下删除设备的配置文件，重启设备，使设备采用默认配置参数进行初始化，把设备的配置恢复到默认状态。

步骤 2：检查设备的物理连接

分别查看两个路由器的串口状态：

```
<H3C>system-view                          /*进入系统视图*/
[H3C]sysname R1                           /*修改路由器名称*/
[R1]display interface S1/0                /*查看串口状态*/
```

两个路由器上的显示结果如下：

```
Serial1/0
Current state: UP
Line protocol state: UP
…
Link layer protocol: PPP
```

可见，线缆连接成功，接口的物理状态是 UP，接口默认使用的链路层协议是 PPP，链路层状态也是 UP。

步骤 3：配置串口使用 HDLC 协议封装

在路由器 R1 上执行以下命令：

```
[R1]interface S1/0                        /*进入 S1/0 串口视图*/
[R1-Serial1/0]link-protocol hdlc          /*配置串口封装 HDLC 协议*/
```

同时在路由器 R2 上执行上述命令，完成串口 HDLC 协议封装的配置。

在路由器 R1、R2 上执行 display interface s1/0 命令，可得以下信息：

```
Serial1/0
Current state: UP
Line protocol state: UP
…
Link layer protocol: HDLC
```

两个路由器的串行接口使用的链路层协议都修改为 HDLC，链路层状态是 UP，即配置成功。

步骤 4：配置设备的 IP 地址

（1）配置路由器 R1 串口的 IP 地址：

```
[R1]interface S1/0                                    /*进入 S1/0 串口视图*/
[R1-Serial1/0]ip address 10.0.0.1 255.255.255.0       /*配置串口的 IP 地址*/
[R1-Serial1/0]quit                                    /*返回系统视图*/
```

（2）配置路由器 R2 串口的 IP 地址：

```
[R2]interface S1/0                                    /*进入 S1/0 串口视图*/
[R2-Serial1/0]ip address 10.0.0.2 255.255.255.0       /*配置串口的 IP 地址*/
[R2-Serial1/0]quit                                    /*返回系统视图*/
```

（3）参照之前的实验，按照表 2-26 的 IP 地址列表，配置两台路由器以太网接口的 IP 地址，配置两台主机的 IP 地址、掩码和网关信息。

步骤 5：测试网络的连通性

在 PCA 上使用 ping 命令测试到主机 PCB 的可达性，测试结果是：能互相 ping 通。

步骤 6：设置 HDLC 的轮询间隔

在路由器 R1 上执行以下命令：

```
[R1]interface S1/0                    /*进入 S1/0 串口视图*/
[R1-Serial1/0]timer-hold 100          /*设置 HDLC 协议的轮询间隔为 100 秒*/
[R1-Serial1/0]quit                    /*返回系统视图*/
```

同时，在路由器 R2 上执行以上命令，两个路由器的轮询间隔应保持一致，HDLC 默认的轮询间隔是 10 秒。

任务 2：配置 PPP 协议并使用 PAP 认证

步骤 1：连接网络并初始化路由器配置

保留任务 1 的网络拓扑结构，把两个路由器的配置恢复到默认状态。

从任务 1 可知，路由器的串口在数据链路层默认使用 PPP 协议进行封装。

步骤 2：配置设备的 IP 地址并测试网络连通性

参照任务 1，按照表 2-26 的 IP 地址列表，配置两台路由器各个接口的 IP 地址。

在 PCA 上使用 ping 命令测试到主机 PCB 的可达性，测试结果是：能互相 ping 通。

步骤 3：在 R1 上添加对端的用户名和密码

路由器 R1 作为主验证方，R1 把被验证方 R2 的用户名 router2 和密码 123 添加到本地用户列表，并设置此用户的类型是用于 PPP 认证。

```
[R1]local-user router2 class network            /*在系统视图下添加用户 router2，并设置用户类别为网络用户*/
[R1-luser-network-router2]password simple 123   /*设置密码为明文密码 123*/
[R1- luser-network-router2]service-type ppp     /*设置该用户供 PPP 认证使用*/
[R1- luser-network-router]quit                  /*返回系统视图*/
```

步骤 4：在 R1 的串口下设置验证类型为 PAP 验证

在路由器 R1 串口下设置本地验证对端 R2 的方式为 PAP 认证：

```
[R1]interface s1/0                              /*进入串口视图*/
[R1-Serial1/0]ppp authentication-mode pap       /*设置串口验证类型为 PAP 验证*/
[R1-Serial1/0]shutdown                          /*关闭接口*/
[R1-Serial1/0]undo shutdown                     /*启动接口*/
[R1-Serial1/0]quit                              /*返回系统视图*/
```

对于串口的协议配置，需要重启接口后才生效。

步骤 5：查看接口状态并测试网络连通性

在路由器 R1 上执行命令查看接口状态：

```
[R1]display interface s1/0                      /*查看串口状态*/
```

R1 端显示结果：

```
Serial1/0
Current state: UP
Line protocol state: Down
…
Link layer protocol: PPP
LCP:colsed
```

从结果可见，在 R1 启动认证后，因为 R2 没有设置用户名和密码，这时认证失败，链路层协议状态变为关闭。此时，在 R1 上 ping R2 串口地址，其结果为不能 ping 通。

步骤 6：在 R2 的串口下设置为被验证方，并设置用户名和密码

在路由器 R2 串口下设置为被验证方，并设置发送的用户名和密码：

```
[R2]interface s1/0                              /*进入串口视图*/
[R2-Serial1/0]ppp pap local-user router2 password simple 123   /*设置被验证方被验证时发送的用户名和密码*/
[R2-Serial1/0]quit                              /*返回系统视图*/
```

步骤 7：查看接口状态并测试网络连通性

在路由器 R1 上执行命令查看接口状态：

```
[R1]display interface s1/0                                  /*查看串口状态*/
```

R1 端显示结果：

```
Serial1/0
Current state: UP
Line protocol state: UP
…
Link layer protocol: PPP
LCP:opened,IPCP:opened
```

从结果可见，R2 设置 PAP 认证中发送的用户名和密码，此用户名密码跟 R1 中设置的用户列表中相同，认证成功，链路层协议状态是 UP，LCP 协商打开。

在 R1 上 ping R2 的串口地址，其结果为能 ping 通。

任务 3：配置 PPP 协议并使用 CHAP 认证

步骤 1：连接网络并初始化路由器配置

保留任务 1 的网络拓扑结构，把两个路由器的配置恢复到默认状态。

从任务 1 可知，路由器的串口在数据链路层默认使用 PPP 协议进行封装。

步骤 2：配置设备的 IP 地址并测试网络连通性

参照任务 1，按照表 2-26 的 IP 地址列表，配置两台路由器各个接口的 IP 地址。

在 PCA 上使用 ping 命令测试到主机 PCB 的可达性，测试结果是：能互相 ping 通。

步骤 3：在 R1 上添加对端的用户名和密码

路由器 R1 作为主验证方，R1 把被验证方 R2 的用户名 router2 和密码 123 添加到本地用户列表，并设置此用户的类型是用于 PPP 认证。

```
[R1]local-user router2 class network                        /*在系统视图下添加用户 router2，并设
                                                            置用户类别为网络用户*/
[R1-luser-network-router2]password simple 123               /*设置密码为明文密码 123*/
[R1- luser-network-router2]service-type ppp                 /*设置该用户供 PPP 认证使用*/
[R1- luser-network-router2]quit                             /*返回系统视图*/
```

步骤 4：在 R1 的串口下设置验证类型为 CHAP 验证

在路由器 R1 串口下设置本地验证对端 R2 的方式为 CHAP 认证：

```
[R1]interface s1/0                                          /*进入串口视图*/
[R1-Serial1/0]ppp authentication-mode chap                  /*设置串口验证类型为 CHAP 验证*/
[R1-Serial1/0]shutdown                                      /*关闭接口*/
[R1-Serial1/0]undo shutdown                                 /*启动接口*/
[R1-Serial1/0]quit                                          /*返回系统视图*/
```

对于串口的协议配置，需要重启接口后才生效。

步骤5：查看接口状态并测试网络连通性

在路由器R1上执行命令查看接口状态：

```
[R1]display interface s1/0                                  /*查看串口状态*/
```

R1端显示结果：

```
Serial1/0
Current state: UP
Line protocol state: Down
…
Link layer protocol: PPP
LCP:colsed
```

从结果可见，在R1启动认证后，因为R2没有设置用户名和密码，这时认证失败，链路层协议状态变为关闭。此时，在R1上ping R2串口地址，其结果为不能ping通。

步骤6：在R2的串口下设置为被验证方，并配置用户名和密码

在路由器R2串口下设置为被验证方，并设置发送的用户名和密码：

```
[R2]interface s1/0                                /*进入串口视图*/
[R2-Serial1/0]ppp chap user router2               /*设置本地用户名，认证时发送给对方*/
[R2-Serial1/0]ppp chap password simple 123        /*设置密码，认证时发送给对方*/
[R2-Serial1/0]quit                                /*返回系统视图*/
```

步骤7：查看接口状态并测试网络连通性

在路由器R1上执行命令查看接口状态：

```
[R1]display interface s1/0                                  /*查看串口状态*/
```

R1端显示结果：

```
Serial1/0
Current state: UP
Line protocol state: UP
…
Link layer protocol: PPP
LCP:opened,IPCP:opened
```

从结果可见，R2设置发送的用户名和密码后，此用户名和密码跟R1的用户列表中设置的相同，认证成功，链路层协议状态是UP，LCP协商打开。

在R1上ping R2串口地址，其结果为能ping通。

任务4：配置帧中继协议

步骤1：连接网络并初始化路由器配置

保留任务1的网络拓扑结构，把两个路由器的配置恢复到默认状态。

步骤 2：配置设备的 IP 地址并测试网络连通性

参照任务 1，按照表 2-26 的 IP 地址列表，配置两台路由器各个接口的 IP 地址。

步骤 3：配置路由器 R1（DCE 端）串口使用帧中继协议封装

在路由器 R1 上执行以下命令：

```
[R1]fr switching                          /*启动帧中继交换功能，只在 DCE 端路由器执行*/
[R1]interface S1/0                        /*进入 S1/0 串口视图*/
[R1-Serial1/0]link-protocol fr            /*配置串口链路层使用帧中继协议封装*/
[R1-Serial1/0]fr interface-type DCE       /*配置帧中继接口类型为 DCE 端*/
[R1-Serial1/0]fr dlci 100                 /*配置虚电路号为 100*/
[R1-Serial1/0]quit                        /*返回系统视图*/
```

步骤 4：配置路由器 R2（DTE 端）串口使用帧中继协议封装

在路由器 R2 上执行以下命令：

```
[R2]interface S1/0                        /*进入 S1/0 串口视图*/
[R2-Serial1/0]link-protocol fr            /*配置串口链路层使用帧中继协议封装*/
[R2-Serial1/0]fr interface-type DTE       /*配置帧中继接口类型为 DCE 端*/
[R2-Serial1/0]fr dlci 100                 /*配置虚电路号为 100*/
[R2-Serial1/0]quit                        /*返回系统视图*/
```

步骤 5：查看接口状态并测试网络连通性

在路由器 R1 上执行命令查看接口状态：

```
[R1]display interface s1/0                /*查看串口状态*/
```

R1 端显示结果：

```
Serial1/0
Current state: UP
Line protocol state: UP
Description: Serial1/0 Interface
Bandwidth: 64kbps
Maximum Transmit Unit: 1500
Hold timer: 10 seconds, retry times: 5
Internet Address is 10.0.0.1/24 Primary
Link layer protocol is FR IETF
  LMI DLCI is 0, LMI type is Q.933a, frame relay DCE
  LMI status enquiry received 9, LMI status sent 8
  LMI status enquiry timeout 4, LMI message discarded 0
```

在 R2 上执行命令，显示结果类似。两端在数据链路层都使用帧中继协议进行封装，R1 端是 DCE，R2 端是 DTE，链路层状态是 UP。

在 R1 上 ping R2 串口地址，其结果为能 ping 通。

2.12.4　使用 Cisco 设备的实验过程

本实验中，所有操作使用 Packet Tracert 6.0 模拟软件进行，选择的路由器型号为 2811，并添加接口模块 NM-4A/S。

任务 1：配置 PPP 协议并使用 PAP 认证

步骤 1：连接网络配置主机 IP

根据图 2-31 的网络拓扑，使用串口线把两个路由器的串口 S1/0 接口相连，其中 R1 的 S1/0 口是 DCE 端，R2 的 S1/0 接口是 DTE 端，使用以太网线把主机 PCA、PCB 分别连接两个路由器的 G0/0 接口。根据表 2-26 设置主机的 IP 地址、掩码和网关地址。

步骤 2：配置路由器 R1

在路由器 R1 上执行以下命令配置接口 IP，配置 PPP 协议，配置 R1 为 PAP 的认证服务器：

Router>**enable**	/*进入特权配置模式*/
Router#**configure terminal**	/*进入全局配置模式*/
Router(config)# **hostname** R1	/*修改设备的名称*/
R1(config)#**interface** serial1/0	/*进入串口配置模式*/
R1(config-if)# **description** DCE-interface	/*设置接口的描述*/
R1(config-if)# **clock rate** 9600	/*配置时钟速率*/
R1(config-if)# **ip address10.0.0.1 255.255.255.0**	/*配置串口的 IP 地址*/
R1(config-if)# **encapsulation ppp**	/*配置数据链路层协议为 PPP*/
R1(config-if)#**ppp authentication pap**	/*配置 PPP 协议使用 PAP 认证*/
R1(config-if)# **no shutdown**	/*打开接口*/
R1(config-if)#**exit**	/*返回全局配置模式*/
R1(config)#**username** router2 **password** 123	/*配置 R1 为 PAP 认证服务器，在本地口令数据库添加：用户名 router2，密码 123*/

步骤 3：配置路由器 R2

在路由器 R1 上执行以下命令配置接口 IP，配置 PPP 协议，配置 R2 为 PAP 认证客户端（被验证方）：

Router>**enable**	/*进入特权配置模式*/
Router#**configure terminal**	/*进入全局配置模式*/
Router(config)# **hostname** R2	/*修改设备的名称*/
R2(config)#**interface** serial1/0	/*进入串口配置模式*/
R2(config-if)# **description** DTE-interface	/*设置接口的描述*/
R2(config-if)# **ip address10.0.0.2 255.255.255.0**	/*配置串口的 IP 地址*/
R2(config-if)# **encapsulation ppp**	/*配置数据链路层协议为 PPP*/
R2(config-if)#**ppp pap sent-username** router2	/*配置 R2 为 PAP 认证客户端，并将用户名

password 123	router2，密码 123 发送给 R1*/
R2(config-if)# **no shutdown**	/*打开接口*/

步骤 4：测试验证

在 R1 上 ping R2 串口地址，其结果为能 ping 通。

任务 2：配置 PPP 协议并使用 CHAP 认证

保留任务 1 的配置，把 PPP 协议的认证方式修改为 CHAP 认证。

步骤 1：配置路由器 R1

配置 R1 为 CHAP 的认证服务器：

R1(config)#**interface serial**1/0	/*进入串口配置模式*/
R1(config-if)#**ppp authentication chap**	/*配置 PPP 协议使用 CHAP 认证*/
R1(config-if)#**exit**	/*返回全局配置模式*/
R1(config)#**username** R2 **password** 123	/*配置 R1 为 CHAP 认证服务器，并在本地口令数据库添加：用户名 R2(必须是 R2 的 hostname)，密码 123*/

步骤 2：配置路由器 R2

配置 R2 为 PAP 认证客户端（被验证方）：

R2(config)#**username** R1 **password** 123	/*配置 R2 为 CHAP 认证客户端，并在本地口令数据库添加：用户名 R1，密码 123*/

步骤 3：测试验证

在 R1 上 ping R2 串口地址，其结果为能 ping 通。

2.12.5　实验中的命令列表

1. H3C 设备的命令列表

本实验中，H3C 设备使用的命令如表 2-27 所示。

表 2-27　H3C 设备的实验命令列表

命　令	描　述
link-protocol {hdlc | ppp | fr }	设置链路层封装的协议
timer-hold time	设置 HDLC 协议的轮询间隔
local-user username **class {network | manage}**	新增用户并设置用户的类型
password {simple| cipher} password	设置密码
service-type ppp	设置用户的服务类型
ppp authentication-mode { chap | pap }	设置 PPP 协议中主验证方的验证方式
ppp pap local-user username **password {cipher | simple }** password	设置 PAP 认证时发送的用户名和密码

续表

命　　令	描　　述
ppp chap username	设置 CHAP 认证时发送的用户名
ppp chap password {simple | cipher} password	设置 CHAP 认证时发送的密码
fr switching	启动帧中继交换功能
fr interface-type {DCE | DTE}	配置帧中继接口类型
fr dlci number	设置虚电路号

2. Cisco 设备的命令列表

本实验中，Cisco 设备使用的命令如表 2-28 所示。

表 2-28　Cisco 设备的实验命令列表

命　　令	描　　述
encapsulation {hdlc | ppp | frame-relay}	设置链路层封装的协议
username name **password** password	新增用户并设置其密码
ppp authentication { chap | pap }	设置 PPP 协议中主验证方的验证方式
ppp pap sent-username username **password** password	设置 PAP 认证时发送的用户名和密码

2.12.6　实验总结

HDLC 是一种面向比特的链路层协议，只支持点对点链路，只能用于同步链路，不支持验证，不支持地址协商。HDLC 通过周期性发送 Keepalive 消息来探测链路及对端状态。

PPP 是适用于同步/异步链路的点对点链路层协议，支持 PPP 和 CHAP 两种验证方式，支持多种网络层协议，可对网络地址进行协商，支持 IP 地址的远程分配。

帧中继是面向连接的快速分组交换技术，可在一条物理传输线路上建立多条虚电路，每条虚电路用 DLCI 进行标识。

进 阶 篇

- ✧ 交换机进阶配置
- ✧ 路由器进阶配置

第3章

交换机进阶配置

3.1　基于MAC地址的VLAN划分

3.1.1　原理简介

VLAN的目的是划分广播域，VLAN可根据端口、MAC地址、协议或子网等方法进行划分。

在2.7节中介绍的基于端口的VLAN划分方法，配置简单，只需要指定交换机的端口即可，是最普遍使用的方法之一。但其不能适应用户的动态移动，如果VLAN用户离开原来的接入端口，连接其他新的交换机端口时，就必须重新配置。

基于MAC地址的VLAN划分是根据每个主机的MAC地址来划分VLAN，交换机维护一张VLAN映射表，记录MAC地址和VLAN的对应关系。当用户物理位置移动时，即从一个交换机换到其他交换机时，VLAN也不用重新配置。但此方法配置的工作量大，初始配置需要收集用户的所有MAC地址，并逐个配置。

3.1.2　实验环境

（1）交换机：2台，型号：S5820。

（2）PC：4台，安装Windows 7系统。

（3）线缆：5条UTP以太网连接线，1条Console串口线。

实验组网如图3-1所示。设备的IP地址设置如表3-1所示。

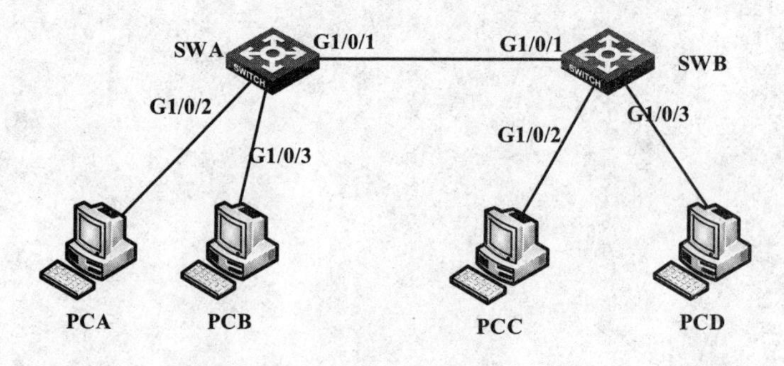

图3-1　实验组网

表 3-1　设备的 IP 地址表

设　　备	IP 地址	MAC 地址
PCA	192.168.1.1/24	000D-88F8-4E71
PCB	192.168.1.2/24	0014-222C-AA69
PCC	192.168.1.3/24	0800-2700-A8D3
PCD	192.168.1.4/24	0024-D79B-5F9C

3.1.3　使用 H3C 设备的实验过程

本实验中，交换机的型号为 S5820。

任务：基于 MAC 地址的 VLAN 划分

步骤 1：连接网络

根据实验网络的拓扑图，使用以太网连接线分别把主机 PCA、PCB 的以太网口与交换机 SWA 的 G1/0/2、G1/0/3 相连，把主机 PCC、PCD 的以太网口与交换机 SWB 的 G1/0/2、G/1/0/3 相连，把两个交换机的 G1/0/1 接口互连起来。

检查交换机的配置是否为初始状态，如果不是，在用户视图下删除设备的配置文件，重启设备，使设备采用默认配置参数进行初始化，把设备的配置恢复到默认状态。

步骤 2：配置主机的 IP 地址和交换机名称

把设备的所有配置清空，并重启设备，按表 3-1 配置主机的 IP。

步骤 3：在两个交换机中创建两个 VLAN

（1）在交换机 SWA 中执行以下命令，创建 VLAN 10 和 VLAN 20：

```
<H3C>system-view                        /*进入系统视图*/
[H3C]sysname SWA                        /*修改交换机名称*/
[SWA]vlan 10                            /*创建VLAN*/
[SWA-vlan10]quit                        /*退出VLAN模式*/
[SWA]vlan 20                            /*创建VLAN*/
[SWA-vlan20]quit                        /*退出VLAN模式*/
```

（2）同（1），在交换机 SWB 中执行上述命令，创建 VLAN 10 和 VLAN 20。

步骤 4：在两个交换机中配置 MAC 地址与 VLAN 关联

（1）在交换机 SWA 中执行以下命令，配置 PCA 的 MAC 地址与 VLAN 10 关联，PCB 的 MAC 地址与 VLAN 20 关联：

```
[SWA]mac-vlan mac-address 0800-2700-a8d3 vlan 10      /*把主机的MAC地址与VLAN关联*/
[SWA]mac-vlan mac-address 0014-222c-AA69 vlan 20      /*把主机的MAC地址与VLAN关联*/
```

（2）在交换机 SWB 中执行以下命令，配置 PCC 的 MAC 地址与 VLAN 10 关联，PCD 的 MAC 地址与 VLAN 20 关联：

[SWB]**mac-vlan mac-address** 000d-88f8-4e71 **vlan** 10	/*把主机的MAC地址与VLAN关联*/
[SWB]**mac-vlan mac-address** 0024-d79b-5f9c **vlan** 20	/*把主机的MAC地址与VLAN关联*/

步骤 5：在两个交换机中配置终端的接入端口

（1）在交换机 SWA 中执行以下命令，配置与主机连接的接入端口 G1/0/2 和 G1/0/3 的链路类型：

[SWA]**interface** G1/0/2	/*进入接口视图*/
[SWA-GigabitEthernet1/0/2]**port link-type hybrid**	/*设置接口的类型*/
[SWA-GigabitEthernet1/0/2]**port hybrid vlan** 10 20 **untagged**	/*设置端口允许通过的VLAN帧，且通过时去除VLAN标签*/
[SWA-GigabitEthernet1/0/2]**mac-vlan enble**	/*开启端口的基于MAC地址划分VLAN的功能*/
[SWA-GigabitEthernet1/0/2]**quit**	/*退出接口视图*/
[SWA]**interface** G1/0/3	/*进入接口视图*/
[SWA-GigabitEthernet1/0/3]**port link-type hybrid**	/*设置接口的类型*/
[SWA-GigabitEthernet1/0/3]**port hybrid vlan** 10 20 **untagged**	/*设置端口允许通过的VLAN帧，且通过时去除VLAN标签*/
[SWA-GigabitEthernet1/0/3]**mac-vlan enble**	/*开启端口的机遇MAC地址划分VLAN的功能*/
[SWA-GigabitEthernet1/0/3]**quit**	/*退出接口视图*/

（2）同（1），在交换机 SWB 中执行上述命令，配置与主机连接的接入端口 G1/0/2 和 G1/0/3 的链路类型。

步骤 6：配置两个交换机相连的端口

（1）在交换机 SWA 中执行以下命令，配置与对方交换机连接的 G1/0/1 端口：

[SWA]**interface** G1/0/1	/*进入接口视图*/
[SWA-GigabitEthernet1/0/1]**port link-type trunk**	/*设置接口的类型*/
[SWA-GigabitEthernet1/0/1]**port trunk permit vlan** 10 20	/*设置端口允许通过的VLAN帧*/
[SWA-GigabitEthernet1/0/1]**quit**	/*退出接口视图*/

（2）同（1），在交换机 SWB 中执行上述命令，配置与对方交换机连接的 G1/0/1 端口。

步骤 7：测试网络连通性

在 PCA 中分别 ping PCB、PCC 和 PCD，其结果是：PCA 能 ping 通 PCC，不能 ping 通 PCB 和 PCD。

实验结果表明：PCA 的 MAC 地址、PCC 的 MAC 地址与 VLAN 10 关联，因此 PCA 和 PCC 都属于 VLAN 10，PCB 的 MAC 地址、PCD 的 MAC 地址与 VLAN 20 关联，PCB、PCD 属于 VLAN 20。PCA 与 PCC 属于同一个 VLAN 能互相通信，PCA 与 PCB、PCD 不属于同一个 VLAN 不能直接通信。

步骤 8：改变终端的接入位置，测试网络连通性

交换主机 PCA 和 PCB 的接入端口，即把 PCA 接入到交换机 SWA 的 G1/0/3 端口，PCB 接入到交换机 SWA 的 G1/0/2 端口。在 PCC 中 ping PCA 和 PCB，其结果是：PCC 能 ping

通 PCA，不能 ping 通 PCB。

实验结果表明：即使主机 PCA 和 PCB 在交换机中的接入位置互换，但本实验配置的是基于 MAC 地址的 VLAN 划分，PCA 的 MAC 地址与 VLAN 10 关联，PCB 的 MAC 地址与 VLAN 20 关联，因此 PCA 仍属于 VLAN 10，PCB 仍属于 VLAN 20。PCA 与 PCC 属于同一个 VLAN 能互相通信，PCC 与 PCB 不属于同一个 VLAN 不能直接通信。

3.1.4 实验中的命令列表

本实验中，H3C 设备使用的命令如表 3-2 所示。

表 3-2 H3C 设备实验中的命令列表

命 令	描 述
mac-vlan mac-address mac-address **[mask** mac-mask**] vlan** vlan-id **[priority** priority**]**	配置 MAC 地址与 VLAN 关联
port link-type {access | trunk | hybrid }	配置端口的链路类型
port hybrid vlan vlan-id-list **{ tagged | untagged}**	允许基于 MAC 的 VLAN 通过当前 Hybrid 端口
mac-vlan enable	启动接口基于 MAC 地址划分 VLAN 功能
vlan precedence { mac-vlan | ip-subnet-vlan }	配置 VLAN 匹配优先级

3.1.5 实验总结

基于 MAC 划分 VLAN 是 VLAN 的一种划分方法，其按照报文的源 MAC 地址来定义 VLAN 成员，将指定报文加入该 VLAN 的标签后发送。可使用手动配置方式，先配置 MAC VLAN 表项，再启动端口的基于 MAC 地址的 VLAN 功能，最后把端口加入相应的 VLAN 中，常用于 VLAN 中用户相对较少的网络环境。

H3C 设备上配置基于 MAC 的 VLAN 只能在 Hybrid 端口上配置，主要在用于接入用户设备的下行端口上配置，不能与聚合功能同时使用。

Cisco 设备上配置基于 MAC 的 VLAN 需要搭建 VLAN 管理策略服务器 VMPS，Packet Tracert 暂不支持此功能。

3.2 三层交换机实现 VLAN 间路由

3.2.1 原理简介

在交换机中，可使用 VLAN 技术隔离广播域，每个 VLAN 对应一个 IP 网段，各网段间不能直接通信，但引入 VLAN 并不是为了不让网络之间互通，只是为了隔离广播报文、提高网络带宽的利用率，因此，需要有相应的解决方案使不同 VLAN 间能够通信。要实现不同 VLAN 之间报文的互通必须借用三层路由技术，目前有两种方法：一种是在三层交换机上通过 VLAN 接口来实现；另一种是在路由器上通过三层以太网接口来实现（详情可见 4.1 节）。

三层交换机就是具有第三层路由功能的交换机，其目的是加快大型局域网内部的数据交换，实现一次路由，多次转发。在三层交换机中，数据包转发等规律性的过程由硬件高速实现，路由信息更新、路由表维护、路由计算、路由确定等功能由软件实现。

在三层交换机中，当某一信息源的第一个数据流进行第三层交换后，其中的路由系统将会产生一个 MAC 地址与 IP 地址的映射表，并将该表存储起来，当同一信息源的后续数据流再次进入交换环境时，交换机将根据第一次产生并保存的地址映射表，直接从第二层由源地址传输到目的地址，不再经过第三路由系统处理，从而消除了路由选择时造成的网络延迟，提高了数据包的转发效率，解决了网间传输信息时路由产生的速率瓶颈。

在三层交换机中，只需为三层 VLAN 接口配置相应的 IP 地址，交换机即可通过内置的三层路由转发引擎在 VLAN 间进行路由转发，实现不同 VLAN 的通信。

3.2.2 实验环境

（1）交换机：2 台。

（2）PC：4 台，安装 Windows 7 系统。

（3）线缆：5 条 UTP 以太网连接线，1 条 Console 串口线。

实验组网如图 3-2 所示。设备的 IP 地址设置如表 3-3 所示。

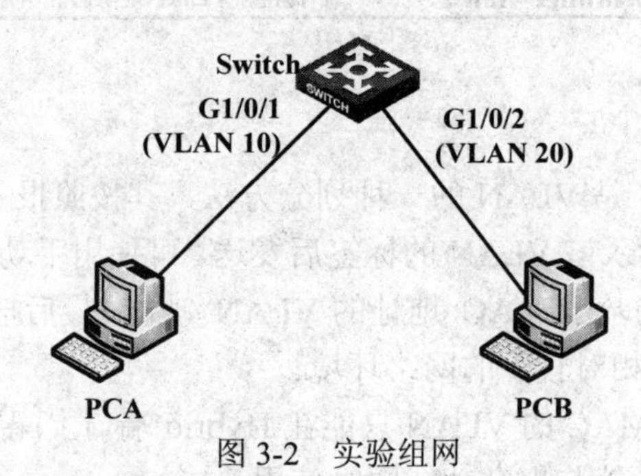

图 3-2 实验组网

表 3-3 设备的 IP 地址表

设　　备	IP 地址	网　　关
PCA	192.168.1.2/24	192.168.1.1
PCB	192.168.2.2/24	192.168.2.1

3.2.3 使用 H3C 设备的实验过程

本实验中，交换机的型号为 S5820，属于三层交换机。

任务：使用三层交换机实现 VLAN 间通信

步骤 1：连接网络

根据实验网络的拓扑图，使用以太网连接线分别把主机 PCA、PCB 的以太网口与交换机 G1/0/1、G1/0/2 相连。

检查交换机的配置是否为初始状态，如果不是，在用户视图下删除设备的配置文件，重启设备，使设备采用默认配置参数进行初始化，把设备的配置恢复到默认状态。

步骤 2：在三层交换机上创建两个 VLAN

在交换机中执行以下命令，创建 VLAN 10 和 VLAN 20：

```
<H3C>system-view                              /*进入系统视图*/
[H3C]vlan 10                                  /*创建VLAN*/
[H3C -vlan10]quit                             /*退出VLAN模式*/
[H3C]vlan 20                                  /*创建VLAN*/
[H3C -vlan20]quit                             /*退出VLAN模式*/
```

步骤 3：在交换机上将端口划分到各个 VLAN 上

```
[H3C]interface G1/0/1                         /*进入G1/0/1接口视图*/
[H3C -GigabitEthernet1/0/1]port access vlan 10    /*在接口视图下指定接口所属VLAN*/
[H3C -GigabitEthernet1/0/1]quit               /*退出接口视图*/
[H3C]interface G1/0/2                         /*进入G1/0/2接口*/
[H3C -GigabitEthernet1/0/2]port access vlan 20    /*在接口视图下指定接口所属VLAN*/
[H3C -GigabitEthernet1/0/2]quit               /*退出接口视图*/
```

步骤 4：在交换机上给每个 VLAN 配置 IP 地址

```
[H3C]interface vlan-interface 10              /*创建并进入VLAN 10的接口视图*/
[H3C-vlan-interface10]ip address 192.168.1.1  /*给VLAN 10配置IP地址*/
255.255.255.0
[H3C-vlan-interface]quit                      /*退出接口视图*/
[H3C]interface vlan-interface 20              /*创建并进入VLAN 20的接口视图*/
[H3C-vlan-interface20]ip ddress 192.168.2.1 255.255.255.0  /*给VLAN 20配置IP地址*/
[H3C-vlan-interface]quit                      /*退出接口视图*/
```

步骤 5：配置主机的 IP 地址

按照表 3-3 配置主机的 IP 和网关，每台主机的网关就是其所属 VLAN 的 VLAN 接口 IP。

步骤 6：测试验证

在 PCA 中 ping PCB 的 IP 地址，其结果是：PCA 能 ping 通 PCB，实现不同 VLAN 间的通信。

3.2.4 使用 Cisco 设备的实验过程

本实验中，所有操作使用 Packet Tracert 6.0 模拟软件进行，使用的交换机型号为 3560，属于三层交换机。三层交换机实现路由功能有两种情况：一种是通过 VLAN IP 实现不同 VLAN 间的路由；另一种是通过设置端口三层模式，通过端口 IP，实现不同 VLAN 间的路由。

任务：使用三层交换机实现 VLAN 间通信

步骤 1：连接网络配置主机 IP

根据图 3-2 的网络拓扑图，把主机 PCA、PCB 分别连接到交换机 G0/1、G0/2 接口。根据表 3-2 设置主机的 IP 地址、掩码和网关地址。

步骤 2：在交换机上配置 VLAN

在交换机上执行以下命令，创建 VLAN 并指定接口所属 VLAN：

```
Switch>enable                                          /*进入特权配置模式*/
Switch#configure terminal                              /*进入全局配置模式*/
Switch(config)#vlan 10                                 /*创建VLAN 10*/
Switch(config-vlan)#exit                               *退出VLAN配置模式*/
Switch(config)#vlan 20                                 /*创建VLAN 20*/
Switch(config-vlan)#exit                               *退出VLAN配置模式*/
Switch(config)#interface g0/1                          /*进入G0/1接口配置模式*/
Switch(config-if)#switchport access vlan 10            /*指定接口所属VLAN*/
Switch(config-if)#exit                                 /退出接口配置模式*/
Switch(config)#interface g0/2                          /*进入G0/2接口配置模式*/
Switch(config-if)#switchport access vlan 20            /*指定接口所属VLAN*/
Switch(config-if)#exit                                 /退出接口配置模式*/
```

步骤 3：配置 VLAN 接口

在交换机上执行以下命令，配置 VLAN 接口：

```
Switch(config)#interface vlan 10                          /*进入VLAN 接口配置模式*/
Switch(config-if)#ip address 192.168.1.1 255.255.255.0    /*配置 VLAN 10 的IP地址*/
R2(config-if)#no shutdown                                 /*打开VLAN接口*/
Switch(config-if)#exit                                    /*退出VLAN接口配置模式*/
Switch(config)#interface vlan 20                          /*进入VLAN 接口配置模式*/
Switch(config-if)#ip address 192.168.2.1 255.255.255.0    /*配置VLAN 20 的IP地址*/
R2(config-if)#no shutdown                                 /*打开VLAN接口*/
Switch(config-if)#exit                                    /*退出VLAN接口配置模式*/
Switch(config)#ip routing                                 /*启动路由功能*/
```

步骤 4：测试验证

在 PCA 中 ping PCB 的 IP 地址，其结果是：PCA 能 ping 通 PCB，实现不同 VLAN 间的通信。

3.2.5 实验中的命令列表

1. H3C 设备的命令列表

本实验中，H3C 设备使用的命令如表 3-4 所示。

表 3-4 H3C 设备的实验命令列表

命 令	描 述
interface vlan-interface vlan-id	创建并进入 VLAN 接口视图
ip address ip-address { mask-length | mask }	配置接口 IP 地址
port access vlan vlan-id	在接口视图下指定接口所属 VLAN

2. Cisco 设备的命令列表

本实验中，Cisco 设备使用的命令如表 3-5 所示。

表 3-5 Cisco 设备的实验命令列表

命 令	描 述
interface vlan vlan-id	创建并进入 VLAN 接口视图
ip address ip-address { mask-length | mask }	配置接口 IP 地址
ip routing	启用路由功能
switchport access vlan vlan-id	在接口视图下指定接口所属 VLAN

3.2.6 实验总结

实现 VLAN 间的通信需要使用第三层的设备，通过在三层交换机上为每个 VLAN 配置 VLAN 接口 IP，利用三层交换机的路由转发功能可以实现 VLAN 间的路由。

配置时，VLAN 中主机的 IP 地址需要和三层交换机上相应 VLAN 的 IP 地址在同一个网段，而且主机的网关要配置为三层交换机上相应 VLAN 的 IP 地址。

思考题：

（1）用三层交换机 3560 做路由，二层交换机 2960 下连接计算机。通过 VTP 功能将三层交换机的 VLAN 信息传到下层，并实现不同 VLAN 间相互通信。

（2）如何启用三层交换机 3560 的三层接口功能，并运用两台 3560 实现三个网段的互联？

3.3 配置交换机 STP 协议

3.3.1 原理简介

一个局域网通常由多台交换机互联而成，为了提高网络的稳定性，网络中通常提供冗余链路，从而会形成物理环路，产生广播风暴，导致网络瘫痪。在交换机中使用 STP 协议（Spanning Tree Protocol，生成树协议）消除环路，通过互相交换 BPDU（Bridge Protocol Data Unit，桥协议数据单元）发现网络中的环路，并选择性地阻塞某些端口，使所有链路组成一棵无回环的树，防止了报文在环路网络中的不断增生和无限循环。

STP 的工作原理可分为以下几步：

1）在网络中选择根网桥

每台交换机都有自己的桥 ID，由优先级和 MAC 地址两部分组成，桥 ID 在网络中是唯一的。每台交换机互换信息，进行桥 ID 的比较，先比较优先级，优先级相同时再比较 MAC 地址，值最小的交换机作为网络中的根网桥。

2）在非根网桥上选择根端口

在每个非根网桥上，选择一个端口作为根端口，负责转发数据包，选择依据是：

（1）根路径开销最低。根路径开销是指网桥到根网桥的路径上所有链路的开销之和，根桥的根路径开销是 0。

（2）直连的网桥 ID 最小。

（3）端口 ID 最小。端口 ID 由端口优先级和端口编号组成。

3）在每个网段上，选择 1 个指定端口

为每个物理网段选出根路径开销最小的网桥作为指定桥，该指定桥到该物理段的端口作为指定端口，负责此网段上数据的转发。

根网桥上的所有端口为指定端口。

4）阻塞端口

既不是指定端口，也不是根端口的端口是替代端口（Alternate 端口），这些端口处于阻塞状态，不转发数据帧。

3.3.2 实验环境

（1）交换机：3 台。

（2）PC：1 台，安装 Windows 7 操作系统。

（3）线缆：5 条 UTP 以太网连接线，1 条 Console 串口线。

实验组网如图 3-3 所示。设备 IP 地址设置如表 3-6 所示。

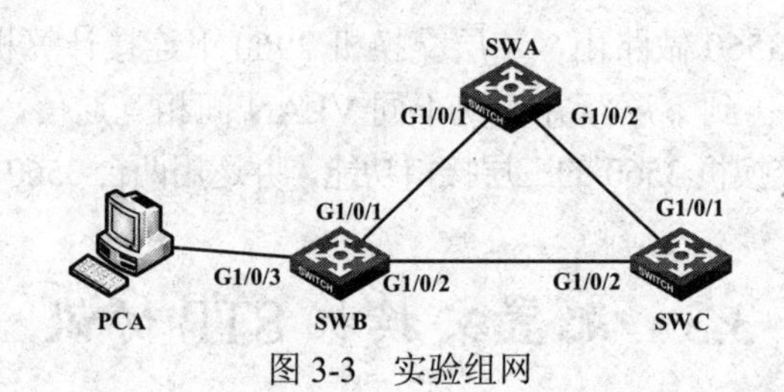

图 3-3 实验组网

表 3-6 设备的 IP 地址表

设　备	IP 地址
PCA	192.168.1.1/24

3.3.3 使用 H3C 设备的实验过程

本实验中，交换机的型号为 S5820。

任务 1：配置 STP

步骤 1：连接网络

根据实验网络的拓扑图，使用以太网连接线分别把 3 个交换机互联起来，形成环状结构。把主机 PCA 接入到交换机 SWB 的 G1/0/3 端口。

检查交换机的配置是否为初始状态，如果不是，在用户视图下删除设备的配置文件，重启设备，使设备采用默认配置参数进行初始化，把设备的配置恢复到默认状态。

步骤 2：配置交换机名称

参照 2.4.3 节任务 5 中的命令，把 3 个交换机的提示符分别改为 SWA、SWB 和 SWC。

步骤 3：在 SWA 中启用生成树功能并设置优先级

在交换机 SWA 中执行以下配置启动生成树功能，并调整 SWA 的优先级，使其能当选为根网桥：

```
<H3C>system-view                          /*进入系统视图*/
[H3C]sysname SWA                          /*修改交换机名称*/
[SWA]stp global enable                    /*在全局上启动STP生成树协议*/
[SWA]stp mode stp                         /*设置生成树的模式*/
[SWA]stp priority 0                       /*设置交换机的优先级为0*/
```

只有在交换机上启动了生成树协议，生成树的其他配置才能生效。启动生成树协议，必须保证全局和端口上的生成树协议都被启动，默认情况下，全局生成树协议是处于关闭状态，所以需要使用命令启动。默认情况下，所有端口上的生成树协议都处于启动状态，所以可以不配置，如果配置，可进入接口模式后，使用 stp enable 命令启动。

配置根网桥时，也可在特权模式下使用命令 stp root primary，把交换机 SWA 直接手工配置为根网桥。

步骤 4：在 SWB 中启用生成树功能并设置优先级

在交换机 SWB 中执行以下配置启动生成树功能，调整 SWB 的优先级，使其能当选为备份根网桥，并把 SWB 连接主机的 G1/0/3 设置为边缘端口：

```
<H3C>system-view                          /*进入系统视图*/
[H3C]sysname SWB                          /*修改交换机名称*/
[SWB]stp global enable                    /*在全局上启动STP生成树协议*/
[SWB]stp mode stp                         /*设置生成树的模式*/
[SWB]stp priority 4096                    /*设置交换机的优先级为4096*/
[SWB]interface G1/0/3                     /*进入G1/0/3接口视图*/
[SWB-GigabitEthernet1/0/3]stp edged-port  /*设置为边缘端口*/
[SWB-GigabitEthernet1/0/3]quit            /*退出接口视图*/
```

配置备份根网桥时，也可在特权模式下使用命令 stp root secondary，把交换机 SWB 直接手工配置为备份根网桥。

边缘端口是指直接和终端设备相连，不再连接任何交换机的端口，这些端口无须参与生成树的计算。

步骤 5：在 SWC 中启用生成树功能

在交换机 SWC 中执行以下配置启动生成树功能：

```
<H3C>system-view                                    /*进入系统视图*/
[H3C]sysname SWC                                    /*修改交换机名称*/
[SWC]stp global enable                              /*在全局上启动STP生成树协议*/
[SWC]stp mode stp                                   /*设置生成树的模式*/
```

没有配置优先级，交换机 SWC 使用默认优先级 32 768。

任务 2：STP 协议的查看

步骤 1：在交换机 SWA 上查看 STP 信息

在交换机 SWA 中执行以下命令：

```
[SWA]display stp                                    /*显示STP详细信息*/
```

显示的部分结果如下：

```
-------[CIST Global Info][Mode STP]-------
 Bridge ID                  : 0.94f7-72a0-0100
 Bridge times               : Hello 2s MaxAge 20s FwdDelay 15s MaxHops 20
 Root ID/ERPC               : 0.94f7-72a0-0100, 0
 RegRoot ID/IRPC            : 0.94f7-72a0-0100, 0
 RootPort ID                : 0.0
 BPDU-Protection            : Disabled
 Bridge Config-
 Digest-Snooping            : Disabled
 TC or TCN received         : 5
 Time since last TC         : 0 days 2h:18m:36s

----[Port2(GigabitEthernet1/0/1)][FORWARDING]----
 Port protocol              : Enabled
 Port role                  : Designated Port (Boundary)
 Port ID                    : 128.2
 Port cost(Legacy)          : Config=auto, Active=20
 Desg.bridge/port           : 0.94f7-72a0-0100, 128.2
 Port edged                 : Config=disabled, Active=disabled
 Point-to-Point             : Config=auto, Active=true
 Transmit limit             : 10 packets/hello-time
 TC-Restriction             : Disabled
 Role-Restriction           : Disabled
 Protection type            : Config=none, Active=none
 MST BPDU format            : Config=auto, Active=802.1s
 Port Config-
 Digest-Snooping            : Disabled
 Rapid transition           : True
 Num of VLANs mapped : 1
 Port times: Hello 2s MaxAge 20s FwdDelay 15s MsgAge 0s RemHops 20
 BPDU sent                  : 4174
```

```
        TCN: 0, Config: 91, RST: 0, MST: 4083
BPDU received         : 6
        TCN: 0, Config: 1, RST: 0, MST: 5

----[Port3(GigabitEthernet1/0/2)][FORWARDING]----
 Port protocol          : Enabled
 Port role              : Designated Port (Boundary)
 Port ID                : 128.3
 Port cost(Legacy)      : Config=auto, Active=20
 Desg.bridge/port       : 0.94f7-72a0-0100, 128.3
 Port edged             : Config=disabled, Active=disabled
 Point-to-Point         : Config=auto, Active=true
 Transmit limit         : 10 packets/hello-time
 TC-Restriction         : Disabled
 Role-Restriction       : Disabled
 Protection type        : Config=none, Active=none
 MST BPDU format        : Config=auto, Active=802.1s
 Port Config-
 Digest-Snooping        : Disabled
 Rapid transition       : True
 Num of VLANs mapped : 1
 Port times : Hello 2s MaxAge 20s FwdDelay 15s MsgAge 0s RemHops 20
 BPDU sent              : 4175
        TCN: 0, Config: 92, RST: 0, MST: 4083
 BPDU received          : 5
        TCN: 0, Config: 1, RST: 0, MST: 4

…
```

从以上显示信息中的部分参数可知：

（1）交换机的全局 STP 信息。

- Bridge ID：本交换机的桥 ID 是 0.94f7-72a0-0100，0 是设置的优先级，94f7-72a0-0100 是交换机的 MAC 地址。
- Root ID/ERPC：根网桥 ID 为本交换机的桥 ID，表明本交换机是 STP 的树根，即根网桥，因此到根的路径开销为 0。

（2）交换机接口 G1/0/1、G1/0/2 的 STP 信息。

- FORWARDING：端口状态为 FORWARDING，可转发任何数据包。
- Port protocol：协议状态 Enabled，即已启动 STP 协议。
- Port role：端口角色为 Designated Port（指定端口）和 Boundary（域边界端口）。
- Port edged：是否为边缘接口，配置值（Config）和实际值（Active）都是 Disable，即不是边缘接口。
- Point-to-Point：是否点对点链路，实际值（Active）是 True，表明是点对点链路。

步骤 2：在交换机 SWB 上查看 STP 信息

在交换机 SWB 中执行以下命令：

```
[SWB]display stp                              /*显示STP详细信息*/
```

显示的部分结果如下：

```
-------[CIST Global Info][Mode STP]-------
 Bridge ID                  : 4096.94f7-7a2e-0200
 Bridge times               : Hello 2s MaxAge 20s FwdDelay 15s MaxHops 20
 Root ID/ERPC               : 0.94f7-72a0-0100, 20
 RegRoot ID/IRPC            : 4096.94f7-7a2e-0200, 0
 RootPort ID                : 128.2
…
----[Port2(GigabitEthernet1/0/1)][FORWARDING]----
 Port protocol              : Enabled
 Port role                  : Root Port (Boundary)
 Port ID                    : 128.2
 Port cost(Legacy)          : Config=auto, Active=20
 Desg.bridge/port           : 0.94f7-72a0-0100, 128.2
 Port edged                 : Config=disabled, Active=disabled
 Point-to-Point             : Config=auto, Active=true
…
----[Port3(GigabitEthernet1/0/2)][FORWARDING]----
 Port protocol              : Enabled
 Port role                  : Designated Port (Boundary)
 Port ID                    : 128.3
 Port cost(Legacy)          : Config=auto, Active=20
 Desg.bridge/port           : 4096.94f7-7a2e-0200, 128.3
 Port edged                 : Config=disabled, Active=disabled
 Point-to-Point             : Config=auto, Active=true
…
---[Port4(GigabitEthernet1/0/3)][FORWARDING]----
 Port protocol              : Enabled
 Port role                  : Designated Port (Boundary)
 Port ID                    : 128.4
 Port cost(Legacy)          : Config=auto, Active=20
 Desg.bridge/port           : 4096.94f7-7a2e-0200, 128.4
 Port edged                 : Config=enabled, Active=enabled
 Point-to-Point             : Config=auto, Active=true
…
```

对比交换机 SWA 的信息可知：

- 交换机的桥 ID 为 4096.94f7-7a2e-0200。
- 根桥 ID 为 0.94f7-72a0-0100，即交换机 SWA，SWB 到根桥的路径开销为 20。
- 端口 G1/0/1 的状态为 Forwarding，且端口角色为根端口（Root Port），此端口到根桥路径最短。
- 端口 G1/0/2 的状态也是 Forwarding，端口角色是指定端口（Designated Port）。
- 端口 G1/0/3 的状态也是 Forwarding，端口角色是指定端口（Designated Port），而且是边缘端口（Port edged: Config=enabled, Active=enabled）。

步骤 3：在交换机 SWC 上查看 STP 信息

在交换机 SWC 中执行以下命令：

```
[SWC]display stp                                   /*显示STP详细信息*/
```

显示的部分结果如下：

```
-------[CIST Global Info][Mode STP]-------
 Bridge ID              : 32768.94f7-7cbd-0300
 Bridge times           : Hello 2s MaxAge 20s FwdDelay 15s MaxHops 20
 Root ID/ERPC           : 0.94f7-72a0-0100, 20
 RegRoot ID/IRPC        : 32768.94f7-7cbd-0300, 0
 RootPort ID            : 128.2
…
----[Port2(GigabitEthernet1/0/1)][FORWARDING]----
 Port protocol          : Enabled
 Port role              : Root Port (Boundary)
 Port ID                : 128.2
 Port cost(Legacy)      : Config=auto, Active=20
 Desg.bridge/port       : 0.94f7-72a0-0100, 128.3
 Port edged             : Config=disabled, Active=disabled
 Point-to-Point         : Config=auto, Active=true
…
----[Port3(GigabitEthernet1/0/2)][DISCARDING]----
 Port protocol          : Enabled
 Port role              : Alternate Port (Boundary)
 Port ID                : 128.3
 Port cost(Legacy)      : Config=auto, Active=20
 Desg.bridge/port       : 4096.94f7-7a2e-0200, 128.3
 Port edged             : Config=disabled, Active=disabled
 Point-to-Point         : Config=auto, Active=true
…
```

对比交换机 SWA、SWB 的信息可知：

- 交换机的桥 ID 为：32768.94f7-7cbd-0300。
- 根桥 ID 为 0.94f7-72a0-0100，即交换机 SWA，SWB 到根桥的路径开销为 20。
- 端口 G1/0/1 的状态为 FORWARDING，且端口角色为根端口（Root Port），此端口到根桥路径最短。
- 端口 G1/0/2 的状态是 DISCARDING，端口角色是替代端口（Alternate Port），因此，此端口被阻塞，处于失效状态，不接收和发送任何报文。

从上述信息可知，STP 能发现网络中的环路，并有选择地对某些端口进行了阻塞，把环路网络结构修剪成无环路的树型网络结构。

步骤 4：查看所有交换机的 STP 摘要信息

（1）在交换机 SWA 中执行命令：

```
[SWA]display stp brief                                  /*显示STP摘要信息*/
```

SWA 上的显示信息：

```
MST ID   Port                       Role   STP State      Protection
 0       GigabitEthernet1/0/1       DESI   FORWARDING     NONE
 0       GigabitEthernet1/0/2       DESI   FORWARDING     NONE
```

（2）在交换机 SWB 中执行命令：

```
[SWB]display stp brief                                /*显示STP摘要信息*/
```

SWB 上的显示信息：

```
MST ID   Port                    Role   STP State    Protection
 0       GigabitEthernet1/0/1    ROOT   FORWARDING   NONE
 0       GigabitEthernet1/0/2    DESI   FORWARDING   NONE
 0       GigabitEthernet1/0/3    DESI   FORWARDING   NONE
```

（3）在交换机 SWC 中执行命令：

```
[SWC]display stp brief                                /*显示STP摘要信息*/
```

SWC 上的显示信息：

```
MST ID   Port                    Role   STP State    Protection
 0       GigabitEthernet1/0/1    ROOT   FORWARDING   NONE
 0       GigabitEthernet1/0/2    ALTE   DISCARDING   NONE
```

从上述信息可知，SWA 上所有端口的 STP 角色都是 DESI（指定端口），都处于 FORWARDING 状态，SWB 上的 G1/0/1 端口的 STP 角色是 ROOT（根端口），处于 FORWARDING 状态，其余端口都是 DESI（指定端口），都处于 FORWARDING 状态。SWC 上的 G1/0/1 端口的 STP 角色是 ROOT（根端口），处于 FORWARDING 状态，G1/0/2 端口的角色是 ALTE（替代端口），被阻塞处于 DISCARDING 状态。3 个交换机的环形网络被修剪成树形结构。

3.3.4　使用 Cisco 设备的实验过程

本实验中，所有操作使用 Packet Tracert 6.0 模拟软件进行，使用的交换机型号为 2960。

任务 1：STP 协议的查看

步骤 1：连接网络配置主机 IP

根据图 3-3 的网络拓扑，分别把 SWA 的 f0/1 接口与 SWB 的 f0/1 接口连接，SWA 的 f0/2 接口与 SWC 的 f0/1 接口连接，SWB 的 f0/2 接口与 SWC 的 f0/2 接口连接，使 3 个交换机互联起来，形成环状结构。把主机 PCA 接入到 SWB 的 f0/3 接口，并根据表 3-6 设置主机的 IP 地址。

步骤 2：查看 SWA 上的 STP 信息

在 Cisco 交换机中，默认是开启 STP 协议的，默认使用的协议是 PVST（Per-VLAN Spanning Tree），即为每个 VLAN 维护一个生成树。

在交换机 SWA 上执行以下命令查看 STP 信息：

```
Switch>enable                          /*进入特权配置模式*/
Switch#configure terminal              /*进入全局配置模式*/
Switch(config)# hostname SWA           /*修改设备的名称*/
SWA(config)#end                        /*返回到特权模式*/
SWA#show spanning-tree                 /*显示交换机上的STP信息*/
```

交换机 SWA 中显示的信息如下：

```
VLAN0001
  Spanning tree enabled protocol ieee
  Root ID    Priority    32769
             Address     000C.CFDE.BEC4
             Cost        19
             Port        1(FastEthernet0/1)
             Hello Time  2 sec  Max Age 20 sec  Forward Delay 15 sec

  Bridge ID  Priority    32769  (priority 32768 sys-id-ext 1)
             Address     000D.BD13.A750
             Hello Time  2 sec  Max Age 20 sec  Forward Delay 15 sec
             Aging Time  20

Interface        Role Sts Cost      Prio.Nbr Type
---------------- ---- --- --------- -------- --------------------
Fa0/2            Desg FWD 19        128.2    P2p
Fa0/1            Root FWD 19        128.1    P2p
```

从以上信息可知，交换机默认的优先级是 32769，SWA 的 f0/1 端口的角色是根端口，f0/2 端口的角色为指定端口，两个端口的状态都为 FORWARDING，即进行数据包的转发。

步骤 3：查看 SWB 上的 STP 信息

```
Switch>enable                              /*进入特权配置模式*/
Switch#configure terminal                  /*进入全局配置模式*/
Switch(config)# hostname SWB               /*修改设备的名称*/
SWB(config)#end                            /*返回到特权模式*/
SWB#show spanning-tree                     /*显示交换机上的STP信息*/
```

交换机 SWB 中显示的信息如下：

```
VLAN0001
  Spanning tree enabled protocol ieee
  Root ID    Priority    32769
             Address     000C.CFDE.BEC4
             This bridge is the root
             Hello Time  2 sec  Max Age 20 sec  Forward Delay 15 sec

  Bridge ID  Priority    32769  (priority 32768 sys-id-ext 1)
             Address     000C.CFDE.BEC4
             Hello Time  2 sec  Max Age 20 sec  Forward Delay 15 sec
             Aging Time  20

Interface        Role Sts Cost      Prio.Nbr Type
---------------- ---- --- --------- -------- --------------------
Fa0/1            Desg FWD 19        128.1P2p
Fa0/2            Desg FWD 19        128.2 P2p
Fa0/3            Desg FWD 19        128.3 P2p
```

从以上信息可知，交换机 SWB 被选举为根网桥，它的 3 个端口的角色都是指定端口，状态都为 FORWARDING，都进行数据包的转发。

步骤 4：查看 SWC 上的 STP 信息

```
Switch>enable                                /*进入特权配置模式*/
Switch#configure terminal                    /*进入全局配置模式*/
Switch(config)# hostname SWC                 /*修改设备的名称*/
SWC(config)#end                              /*返回到特权模式*/
SWC#show spanning-tree                       /*显示交换机上的STP信息*/
```

交换机 SWB 中显示的信息如下：

```
VLAN0001
  Spanning tree enabled protocol ieee
  Root ID      Priority      32769
               Address       000C.CFDE.BEC4
               Cost          19
               Port          2(FastEthernet0/2)
               Hello Time   2 sec   Max Age 20 sec   Forward Delay 15 sec

  Bridge ID  Priority       32769   (priority 32768 sys-id-ext 1)
               Address       0050.0F07.8928
               Hello Time   2 sec   Max Age 20 sec   Forward Delay 15 sec
               Aging Time   20

Interface          Role Sts Cost        Prio.Nbr Type
---------------- ---- --- --------- -------- ---------------------
Fa0/1              Altn BLK 19          128.1P2p
Fa0/2              Root FWD 19          128.2 P2p
```

从以上信息可知，交换机 SWC 的 f0/2 端口的角色为根端口，状态为 FORWARDING，进行数据包的转发，f0/1 端口的角色为替代端口（ALTERNATE Port），状态为 Block，即该端口被阻塞，不能转发数据包，从而保证这 3 个交换机间不存在回路。

任务 2：修改交换机的 STP 优先级

步骤 1：修改 SWA 的优先级

```
SWA#configure terminal                          /*进入全局配置模式*/
SWA(config)# spanning-tree vlan 1 priority 0    /*把SWA的优先级设置为0*/
```

步骤 2：修改 SWB 的优先级

修改 SWB 的优先级，启用连接主机的 f0/3 端口的 portfast 特性，即不参与生成树的生成：

```
SWB#configure terminal                             /*进入全局配置模式*/
SWB(config)# spanning-tree vlan 1 priority 4096    /*把SWB的优先级设置为4096*/
SWB(config)#interface f0/3                         /*进入接口配置模式*/
SWB(config-if)#spanning-tree portfast              /*启用端口的portfast特性*/
```

步骤 3：查看 STP 生成树信息

在 3 个交换机上再执行 show spanning-tree 命令查看 STP 生成树信息。

（1）SWA 中显示的信息：

```
VLAN0001
  Spanning tree enabled protocol ieee
  Root ID      Priority      1
               Address       000D.BD13.A750
               This bridge is the root
               Hello Time   2 sec   Max Age 20 sec   Forward Delay 15 sec

  Bridge ID   Priority       1   (priority 0 sys-id-ext 1)
               Address       000D.BD13.A750
               Hello Time   2 sec   Max Age 20 sec   Forward Delay 15 sec
               Aging Time   20

Interface          Role Sts Cost          Prio.Nbr Type
---------------- ---- --- --------- -------- --------------------
Fa0/2              Desg FWD 19           128.2 P2p
Fa0/1              Desg FWD 19           128.1 P2p
```

对比任务 1 中的信息，交换机 SWA 的优先级为 1（系统默认在配置的值上加 1），被推选为根网桥，两个端口都变为指定端口，状态都为 FORWARDING。

（2）SWB 中显示的信息：

```
VLAN0001
  Spanning tree enabled protocol ieee
  Root ID      Priority      1
               Address       000D.BD13.A750
               Cost          19
               Port          1(FastEthernet0/1)
               Hello Time   2 sec   Max Age 20 sec   Forward Delay 15 sec

  Bridge ID   Priority      4097   (priority 4096 sys-id-ext 1)
               Address       000C.CFDE.BEC4
               Hello Time   2 sec   Max Age 20 sec   Forward Delay 15 sec
               Aging Time   20

Interface          Role Sts Cost          Prio.Nbr Type
---------------- ---- --- --------- -------- --------------------
Fa0/1              Root FWD 19           128.1P2p
Fa0/2              Desg FWD 19           128.2P2p
Fa0/3              Desg FWD 19           128.3P2p
```

对比任务 1 中的信息，交换机 SWA 的优先级为 4097（系统默认在配置的值上加 1），不再是根网桥，f0/1 端口的角色变为根端口，其他端口角色不变，状态都为 FORWARDING。

（3）SWC 中显示的信息：

```
VLAN0001
```

```
Spanning tree enabled protocol ieee
Root ID       Priority      1
              Address       000D.BD13.A750
              Cost          19
              Port          1(FastEthernet0/1)
              Hello Time    2 sec   Max Age 20 sec   Forward Delay 15 sec

Bridge ID    Priority      32769   (priority 32768 sys-id-ext 1)
              Address       0050.0F07.8928
              Hello Time    2 sec   Max Age 20 sec   Forward Delay 15 sec
              Aging Time    20

Interface          Role Sts Cost        Prio.Nbr Type
---------------- ---- --- --------- -------- --------------------
Fa0/1              Root FWD 19          128.1P2p
Fa0/2              Altn BLK 19          128.2P2p
```

对比任务 1 中的信息，交换机 SWC 的 f0/1 端口的角色变为根端口，状态从原来的阻塞状态变为 FORWARDING，可以转发数据包。而 f0/2 端口变为替代端口，该端口被阻塞，不能转发数据包。

3.3.5 实验中的命令列表

1. H3C 设备的命令列表

本实验中，H3C 设备使用的命令如表 3-7 所示。

表 3-7 H3C 设备的实验命令列表

命令	描述
stp global enable	在全局上启动 STP 生成树协议
stp mode {mstp | rstp | stp }	设置生成树的模式
stp priority priority	设置交换机的优先级
stp edged-port	设置为边缘端口
display stp	显示 STP 协议信息
display stp brief	显示 STP 协议摘要信息

2. Cisco 设备的命令列表

本实验中，Cisco 设备使用的命令如表 3-8 所示。

表 3-8 Cisco 设备的实验命令列表

命令	描述
spanning-tree mode {pvst | rapid-pvst }	设置生成树的模式
spanning-tree vlan id **priority** priority	设置交换机的优先级

续表

命　令	描　述
show spanning-tree	显示 STP 协议的信息
show spanning-tree summary	显示 STP 协议的统计信息
show spanning-tree detail	显示 STP 协议的详细信息

3.3.6　实验总结

STP 协议通过在交换机间传递 BPDU 报文，确定网络的拓扑，并按照树的结构来阻塞冗余端口，消除网络中的环路，避免由于环路的存在而造成广播风暴问题。

在 STP 中，先根据交换机的网桥 ID 选举根网桥，接着为每个非根网桥选择根端口，然后给每个网段选择指定端口，最后把其余冗余端口阻塞，消除环路。

3.4　端口聚合及链路冗余配置

3.4.1　原理简介

端口聚合，指两台交换机之间在物理上将多个端口连接起来，并把这多条物理以太网链路聚合在一起形成一条逻辑链路，数据流分布到各条物理链路上传输，实现了负载分担，增大了链路带宽，解决了交换网络中因带宽引起的网络瓶颈问题。

这些物理链路之间能够相互冗余备份，其中一条链路断开，不会影响到其他链路正常转发数据，提高了链路的可靠性。

3.4.2　实验环境

（1）交换机：2 台，型号：S5820。

（2）PC：2 台，安装 Windows 7 操作系统。

（3）线缆：4 条 UTP 以太网连接线，1 条 Console 串口线。

实验组网如图 3-4 所示。设备 IP 地址设置如表 3-9 所示。

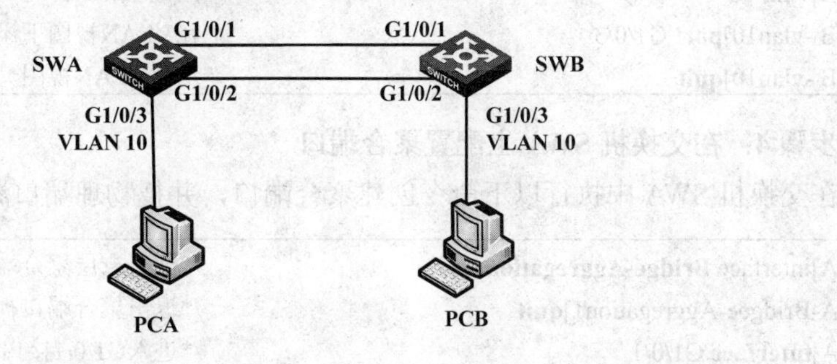

图 3-4　实验组网

表 3-9　设备的 IP 地址表

设　备	IP 地址
PCA	192.168.1.1/24
PCB	192.168.1.2/24

3.4.3　使用 H3C 设备的实验过程

本实验中，交换机的型号为 S5820。

任务：配置聚合端口

步骤 1：连接网络

根据实验网络的拓扑图，使用以太网连接线分别把交换机 SWA 的 G1/0/1、G1/0/2 和交换机 SWB 的 G1/0/1、G1/0/2 互联起来，主机 PCA、PCB 分别接入到交换机 SWA、SWB 的 G1/0/3 端口。

检查交换机的配置是否为初始状态，如果不是，在用户视图下删除设备的配置文件，重启设备，使设备采用默认配置参数进行初始化，把设备的配置恢复到默认状态。

步骤 2：在交换机 SWA 上配置 VLAN

在交换机 SWA 中执行以下命令创建 VLAN 并添加接口：

```
<H3C>system-view                      /*进入系统视图*/
[H3C]sysname SWA                      /*修改设备名称*/
[SWA]vlan 10                          /*创建VLAN并进入VLAN视图*/
[SWA -vlan10]port G1/0/3              /*在VLAN视图下添加接口*/
[SWA -vlan10]quit                     /*退出VLAN视图*/
```

步骤 3：在交换机 SWB 上配置 VLAN

在交换机 SWB 中执行以下命令创建 VLAN 并添加接口：

```
<H3C>system-view                      /*进入系统视图*/
[H3C]sysname SWB                      /*修改设备名称*/
[SWB]vlan 10                          /*创建VLAN并进入VLAN视图*/
[SWB -vlan10]port G1/0/3              /*在VLAN视图下添加接口*/
[SWB -vlan10]quit                     /*退出VLAN视图*/
```

步骤 4：在交换机 SWA 上配置聚合端口

在交换机 SWA 中执行以下命令创建聚合端口，并把物理端口添加到聚合组中：

```
[SWA]interface Bridge-Aggregation 1                       /*创建二层聚合端口*/
[SWA-Bridgee-Aggregation1]quit                            /*退出聚合端口视图*/
[SWA]interface G1/0/1                                     /*进入G1/0/1接口视图*/
[SWA-GigabitEthernet1/0/1]port link-aggregation group 1   /*把G1/0/1添加到聚合组1中*/
[SWA-GigabitEthernet1/0/1]quit                            /*退出接口视图*/
[SWA]interface G1/0/2                                     /*进入G1/0/2接口视图*/
```

```
[SWA-GigabitEthernet1/0/2]port link-aggregation group 1    /*把G1/0/2添加到聚合组1中*/
[SWA-GigabitEthernet1/0/2]quit                             /*退出接口视图*/
```

步骤5：在交换机 SWB 上配置聚合端口

在交换机 SWA 中执行以下命令创建聚合端口，并把物理端口添加到聚合组中：

```
[SWB]interface Bridge-Aggregation 1                        /*创建二层聚合端口*/
[SWB-Bridgee-Aggregation1]quit                             /*退出聚合端口视图*/
[SWB]interface G1/0/1                                      /*进入G1/0/1接口视图*/
[SWB-GigabitEthernet1/0/1]port link-aggregation group 1    /*把G1/0/1添加到聚合组1中*/
[SWB-GigabitEthernet1/0/1]quit                             /*退出接口视图*/
[SWB]interface G1/0/2                                      /*进入G1/0/2接口视图*/
[SWB-GigabitEthernet1/0/2]port link-aggregation group 1    /*把G1/0/2添加到聚合组1中*/
[SWB-GigabitEthernet1/0/2]quit                             /*退出接口视图*/
```

步骤6：在交换机 SWA 上配置聚合端口 1 为 Trunk 端口，并允许所有 VLAN 通过

在交换机 SWA 中执行以下命令创建聚合端口，并把物理端口添加到聚合组中：

```
[SWA]interface Bridge-Aggregation 1                        /*创建二层聚合端口*/
[SWA-Bridgee-Aggregation1]port link-type trunk             /*配置聚合端口的模式*/
[SWA-Bridgee-Aggregation1]port trunk permit vlan all       /*允许通过的VLAN数据*/
```

步骤7：在交换机 SWB 上配置聚合端口 1 为 Trunk 端口，并允许所有 VLAN 通过

在交换机 SWB 中执行以下命令创建聚合端口，并把物理端口添加到聚合组中：

```
[SWB]interface Bridge-Aggregation 1                        /*创建二层聚合端口*/
[SWB-Bridgee-Aggregation1]port link-type trunk             /*配置聚合端口的模式*/
[SWB-Bridgee-Aggregation1]port trunk permit vlan all       /*允许通过的VLAN数据*/
```

步骤8：查看聚合组信息

（1）在交换机 SWA 中执行以下命令查看聚合组的摘要信息：

```
[SWA]display link-aggregation summary                      /*创建二层聚合端口*/
```

显示结果如下：

```
Aggregation Interface Type:
BAGG -- Bridge-Aggregation, BLAGG -- Blade-Aggregation, RAGG -- Route-Aggregation
Aggregation Mode: S -- Static, D -- Dynamic
Loadsharing Type: Shar -- Loadsharing, NonS -- Non-Loadsharing
Actor System ID: 0x8000, 44d4-5eeb-0100

AGG        AGG   Partner ID   Selected  Unselected  Individual  Share
Interface  Mode               Ports     Ports       Ports       Type
--------------------------------------------------------------------
BAGG1      S     None         2         0           0           Shar
```

从结果可知，聚合组聚合端口类型是 BAGG1（二层聚合端口），聚合模式是 S（静态聚合），负载分担类型是 Share，Selected Port 为 2 个，Unselected Ports 为 0 个。

（2）在交换机 SWB 中执行以下命令查看聚合组的详细信息：

```
[SWA]display link-aggregation verbose                    /*创建二层聚合端口*/
```

显示结果如下：

```
Loadsharing Type: Shar -- Loadsharing, NonS -- Non-Loadsharing
Port Status: S -- Selected, U -- Unselected, I -- Individual
Flags:   A -- LACP_Activity, B -- LACP_Timeout, C -- Aggregation,
         D -- Synchronization, E -- Collecting, F -- Distributing,
         G -- Defaulted, H -- Expired

Aggregate Interface: Bridge-Aggregation1
Aggregation Mode: Static
Loadsharing Type: Shar
  Port              Status   Priority Oper-Key
--------------------------------------------------------------
  GE1/0/1           S        32768    1
  GE1/0/2           S        32768    1
```

步骤 9：验证测试

按照表 3-9 配置主机 PCA、PCB 的 IP 地址。

在 PCA 中使用命令 ping -t 192.168.1.2 一直测试与 PCB 的连通性。其结果是：PCA 能 ping 通 PCB，把交换机间的其中一条链路断开，PCA 仍能 ping 通 PCB。

3.4.4 使用 Cisco 设备的实验过程

本实验中，所有操作使用 Packet Tracert 6.0 模拟软件进行，使用的交换机型号为 2960。

任务：配置聚合端口

步骤 1：连接网络配置主机 IP

按照图 3-4 的拓扑图，把交换机 SWA 的 F0/1、F0/2 端口与交换机 SWB 的 F0/1、F0/2 端口互连起来，把主机 PCA、PCB 分别接入到交换机的 SWA、SWB 的 F0/3 端口。

步骤 2：配置交换机 SWA

在交换机 SWA 上配置 VLAN，配置聚合端口：

```
Switch>enable                                   /*进入特权配置模式*/
Switch#configure terminal                       /*进入全局配置模式*/
Switch(config)# hostname SWA                    /*修改设备的名称*/
SWA(config)#vlan 10                             /*返回到特权模式*/
SWA(config)#interface f0/3                      /*进入接口配置视图*/
SWA(config-if)#switchport access vlan 10        /*把接口划分到VLAN 10*/
SWA(config-if)#exit                             /*退出接口配置模式*/
SWA(config)#interface port-channel 1            /*创建汇聚接口并进入其配置模式*/
SWA(config-if)#switchport mode trunk            /*配置汇聚接口模式为Trunk*/
```

```
SWA(config-if)#exit                                    /*退出接口配置模式*/
SWA(config)#interface range fastEthernet 0/1-2         /*进入接口配置模式配置1、2端口*/
SWA(config-if-range)# channel-group 1 mode on          /*配置接口1，2属于汇聚接口1*/
SWA(config-if-range)#end                               /*返回特权模式*/
SWA#show etherchannel port-channel                     /*查看汇聚接口信息*/
```

步骤 3：配置交换机 SWB

在交换机 SWB 上配置 VLAN，配置聚合端口：

```
Switch>enable                                          /*进入特权配置模式*/
Switch#configure terminal                              /*进入全局配置模式*/
Switch(config)# hostname SWB                           /*修改设备的名称*/
SWB(config)#vlan 10                                    /*返回到特权模式*/
SWB(config)#interface f0/3                             /*进入接口配置视图*/
SWB(config-if)#switchport access vlan 10               /*把接口划分到VLAN 10*/
SWB(config-if)#exit                                    /*退出接口配置模式*/
SWB(config)#interface port-channel 1                   /*创建汇聚接口并进入其配置模式*/
SWB(config-if)#switchport mode trunk                   /*配置汇聚接口模式为Trunk*/
SWB(config-if)#exit                                    /*退出接口配置模式*/
SWB(config)#interface range fastEthernet 0/1-2         /*进入接口配置模式配置1、2端口*/
SWB(config-if-range)# channel-group 1 mode on          /*配置接口1，2属于汇聚接口1*/
SWB(config-if-range)#end                               /*返回特权模式*/
SWB#show etherchannel port-channel                     /*查看汇聚接口信息*/
```

交换机中显示的结果：

```
  Channel-group listing:
Group: 1
            Port-channels in the group:
Port-channel: Po1

Age of the Port-channel    = 00d:00h:02m:31s
Logical slot/port    = 2/1         Number of ports = 2
GC                   = 0x00000000         HotStandBy port = null
Port state           = Port-channel
Protocol             =    PAGP
Port Security        = Disabled
Ports in the Port-channel:
Index   Load   Port    EC state        No of bits
------+------+------+-----------------+-----------
  0      00     Fa0/1    On                0
  0      00     Fa0/2    On                0
Time since last port bundled:    00d:00h:00m:59s    Fa0/2
```

从显示结果可知，交换机的 F0/1、F0/2 接口包含在聚合链路中。

步骤 4：验证测试

按照表 3-9 配置主机 PCA、PCB 的 IP 地址，在 PCA 中使用命令 ping -t 192.168.1.2 一

直测试与 PCB 的连通性。其结果是：PCA 能 ping 通 PCB，把交换机之间的其中一条链路断开，PCA 仍能 ping 通 PCB。

3.4.5 实验中的命令列表

1. H3C 设备的命令列表

本实验中，H3C 设备使用的命令如表 3-10 所示。

表 3-10 H3C 设备的实验命令列表

命　令	描　述
interface bridge-aggregation interface-number	创建二层聚合接口，并进入其接口视图
port link-aggregation group number	将接口加入指定的聚合组
display link-aggregation summary	显示聚合组的摘要信息
display link-aggregation verbose	显示聚合组的详细信息

2. Cisco 设备的命令列表

本实验中，Cisco 设备使用的命令如表 3-11 所示。

表 3-11 Cisco 设备的实验命令列表

命　令	描　述
interface port-channel port-number	创建聚合接口，并进入其接口视图
channel-group number **mode { on | active | auto | desirable | passive}**	将接口加入指定的聚合组
show etherchannel port-channel	显示聚合接口信息

3.4.6 实验总结

端口聚合技术把多条以太网链路聚合成一条逻辑链路，实现了链路的备份，增加了链路带宽及数据的负载，是局域网中常见的高带宽、高可靠性的技术。

3.5 端口安全配置

3.5.1 原理简介

在没有使用安全技术的以太网中，用户只要连接到交换机的物理端口，即可访问网络中所有资源，局域网上的安全无法得到保证。

交换机利用多种安全机制提高网络的安全性。

- ❑ 基于 MAC 地址的认证方式：在端口上根据每个接入用户的 MAC 地址进行认证，只允许特定 MAC 地址的设备接入网络。
- ❑ 端口隔离技术：实现同一个 VLAN 内端口间的隔离，属于同一隔离组内的用户不能互通。

3.5.2 实验环境

（1）交换机：1 台。

（2）PC：3 台，安装 Windows 7 操作系统。

（3）线缆：3 条 UTP 以太网连接线，1 条 Console 串口线。

实验组网如图 3-5 所示。设备的 IP 地址设置如表 3-12 所示。

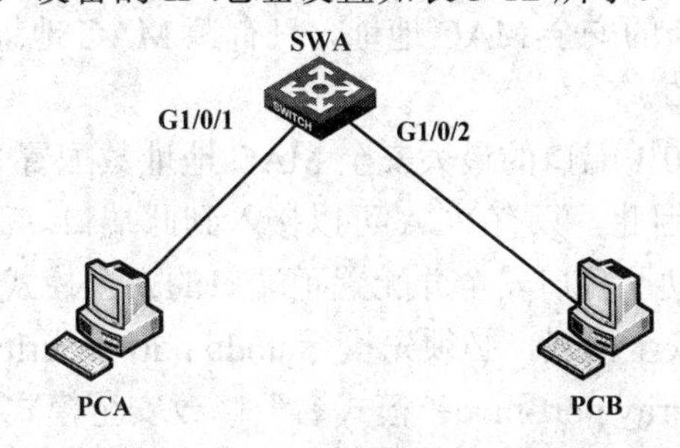

图 3-5 实验组网

表 3-12 设备的 IP 地址表

设　　备	IP 地址
PCA	192.168.1.1/24
PCB	192.168.1.2/24

3.5.3 使用 H3C 设备的实验过程

本实验中，交换机的型号为 S5820。

任务 1：配置端口基于 MAC 地址的安全认证

步骤 1：初始化交换机

检查交换机的配置是否为初始状态，如果不是，在用户视图下删除设备的配置文件，重启设备，使设备采用默认配置参数进行初始化，把设备的配置恢复到默认状态。

步骤 2：在交换机上启动端口安全

在交换机中执行以下配置启动端口安全：

```
<H3C>system-view                                  /*进入系统视图*/
[H3C]port-security enable                         /*启动端口安全*/
```

步骤 3：在交换机上的 G1/0/1 端口设置安全模式和安全 MAC 地址

在交换机中执行以下命令，配置 G1/0/1 端口允许的最大安全 MAC 地址数为 1，端口安全模式为 autoLearn，然后，把 PCA 的 MAC 地址作为安全 MAC 地址添加到端口上。

```
[H3C]interface G1/0/1                                        /*进入接口视图*/
[H3C-GigabitEthernet1/0/1] port-security max-mac-count 1     /*设置端口允许接入的最大安全
                                                             地址数*/
[H3C-GigabitEthernet1/0/1]port-security port-mode autolearn  /*设置端口的安全模式*/
```

[H3C-GigabitEthernet1/0/1]**port-security mac-address security** 0800-2700-A8D3 **vlan** 1	/* 添加安全 MAC 地址，0800-2700-A8D3 为 PCA 的 MAC 地址*/

安全模式 autoLearn 表示端口可通过手工配置或自动学习得到安全 MAC 地址，当端口下的安全 MAC 地址数超过端口允许的最大安全地址数后，端口模式自动转变为 secure 模式，即该端口停止添加新的安全 MAC 地址，只有源 MAC 地址为端口上的安全 MAC 地址的报文，才能通过该端口。

在上面配置中，G1/0/1 端口的最大安全 MAC 地址数配置为 1，添加的安全 MAC 地址为 PCA 的 MAC 地址，因此，只有 PCA 可以接入到此端口。

另外，如果已经启动了端口安全并配置了端口的安全模式，则无法直接修改端口的安全模式。若要改变端口安全模式，必须先执行 undo port-security port-mode 命令恢复默认配置后，再使用“port-security port-mode 模式名”修改安全模式。

步骤 4：设置交换机 G1/0/1 端口的其他安全参数和查看安全配置

在交换机的 G1/0/1 接口模式下，修改接口的安全参数，设置该端口最大接入 MAC 地址数是 1，当接收到非法报文时，把端口关闭：

[H3C-GigabitEthernet1/0/1] **port-security intrusion-mode disableport**	/*配置当端口接收到非法报文时采取的安全策略*/
[H3C-GigabitEthernet1/0/1]**quit**	/*退出接口视图*/
[H3C]**display port-security**	/*显示端口安全相关信息*/
[H3C]**display port-security mac-address security**	/*显示安全MAC地址信息*/

交换机中返回的端口安全相关信息：

```
Port security parameters:
    Port security                : Enabled
    AutoLearn aging time         : 0 min
    Disableport timeout          : 20 s
    MAC move                     : Denied
    Authorization fail           : Online
    NAS-ID profile               : Not configured
    OUI value list               :
GigabitEthernet1/0/1 is link-up
    Port mode                          : secure
    NeedToKnow mode                    : Disabled
    Intrusion protection mode          : DisablePort
    Security MAC address attribute
        Learning mode                  : Sticky
        Aging type                     : Periodical
    Max secure MAC addresses           : 1
    Current secure MAC addresses       : 1
    Authorization                      : Permitted
    NAS-ID profile                     : Not configured
```

从以上信息可知，交换机的 G1/0/1 接口设置了安全模式，最大安全 MAC 地址数和当前安全 MAC 地址数都是 1。

交换机中返回的安全 MAC 地址信息：

```
MAC ADDR          VLAN ID   STATE      PORT INDEX              AGING TIME
0800-2700-A8D3    1         Security   GE1/0/1                 NOAGED
 --- 1 mac address(es) found ---
```

从以上信息可知，交换机只有一个安全 MAC 地址为 0800-2700-A8D3（PCA 的 MAC 地址），而且绑定的接口是 G1/0/1。

步骤 5：测试验证

把主机 PCA、PCB 分别接入到交换机的 G1/0/1、G1/0/2 接口，并按照表 3-12 配置主机 PCA、PCB 的 IP 地址。

在 PCA 中 ping PCB 的 IP 地址，其结果是：PCA 能 ping 通 PCB，表明 PCA 能使用 G1/0/1 端口正常访问网络资源。

断开 PC 与交换机间的连接，然后将 PCA 连接到端口 G1/0/2，PCB 连接到端口 G1/0/1，再重新用 ping 命令测试 PCA 到 PCB 的互通性，其结果是不能 ping 通，表明 PCA 只能使用端口 G1/0/1 访问网络资源。

任务 2：配置端口隔离

步骤 1：连接网络并初始化交换机

按照网络拓扑图 3-4，把主机 PCA、PCB 分别接入到交换机的 G1/0/1 和 G1/0/2 端口。

检查交换机的配置是否为初始状态，如果不是，在用户视图下删除设备的配置文件，重启设备，使设备采用默认配置参数进行初始化，把设备的配置恢复到默认状态。

步骤 2：检测网络连通性

按照表 3-12 配置主机 PCA、PCB 的 IP 地址。

在 PCA 中分别 ping PCB 的 IP 地址，其结果是：PCA 能 ping 通 PCB。

步骤 3：在交换机上配置端口隔离

在交换机中执行以下配置启动端口隔离，把端口 G1/0/1、G1/0/2 添加到隔离组：

```
<H3C>system-view                                          /*进入系统视图*/
[H3C]port-isolate group 1                                 /*建立端口隔离组*/
[H3C]interface G1/0/1                                     /*进入接口视图*/
[H3C-GigabitEthernet1/0/1]port-isolate enable group 1     /*把端口加入隔离组*/
[H3C-GigabitEthernet1/0/1]quit                            /*退出接口视图*/
[H3C]interface G1/0/2                                     /*进入接口视图*/
[H3C-GigabitEthernet1/0/2]port-isolate enable group 1     /*把端口加入隔离组*/
[H3C-GigabitEthernet1/0/2]quit                            /*退出接口视图*/
[H3C]display port-isolate group 1                         /*显示隔离组信息*/
```

交换机返回的隔离组信息：

```
Port isolation group information:
  Group ID: 1
  Group members:
GigabitEthernet1/0/1        GigabitEthernet1/0/2
```

从显示的信息可知，隔离组 1 中包含两个接口 G1/0/1 和 G1/0/2。

步骤 4：测试验证

在 PCA 中 ping PCB 的 IP 地址，其结果是：PCA 不能 ping 通 PCB。

结果表明，配置端口隔离后，PCA、PCB 属于同一个隔离组，两者不能互通。

3.5.4 使用 Cisco 设备的实验过程

本实验中，所有操作使用 Packet Tracert 6.0 模拟软件进行，使用的交换机型号为 2960。

任务：配置端口安全

步骤 1：配置交换机

在交换机中执行以下配置启动端口安全，并设置每个端口允许接入的 MAC 地址：

```
Switch>enable                                                    /*进入特权配置模式*/
Switch#configure terminal                                        /*进入全局配置模式*/
Switch(config)#interface f0/1                                    /*进入F0/1的接口配置模式*/
Switch(config-if)#switchport mode access                         /*设置接口的访问模式*/
Switch(config-if)#switchport port-security                       /*配置接口为安全接口*/
Switch(config-if)#switchport port-security mac-address           /*配置可以安全接入的实际MAC地址
0060.47B8.8262                                                   （即PCA的MAC地址）*/
Switch(config-if)#switchport port-security maximum 1             /*设置此端口的最大接入数为1*/
Switch(config-if)#switchport port-security violation shutdown    /*配置产生违规操作时关闭此端口*/
Switch(config-if)#end                                            /*返回特权视图*/
Swtich#show port-security                                        /*显示安全接口相关信息*/
```

交换机中显示的信息如下：

```
Secure Port MaxSecureAddr CurrentAddr SecurityViolation Security Action
                (Count)        (Count)       (Count)
--------------------------------------------------------------------
Fa0/1             1              1             0              Shutdown
```

从上述信息可知，F0/1 配置为安全端口，当有非法接入时，关闭该端口。

步骤 2：测试验证

把主机 PCA、PCB 分别接入到交换机的 F0/1、F0/2 接口，并按照表 3-12 配置主机 PCA、PCB 的 IP 地址。

在 PCA 中 ping PCB 的 IP 地址，其结果是：PCA 能 ping 通 PCB。断开 PC 与交换机间的连接，然后将 PCA 连接到端口 F0/2，PCB 连接到端口 F0/1，再重新用 ping 命令测试 PCA 到 PCB 的互通性，其结果是不能 ping 通。

3.5.5 实验中的命令列表

1. H3C 设备的命令列表

本实验中，H3C 设备使用的命令如表 3-13 所示。

表 3-13　H3C 设备的实验命令列表

命　　令	描　　述
port-security enable	接口视图下启动端口安全
port-security port-mode { **autolearn** | **mac-authentication** | **mac-else-userlogin-secure** | **mac-else-userlogin-secure-ext** | **secure** | **userlogin** | **userlogin-secure** | **userlogin-secure-ext** | **userlogin-secure-or-mac** | **userlogin-secure-or-mac-ext** | **userlogin-withoui** }	接口视图下配置端口安全模式
port-security mac-address security [**sticky**] mac-address **vlan** vlan-id	接口视图下添加安全MAC地址
port-security max-mac-count count-value	设置端口安全允许的最大安全MAC地址数
port-security intrusion-mode { **blockmac** | **disableport** | **disableport-temporarily** }	配置当端口接收到非法报文时采取的安全策略
display port-security	显示端口安全相关信息
display port-security mac-address security	显示安全MAC地址信息
port-isolate enable	将端口加入到隔离组中

2. Cisco 设备的命令列表

本实验中，Cisco 设备使用的命令如表 3-14 所示。

表 3-14　Cisco 设备的实验命令列表

命　　令	描　　述
switchport mode access	设置接口的访问模式
switchport port-security	设置接口为安全接口
switchport port-security mac-address mac-address **vlan** vlan-id	接口视图下添加安全MAC地址
switchport port-security maximum count-value	设置端口安全允许的最大安全MAC地址数
switchport port-security violation {**protect restrict** | **shutdown** }	配置当端口超过规定的MAC地址时采取的策略
show port-security	显示交换机的安全接口信息

3.5.6　实验总结

基于 MAC 地址的端口接入控制，能对该端口下的所有接入用户单独认证，实现了对网络的接入控制。

端口隔离技术，可实现同一 VLAN 内端口之间的隔离，只需要将端口添加到隔离组，即可实现隔离组内端口之间二层数据的隔离。

第 4 章

路由器进阶配置

4.1 单臂路由配置

4.1.1 原理简介

VLAN 技术将一个物理局域网在逻辑上划分成多个广播域，实现了用户报文的隔离，在网络中得到广泛的应用。不同 VLAN 间的主机不能互相通信，要实现不同 VLAN 之间报文的互通必须借用三层路由技术，除了通过三层交换机实现（详情见 3.2 节），另一种方法是在路由器上通过三层以太网接口来实现。

传统的三层以太网接口不支持 VLAN 报文，当其收到 VLAN 报文时，会将 VLAN 报文作为非法报文而丢弃。为了实现 VLAN 间的互通，需在三层以太网接口上配置三层以太网子接口。路由器的以太网子接口是一种逻辑接口，工作在网络层，可以配置 IP 地址，处理三层协议，支持收发 VLAN tagged 报文。用户可以在一个以太网接口上配置多个子接口，这样，来自不同 VLAN 的报文可以从不同的子接口进行转发，为用户提供了很高的灵活性。

在路由器的一个以太网接口上，通过使用 802.1Q 封装和子接口，实现不同 VLAN（虚拟局域网）间的互联互通的方式称为“单臂路由”。

4.1.2 实验环境

（1）交换机：1 台。

（2）路由器：1 台。

（3）PC：2 台，安装 Windows 7 系统。

（4）线缆：3 条 UTP 以太网连接线，1 条 Console 串口线。

实验组网如图 4-1 所示。设备的 IP 地址设置如表 4-1 所示。

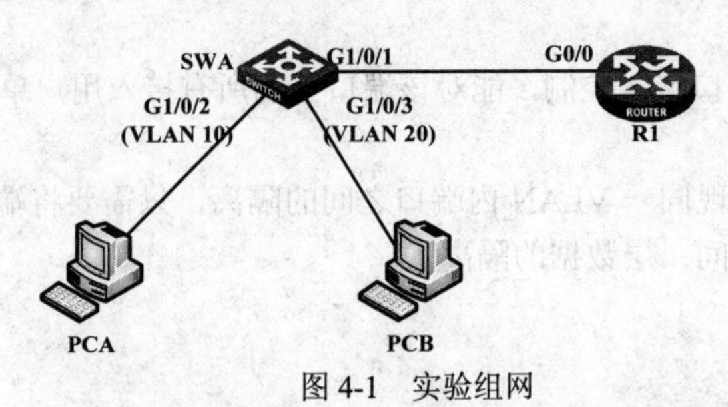

图 4-1 实验组网

表4-1 设备的IP地址表

设　备	IP地址	网　关
PCA	192.168.1.2/24	192.168.1.1
PCB	192.168.2.2/24	192.168.2.1

4.1.3 使用H3C设备的实验过程

本实验中，路由器的型号为MSR36-20，交换机的型号为S5820。

任务：配置单臂路由

步骤1：连接网络

根据实验网络的拓扑图，使用以太网连接线分别把主机PCA、PCB的以太网口与交换机的G1/0/2、G1/0/3相连，交换机的G1/0/1与路由器的G0/0接口相连。

检查交换机、路由器的配置是否为初始状态，如果不是，在用户视图下删除设备的配置文件，重启设备，使设备采用默认配置参数进行初始化，把设备的配置恢复到默认状态。

步骤2：在交换机上创建两个VLAN

在交换机中执行以下命令，创建VLAN 10和VLAN 20：

```
<H3C>system-view                                  /*进入系统视图*/
[H3C]vlan 10                                      /*创建VLAN*/
[H3C -vlan10]quit                                 /*退出VLAN模式*/
[H3C]vlan 20                                      /*创建VLAN*/
[H3C -vlan20]quit                                 /*退出VLAN模式*/
```

步骤3：在交换机上将端口划分到各个VLAN上

```
[H3C]interface G1/0/2                             /*进入G1/0/2接口视图*/
[H3C -GigabitEthernet1/0/1]port access vlan 10    /*在接口视图下指定接口所属VLAN*/
[H3C -GigabitEthernet1/0/2]quit                   /*退出接口视图*/
[H3C]interface G1/0/3                             /*进入G1/0/3接口*/
[H3C -GigabitEthernet1/0/3]port access vlan 20    /*在接口视图下指定接口所属VLAN*/
[H3C -GigabitEthernet1/0/3]quit                   /*退出接口视图*/
```

步骤4：在路由器上配置子接口

在路由器中执行命令创建两个子接口，为每个子接口配置相应VLAN网段的IP地址和配置对应的VLAN标签值，以允许对应的VLAN数据帧通过。

```
[H3C]interface G0/0.10                            /*创建G0/0.10子接口，并进入子接口视图*/
[H3C -GigabitEthernet0/0.10]ip address 192.168.1.1 /*在接口视图下指定接口所属VLAN*/
255.255.255.0
[H3C -GigabitEthernet0/0.10]vlan-type dot1q vid 10 /*允许VLAN 10的报文通过*/
[H3C -GigabitEthernet1/0.10]quit                  /*退出子接口视图*/
[H3C]interface G0/0.20                            /*创建G0/0.20子接口，并进入子接口视图*/
```

```
[H3C -GigabitEthernet0/0.20]ip address 192.168.2.1        /*在接口视图下指定接口所属VLAN*/
255.255.255.0
[H3C -GigabitEthernet0/0.20]vlan-type dot1q vid 20        /*允许VLAN20的报文通过*/
[H3C -GigabitEthernet1/0.20]quit                          /*退出子接口视图*/
```

步骤 5：在交换机上配置 trunk 链路

在交换机中执行命令，把与路由器相连的端口配置为 Trunk 端口，并允许 VLAN 10、VLAN 20 的数据通过：

```
[H3C]interface G1/0/1                                     /*进入G1/0/1接口视图*/
[H3C –GigabitEtherne1/0/1]port link-type trunk            /*配置接口链路类型为trunk*/
[H3C –GigabitEtherne1/0/1]port trunk permit vlan 10 20    /*配置接口允许通过的VLAN数据*/
```

步骤 6：配置主机的 IP 地址

按照表 4-1 配置主机的 IP 和网关，每台主机的网关就是其所属 VLAN 的相应路由器子接口的 IP 地址。

步骤 7：测试验证

在 PCA 中 ping PCB 的 IP 地址，其结果是：PCA 能 ping 通 PCB，实现不同 VLAN 间的通信。

4.1.4 使用 Cisco 设备的实验过程

本实验中，所有操作使用 Packet Tracert 6.0 模拟软件进行，使用的交换机型号为 2960，使用的路由器型号为 2911。

任务：配置 VLAN

步骤 1：连接网络配置主机 IP

根据图 4-1 的网络拓扑图，把主机 PCA、PCB 分别连接到交换机 F0/2、F0/3 接口，把交换机的 G1/1 接口与路由器的 G0/0 接口相连。

根据表 4-1 设置主机的 IP 地址、掩码和网关地址。

步骤 2：在交换机上配置 VLAN

在交换机上执行以下命令，创建 VLAN 指定接口所属 VLAN 和配置 Trunk 链路：

```
Switch>enable                                  /*进入特权配置模式*/
Switch#configure terminal                      /*进入全局配置模式*/
Switch(config)#vlan 10                         /*创建VLAN 10*/
Switch(config-vlan)#exit                       /*退出VLAN配置模式*/
Switch(config)#vlan 20                         /*创建VLAN 20*/
Switch(config-vlan)#exit                       /*退出VLAN配置模式*/
Switch(config)#interface f0/2                  /*进入F0/2接口配置模式*/
Switch(config-if)#switchport access vlan 10    /*指定接口所属VLAN*/
Switch(config-if)#exit                         /*退出接口配置模式*/
Switch(config)#interface f0/3                  /*进入F0/3接口配置模式*/
```

```
Switch(config-if)#switchport access vlan 20          /*指定接口所属VLAN*/
Switch(config-if)#exit                               /*退出接口配置模式*/
Switch(config)#interface G1/1                        /*进入G0/1接口配置模式*/
Switch(config-if)#switchport mode trunk              /*配置接口模式为Trunk模式*/
Switch(config-if)#end                                /*返回特权模式*/
```

步骤 3：配置路由器子接口

在路由器上执行以下命令，配置路由器子接口：

```
Router>enable                                        /*进入特权配置模式*/
Router#configure terminal                            /*进入全局配置模式*/
Router(config)#interface G0/0                        /*进入G0/0接口配置模式*/
Router(config-if)#no shutdown                        /*打开接口*/
Router(config-if)#exit                               /*退出接口配置模式*/
Router(config)#interface G0/0.1                      /*创建G0/0的子接口G0/0.1，并进入其
                                                     配置模式*/
Router(config-subif)#encapsulation dot1Q 10          /*配置子接口允许处理的VLAN数据*/
Router(config-subif)#ip address 192.168.1.1 255.255.255.0    /*配置子接口的IP地址*/
Router(config-subif)#exit                            /*退出子接口配置模式*/
Router(config)#interface G0/0.2                      /*创建G0/0的子接口G0/0.1，并进入其
                                                     配置模式*/
Router(config-subif)#encapsulation dot1Q 20          /*配置子接口允许处理的VLAN数据*/
Router(config-subif)#ip address 192.168.2.1 255.255.255.0    /*配置子接口的IP地址*/
Router(config-subif)#end                             /*返回特权*/
```

步骤 4：测试验证

在 PCA 中 ping PCB 的 IP 地址，其结果是：PCA 能 ping 通 PCB，实现不同 VLAN 间的通信。

4.1.5 实验中的命令列表

1. H3C 设备的命令列表

本实验中，H3C 设备使用的命令如表 4-2 所示。

表 4-2 H3C 设备的实验命令列表

命　令	描　述
interface interface-type interface-number.subnumber	创建并进入以太网子接口视图
ip address ip-address { mask-length | mask }	配置接口IP地址
vlan-type dot1q vid vlan-id	子接口允许处理的VLAN数据

2. Cisco 设备的命令列表

本实验中，Cisco 设备使用的命令如表 4-3 所示。

表 4-3 Cisco 设备的实验命令列表

命令	描述
interface interface-type interface-number.subnumber	创建并进入以太网子接口视图
ip address ip-address { mask-length | mask }	配置接口IP地址
encapsulation dot1Q vlan-id	子接口允许处理的VLAN数据

4.1.6 实验总结

实现 VLAN 间的通信需要借用三层路由技术，在路由器中可通过配置单臂路由实现。

当进行跨 VLAN 数据通信时，带有 VLAN 标记的以太网帧通过 trunk 链路传输给路由器，路由器匹配其子接口配置的 VLAN 值，把数据交付给对应的子接口处理。

子接口对收到的 VLAN 报文，去除 VLAN 标记后进行三层转发或其他处理。子接口发送报文时，将相应的 VLAN 信息添加到报文中再发送。

4.2 RIP 进阶配置

4.2.1 原理简介

RIP 协议是典型的距离矢量路由协议，通过 2.9 节介绍的配置命令可在路由器中启动 RIP 协议的基本功能，实现网络的连通。RIP 协议也提供了其他可配置的参数，调整和优化 RIP 网络。

1. 路由环路的避免

RIP 具有“坏消息传播得慢”的特点，在维护路由表信息时，当拓扑发生改变，每台路由器不能同时或接近同时完成路由表的更新，就有可能产生“路由环路”。RIP 协议设置了一些机制来避免路由环路的产生。

（1）定义最大跳数：当一个路由条目作为副本发送出去时就会自加 1 跳，如果产生路由环路，路由器中的路由项的度量值会不断增大，通过规定最大值是 16，可以控制一个路由表项在达到最大值后变成无效。

（2）水平分割：路由器从某个接口学习到的路由，不能再从该接口发回给邻居路由器。

（3）路由毒化：路由器主动把路由表中发生故障的路由项的度量值标记为无穷大，表示该路径已失效，并向邻居路由器通告，依次毒化各个路由器，使邻居能及时得知网络中的故障。

（4）毒性逆转：路由器从某个接口学习到路由后，将该路由的度量值设置为无穷大，并从原接口发回邻居路由器。

（5）抑制时间：当某条路由项目的度量值达到无穷大后，该项目进入抑制状态，只有接收到来自同一个邻居且度量值小于无穷大的路由时，更新项目，取代不可达路由，取消抑制状态。

（6）触发更新：因网络拓扑发送变化导致路由表发生改变时，路由器立刻产生更新通告发送给相邻路由器，不需再等到更新周期的到来。

在实际网络中，各种防止环路机制会结合起来使用，从而最大可能地避免环路。

2. RIP 协议参数的配置

（1）配置 RIP 的定时器，RIP 受 4 个定时器的控制。

- Update 定时器：发送路由更新的时间间隔，默认值为 30 秒。
- Timeout 定时器：路由老化时间。若老化时间内没有收到关于某条路由的更新报文，则该条路由在路由表中的度量值将会被设置为 16，默认值为 180 秒。
- Suppress 定时器：RIP 路由处于抑制状态的时长，默认值为 120 秒。
- Garbage-Collect 定时器：一条路由从度量值变为 16 开始，直到它从路由表里被删除所经过的时间，默认值为 120 秒。

（2）路由的优先级：在路由器中可能运行多个路由协议，不同路由协议具有不同的优先级，优先级高的路由协议发现的路由会被作为最佳路由添加到路由表，协议的优先级是 100，数值越小，优先级越高。

（3）配置 RIP-2 报文的认证方式：RIP-2 支持简单认证和 MD5 两种认证方式。

（4）抑制接口：一般路由器会在所有接口上都发送 RIP 报文，包括连接主机的接口，但实际上，主机并不需要接收 RIP 协议报文，此时可把端口配置为只接受而不发送 RIP 协议报文。

4.2.2　实验环境

（1）路由器：2 台。

（2）PC：2 台，安装 Windows 7 系统。

（3）线缆：3 条 UTP 以太网连接线（交叉线），1 条 Console 串口线。

实验组网如图 4-2 所示。设备的 IP 地址设置如表 4-4 所示。

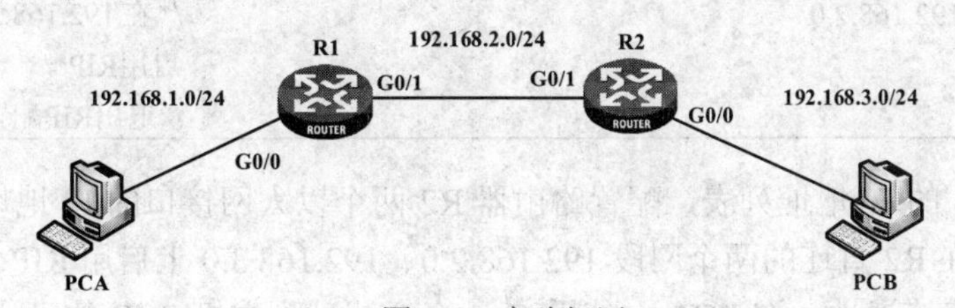

图 4-2　实验组网

表 4-4　设备的 IP 地址表

设　备	接　口	IP 地址	网　关
R1	G0/0	192.168.1.254/24	
	G0/1	192.168.2.1/24	
R2	G0/0	192.168.3.254/24	
	G0/1	192.168.2.2/24	
PCA		192.168.1.1	192.168.1.254
PCB		192.168.2.1	192.168.3.254

4.2.3 使用 H3C 设备的实验过程

本实验中，路由器的型号为 MSR36-20。

任务 1：RIP 协议中路由环路的避免

步骤 1：连接网络

根据实验网络的拓扑图，使用以太网连接线分别把主机 PCA 的以太网口与路由器 R1 的 G0/0 接口、PCB 的以太网口与 R2 的 G0/0 接口，R1、R2 的 G0/1 接口互连起来。

检查路由器的配置是否为初始状态，如果不是，在用户视图下删除设备的配置文件，重启设备，使设备采用默认配置参数进行初始化，把设备的配置恢复到默认状态。

按照表 4-4 的 IP 地址列表，配置两台主机的 IP 地址、掩码和网关信息。

步骤 2：配置路由器的 IP 地址和启动 RIP 协议

（1）配置路由器 R1 两个以太网接口的 IP 地址和启动 RIP 协议：

```
<H3C>system-view                                          /*进入系统视图*/
[H3C]sysname R1                                           /*修改路由器名称*/
[R1]interface G0/0                                        /*进入G0/0接口视图*/
[R1-GigabitEthernet0/0]ip address 192.168.1.254 255.255.255.0   /*配置接口的IP地址*/
[R1-GigabitEthernet0/0]int G0/1                           /*进入G0/1接口视图*/
[R1-GigabitEthernet0/1] ip address 192.168.2.1 255.255.255.0    /*配置接口的IP地址*/
[R1-GigabitEthernet0/1]quit                               /*退出接口视图*/
[R1]rip                                                   /*启动RIP协议*/
[R1-rip-1]version 2                                       /*配置为RIPv2版本*/
[R1-rip-1]network 192.168.1.0                             /*在192.168.1.0直连网段上启用RIP*/
[R1-rip-1]network 192.168.2.0                             /*在192.168.2.0直连网段上启用RIP*/
[R1-rip-1]quit                                            /*退出RIP配置视图*/
```

（2）按表 4-4 的 IP 地址列表，配置路由器 R2 两个以太网接口的 IP 地址，在 R2 上启动 RIP 协议，并在 R2 直连的两个网段 192.168.2.0、192.168.3.0 上启用 RIP 协议。

（3）测试网络连通性。在 PCA 上使用 ping 命令测试到主机 PCB 的可达性，测试结果是：可以互通。

步骤 3：配置水平分割

分别在路由器 R1、R2 的 G0/1 接口视图上执行以下命令启动水平分割功能，在默认情况下，水平分割功能是打开的：

```
[R1]int G0/1                                              /*进入G0/1接口视图*/
[R1-GigabitEthernet0/1] rip split-horizon                 /*启动水平分割功能*/
[R1-GigabitEthernet0/1]end                                /*返回用户视图*/
```

步骤 4：查看 RIP 更新报文的发送状况

在路由器 R1 的用户模式下启动调试命令，查看 RIP 收发报文的情况：

```
<R1>terminal monior                        /*用户视图下开启系统的调试监视功能*/
<R1>terminal debugging                     /*用户视图下开启系统的调试显示功能*/
<R1> debugging rip 1 packet                /*用户视图下开启RIP协议调试功能*/
```

R1 中显示的报文收发信息：

```
*Nov 27 07:29:26:388 2015 R1 RIP/7/RIPDEBUG: RIP 1 : Receiving response from 192.168.2.2 on
GigabitEthernet0/1
*Nov 27 07:29:26:388 2015 R1 RIP/7/RIPDEBUG:    Packet: version 2, cmd response, length 24
*Nov 27 07:29:26:388 2015 R1 RIP/7/RIPDEBUG:       AFI 2, destination 192.168.3.0/
255.255.255.0, nexthop 0.0.0.0, cost0
*Nov 27 07:29:35:849 2015 R1 RIP/7/RIPDEBUG: RIP 1 : Sending response on interface
GigabitEthernet0/0 from 192.168.1224.0.0.9
*Nov 27 07:29:35:849 2015 R1 RIP/7/RIPDEBUG:    Packet: version 2, cmd response, length 44
*Nov 27 07:29:35:849 2015 R1 RIP/7/RIPDEBUG:       AFI 2, destination 192.168.2.0/
255.255.255.0, nexthop 0.0.0.0, cost0
*Nov 27 07:29:35:850 2015 R1 RIP/7/RIPDEBUG:       AFI 2, destination 192.168.3.0/
255.255.255.0, nexthop 0.0.0.0, cost0
*Nov 27 07:29:35:850 2015 R1 RIP/7/RIPDEBUG: RIP 1 : Sending response on interface
GigabitEthernet0/1 from 192.168.24.0.0.9
*Nov 27 07:29:35:851 2015 R1 RIP/7/RIPDEBUG:    Packet: version 2, cmd response, length 24
*Nov 27 07:29:35:851 2015 R1 RIP/7/RIPDEBUG:       AFI 2, destination 192.168.1.0/
255.255.255.0, nexthop 0.0.0.0, cost0
```

从上述信息中可见，路由器 R1 在接口 G0/1 上接收到路由 192.168.3.0，则路由器通过 G0/1 发送路由更新报文时不会包含此路由，而 G0/1 接口发送的路由更新报文不受影响。

步骤 5：配置毒性逆转

（1）分别在路由器 R1、R2 的 G0/1 接口视图上关闭水平分割功能：

```
<R1>system-view                                        /*进入系统视图*/
[R1]interface G0/1                                     /*进入G0/1接口视图*/
[R1-GigabitEthernet0/1] undo rip split-horizon         /*关闭水平分割功能*/
[R1-GigabitEthernet0/1]quit                            /*退出接口视图*/
```

R1 中显示的报文收发信息：

```
*Nov 27 07:45:11:850 2015 R1 RIP/7/RIPDEBUG: RIP 1 : Sending response on interface
GigabitEthernet0/1 from 192.168.2.1 to 224.0.0.9
*Nov 27 07:45:11:851 2015 R1 RIP/7/RIPDEBUG: Packet: version 2, cmd response, length 64
*Nov 27 07:45:11:851 2015 R1 RIP/7/RIPDEBUG:       AFI 2, destination 192.168.1.0/
255.255.255.0, nexthop 0.0.0.0, cost 1, tag 0
*Nov 27 07:45:11:851 2015 R1 RIP/7/RIPDEBUG:       AFI 2, destination 192.168.2.0/
255.255.255.0, nexthop 0.0.0.0, cost 1, tag 0
*Nov 27 07:45:11:852 2015 R1 RIP/7/RIPDEBUG:       AFI 2, destination 192.168.3.0/
255.255.255.0, nexthop 0.0.0.0, cost 2, tag 0
```

从上述信息中可见，路由器 R1 在接口 G0/1 上发送的路由更新信息中又包含了 192.168.3.0 的项目，说明路由器把从接口 G0/1 学习到的路由信息又从该接口发送出去了，这容易造成路由环路。

（2）分别在路由器 R1、R2 的 G0/1 接口视图上配置毒性逆转功能：

```
[R1]interface G0/1                                    /*进入G0/1接口视图*/
[R1-GigabitEthernet0/1] rip poison-reverse            /*启动毒性逆转功能*/
[R1-GigabitEthernet0/1]end                            /*返回用户视图*/
```

R1 中显示的报文收发信息：

```
*Nov 27 07:49:01:859 2015 R1 RIP/7/RIPDEBUG: RIP 1 : Sending response on interface
GigabitEthernet0/1 from 192.168.2.1 to 224.0.0.9
*Nov 27 07:49:01:859 2015 R1 RIP/7/RIPDEBUG:   Packet: version 2, cmd response, length 44
*Nov 27 07:49:01:860 2015 R1 RIP/7/RIPDEBUG:        AFI 2, destination
192.168.1.0/255.255.255.0, nexthop 0.0.0.0, cost 1, tag 0
*Nov 27 07:49:01:860 2015 R1 RIP/7/RIPDEBUG:        AFI 2, destination
192.168.3.0/255.255.255.0, nexthop 0.0.0.0, cost 16, tag 0
```

从上述信息中可见，路由器 R1 在接口 G0/1 上发送的路由更新信息中包含了 192.168.3.0 的项目，但度量值变为了 16，即告诉路由器 R2，从 R1 的 G0/1 接口上不能到达网络 192.168.3.0。

步骤 6：关闭 R1 的调试功能

关闭路由器 R1 的调试功能，以免影响后续实验：

```
<R1> undo debugging all                    /*用户视图下关闭RIP调试功能*/
```

任务 2：配置 RIP 协议的可选参数

步骤 1：配置 RIP 的定时器

可在路由器中 RIP 协议视图中执行以下命令配置各种定时器的值：

```
<R1>system-view                              /*进入系统视图*/
[R1]rip                                      /*进入RIP协议视图*/
[R1-rip-1]timers update 60                   /*配置报文更新时间为60秒*/
[R1-rip-1]timers timeout 360                 /*配置路由老化时间为360秒*/
[R1-rip-1]timers suppress 240                /*配置路由抑制时间为240秒*/
[R1-rip-1]timers garbage-collect 240         /*配置无效路由删除时间为240秒*/
[R1-rip-1]quit                               /*退出RIP配置视图*/
```

步骤 2：配置 RIP 优先级

可在路由器中 RIP 协议视图中执行以下命令配置 RIP 协议的优先级：

```
[R1]rip                          /*进入RIP协议视图*/
[R1-rip-1]preference 50          /*配置RIP协议学习到的路由项目的优先级为50*/
[R1-rip-1]quit                   /*退出RIP协议视图*/
[R1]display ip routing-table     /*查看路由表*/
```

在 R1 中执行命令查看路由表，路由表中 RIP 路由信息：

```
Destination/Mask Proto   Pre Cost     NextHop        Interface
192.168.3.0/24   RIP     50  1        192.168.2.2    GE0/1
```

从上述信息可见，通过 RIP 协议学习到的路由项目的优先级的值变为 50。

步骤 3：配置 RIP-2 报文的认证方式

（1）在路由器 R1 的 G0/1 接口上执行以下命令，配置 RIPv2 的认证方式为 MD5 密文验证，报文采用 RFC2453 格式，采用文本密钥为 hello。

[R1]**interface** G0/1	/*进入G0/1接口视图*/
[R1-GigabitEthernet0/1]**rip authentication-mode md5 rfc2453 plain hello**	/*启用RIPv2的MD5密文验证，采用RFC2453格式，文本密钥为hello*/
[R1-GigabitEthernet0/1]**quit**	/*退出接口视图*/

（2）在路由器 R2 的 G0/1 接口上执行以下命令，配置 RIPv2 的认证方式为 MD5 密文验证，报文采用 RFC2453 格式，采用文本密钥为 aaaaa。

[R2]**interface** G0/1	/*进入G0/1接口视图*/
[R2-GigabitEthernet0/1]**rip authentication-mode md5 rfc2453 plain aaaaa**	/*启用RIPv2的MD5密文验证，采用RFC2453格式，文本密钥为aaaaa*/
[R2-GigabitEthernet0/1]**quit**	/*退出接口视图*/

（3）因为路由表中的路由有一定的老化时间，为加快路由学习过程，在 R1 上执行以下命令重启接口：

[R1]**interface** G0/1	/*进入G0/1接口视图*/
[R1-GigabitEthernet0/1]**shutdown**	/*关闭接口*/
[R1-GigabitEthernet0/1]**undo shutdown**	/*启动接口*/
[R1-GigabitEthernet0/1]**quit**	/*退出接口视图*/

配置完成后，在 R1、R2 中分别执行命令 display ip routing-table 查看路由表。从显示结果可知，两个路由表中都没有 RIP 路由信息。

因为两个路由器的 RIPv2 协议的认证密码不一致，使得两个路由器都学习不到对端设备发来的路由。

（4）修改路由器 R2 的认证密钥为 hello：

[R1]**interface** G0/1	/*进入G0/1接口视图*/
[R1-GigabitEthernet0/1]**rip authentication-mode md5 rfc2453 plain hello**	/*设置RIPv2的MD5密文验证，采用RFC2453格式，文本密钥为hello*/
[R1-GigabitEthernet0/1]**quit**	/*退出接口视图*/

配置完成后，按照步骤（3）的命令，重启接口，等待一定时间后，在 R1 上执行命令 display ip routing-table 查看路由表：

```
Destination/Mask Proto    Pre Cost      NextHop        Interface
192.168.3.0/24    RIP     50   1        192.168.2.2    GE0/1
```

从显示结果可知，路由表中又通过 RIP 协议学习到 192.168.3.0 的路由项。

步骤 4：配置接口工作在抑制状态

（1）在 R1 的路由器的 RIP 协议视图中执行以下命令，把接口 G0/0 配置为只接受而不发送 RIP 报文：

```
[R1]rip                                  /*进入RIP协议视图*/
[R1-rip-1] silent-interface G0/0         /*配置需要静默的端口*/
[R1-rip-1]end                            /*返回用户视图*/
```

（2）在路由器 R1 的用户模式下启动调试命令：

```
<R1>terminal monior                      /*用户视图下开启系统的调试监视功能*/
<R1>terminal debugging                   /*用户视图下开启系统的调试显示功能*/
<R1> debugging rip 1 packet              /*用户视图下开启RIP协议调试功能*/
```

R1 中显示的报文收发信息：

```
*Nov 27 08:47:56:848 2015 R1 RIP/7/RIPDEBUG: RIP 1 : Sending response on interface
 GigabitEthernet0/1 from 192.168.2.1 to 224.0.0.9
*Nov 27 08:47:56:849 2015 R1 RIP/7/RIPDEBUG:     Packet: version 2, cmd response, length 68
*Nov 27 08:47:56:849 2015 R1 RIP/7/RIPDEBUG:     Authentication-mode: MD5 Digest:
8f93c557.93cbfa1c.edb7baff.be7b0bf8
*Nov 27 08:47:56:849 2015 R1 RIP/7/RIPDEBUG:     Sequence: 93cbfa1c (5710)
*Nov 27 08:47:56:849 2015 R1 RIP/7/RIPDEBUG:       AFI 2, destination 192.168.1.0
/255.255.255.0, nexthop 0.0.0.0, cost 1, tag 0
*Nov 27 08:47:56:850 2015 R1 RIP/7/RIPDEBUG:       AFI 2, destination 192.168.3.0/
255.255.255.0, nexthop 0.0.0.0, cost 16, tag 0
*Nov 27 08:48:02:472 2015 R1 RIP/7/RIPDEBUG: RIP 1 : Receiving response from
192.168.2.2 on GigabitEthernet0/1
*Nov 27 08:48:02:472 2015 R1 RIP/7/RIPDEBUG:     Packet: version 2, cmd response, length 48
*Nov 27 08:48:02:473 2015 R1 RIP/7/RIPDEBUG:     Authentication-mode: MD5 Digest:
cf4ad10b.2d2cdeb1.f5dc5df4.612e750a
*Nov 27 08:48:02:473 2015 R1 RIP/7/RIPDEBUG:     Sequence: 2d2cdeb1 (5563)
*Nov 27 08:48:02:474 2015 R1 RIP/7/RIPDEBUG:       AFI 2, destination 192.168.3.0
/255.255.255.0, nexthop 0.0.0.0, cost 1, tag 0
```

从显示结果可知，路由表中只在 G0/1 接口发送路由更新报文，不再从 G0/0 发送协议报文。

（3）关闭路由器 R1 的调试功能，以免影响后续实验：

```
<R1> undo debugging all                  /*用户视图下关闭RIP调试功能*/
```

4.2.4 使用 Cisco 设备的实验过程

本实验中，所有操作使用 Packet Tracert 6.0 模拟软件进行，使用的路由器型号为 2911。

任务 1：RIP 协议中路由环路的避免

步骤 1：连接网络配置主机 IP

根据图 4-2 的网络拓扑，把两个路由器的 G0/1 接口相连，把主机 PCA、PCB 分别连接两个路由器的 G0/0 接口。

根据表 4-4 设置主机的 IP 地址、掩码和网关地址。

步骤 2：配置路由器 R1

配置路由器 R1 各接口的 IP 地址，启动 RIP 路由协议，在 G0/1 接口启动水平分割功能，并启动 RIP 调试：

```
Router>enable                                             /*进入特权配置模式*/
Router#configure terminal                                 /*进入全局配置模式*/
Router(config)# hostname R1                               /*修改设备的名称*/
R1(config)# interface G0/0                                /*进入接口配置模式*/
R1(config-if)#ip address 192.168.1.254 255.255.255.0      /*配置接口IP地址*/
R1(config-if)#no shutdown                                 /*打开接口*/
R1(config-if)# interface G0/1                             /*进入接口配置模式*/
R1(config-if)#ip address 192.168.2.1 255.255.255.0        /*配置接口IP地址*/
R1(config-if)#no shutdown                                 /*打开接口*/
R1(config-if)#exit                                        /*退出接口配置模式*/
R1(config)#router rip                                     /*进入RIP路由配置模式*/
R1(config-router)#version 2                               /*配置RIP协议的版本*/
R1(config-router)#network 192.168.1.0                     /*在192.168.1.0网段上启用RIP*/
R1(config-router)#network 192.168.2.0                     /*在192.168.2.0网段上启用RIP*/
R1(config-router)#exit                                    /*退出RIP配置模式*/
R1(config)# interface G0/1                                /*进入接口配置模式*/
R1(config-if)#ip split-horizon                            /*在该接口启动水平分割功能，默认情
                                                          况下，此功能是打开的*/
R1(config-router)#end                                     /*返回特权模式*/
R1#debug ip rip                                           /*开启RIP协议调试功能*/
```

步骤 3：配置路由器 R2

配置路由器 R2 各接口的 IP 地址，启动 RIP 路由协议，在 G0/1 接口启动水平分割功能，并启动 RIP 调试：

```
Router>enable                                             /*进入特权配置模式*/
Router#configure terminal                                 /*进入全局配置模式*/
Router(config)# hostname R2                               /*修改设备的名称*/
R2(config)# interface G0/0                                /*进入接口配置模式*/
R2(config-if)#ip address 192.168.3.254 255.255.255.0      /*配置接口IP地址*/
R2(config-if)#no shutdown                                 /*打开接口*/
R2(config-if)# interface G0/1                             /*进入接口配置模式*/
R2(config-if)#ip address 192.168.2.2 255.255.255.0        /*配置接口IP地址*/
```

```
R2(config-if)#no shutdown                          /*打开接口*/
R2(config-if)#exit                                 /*退出接口配置模式*/
R2(config)#router rip                              /*进入RIP路由配置模式*/
R2(config-router)#version 2                        /*配置RIP协议的版本*/
R2(config-router)#network 192.168.2.0              /*在192.168.2.0网段上启用RIP*/
R2(config-router)#network 192.168.3.0              /*在192.168.3.0网段上启用RIP*/
R2(config-router)#exit                             /*退出RIP配置模式*/
R2(config)# interface G0/1                         /*进入接口配置模式*/
R2(config-if)#ip split-horizon                     /*在该接口启动水平分割功能*/
R2(config-router)#end                              /*返回特权模式*/
R2#debug ip rip                                    /*开启RIP协议调试功能*/
```

步骤 4：分析路由器中的报文

R1 中显示的报文传输情况：

```
RIP: received v2 update from 192.168.2.2 on GigabitEthernet0/1
     192.168.3.0/24 via 0.0.0.0 in 1 hops
RIP: sending  v2 update to 224.0.0.9 via GigabitEthernet0/0 (192.168.1.254)
RIP: build update entries
     192.168.2.0/24 via 0.0.0.0, metric 1, tag 0
     192.168.3.0/24 via 0.0.0.0, metric 2, tag 0
RIP: sending  v2 update to 224.0.0.9 via GigabitEthernet0/1 (192.168.2.1)
RIP: build update entries
     192.168.1.0/24 via 0.0.0.0, metric 1, tag 0
```

从上述信息可见，路由器 R1 从接口 G0/1 接收到路由 192.168.3.0，则路由器通过 G0/1 接口发送更新报告时不包含此路由。

步骤 5：关闭路由器的水平分割功能

分别在路由器 R1、R2 上执行以下命令，关闭水平分割功能：

```
R1#configure terminal                              /*进入全局配置模式*/
R1(config)# interface G0/1                         /*进入接口配置模式*/
R1(config-if)#no ip split-horizon                  /*关闭水平分割功能*/
R1(config-if)#exit                                 /*退出接口模式*/
```

R1 中显示的报文传输情况：

```
RIP: received v2 update from 192.168.2.2 on GigabitEthernet0/1
     192.168.1.0/24 via 0.0.0.0 in 2 hops
     192.168.2.0/24 via 0.0.0.0 in 1 hops
     192.168.3.0/24 via 0.0.0.0 in 1 hops
RIP: sending v2 update to 224.0.0.9 via GigabitEthernet0/0 (192.168.1.254)
RIP: build update entries
     192.168.2.0/24 via 0.0.0.0, metric 1, tag 0
     192.168.3.0/24 via 0.0.0.0, metric 2, tag 0
RIP: sending v2 update to 224.0.0.9 via GigabitEthernet0/1 (192.168.2.1)
RIP: build update entries
     192.168.1.0/24 via 0.0.0.0, metric 1, tag 0
```

```
192.168.2.0/24 via 0.0.0.0, metric 1, tag 0
192.168.3.0/24 via 0.0.0.0, metric 2, tag 0
```

从上述信息可见，关闭水平分割功能后，路由器 R1 从接口 G0/1 接收到路由由 192.168.2.0、192.168.3.0 等路由信息，通过 G0/1 接口发送更新报告时，也包含这些路由信息，这容易造成路由环路。

步骤 6：重启路由器的水平分割功能和关闭调试功能

分别在路由器 R1、R2 上执行以下命令，重启水平分割功能和关闭调试功能：

```
R1(config)# interface G0/1                  /*进入接口配置模式*/
R1(config-if)#ip split-horizon              /*启动水平分割功能*/
R1(config-if)#end                           /*返回特权模式*/
R1#no debug ip rip                          /*关闭RIP协议调试功能*/
```

任务 2：配置 RIP 协议的可选参数

步骤 1：配置 RIP 的定时器

```
R1#configure terminal                       /*进入全局配置模式*/
R1(config)#router rip                       /*进入RIP路由配置模式*/
R1(config-router)#timers basic 60 360 240 240   /*配置Update Timer（报文更新计时器）为60秒，
                                            Invalid Timer（无效计时器，即路由老化时间）为
                                            360秒，Holddown Timer（抑制计时器）为240秒，
                                            Flush Timer（刷新计时器，无效路由回收时间）
                                            为240秒*/
R1(config-router)#exit                      /*退出RIP配置模式*/
```

步骤 2：配置抑制端口

配置路由器连接主机的接口工作在抑制状态：

```
R1(config)#router rip                       /*进入RIP路由配置模式*/
R1(config-router)#passive-interface g0/0    /*配置静默端口*/
R1(config-router)#end                       /*返回特权模式*/
R1#debug ip rip                             /*开启RIP协议调试功能*/
```

R1 中显示的报文传输情况：

```
RIP: received v2 update from 192.168.2.2 on GigabitEthernet0/1
     192.168.3.0/24 via 0.0.0.0 in 1 hops
RIP: sending v2 update to 224.0.0.9 via GigabitEthernet0/1 (192.168.2.1)
RIP: build update entries
     192.168.1.0/24 via 0.0.0.0, metric 1, tag 0
RIP: received v2 update from 192.168.2.2 on GigabitEthernet0/1
     192.168.3.0/24 via 0.0.0.0 in 1 hops
RIP: received v2 update from 192.168.2.2 on GigabitEthernet0/1
     192.168.3.0/24 via 0.0.0.0 in 1 hops
RIP: sending v2 update to 224.0.0.9 via GigabitEthernet0/1 (192.168.2.1)
```

```
RIP: build update entries
      192.168.1.0/24 via 0.0.0.0, metric 1, tag 0
```

从上述结果可见，路由器只在 G1/0 接口发送路由更新报文，不再从 G0/0 发送更新报文。Packet Tracert 软件不支持 RIPv2 认证功能的配置，因此在这里不设计相关实验。

4.2.5 实验中的命令列表

1. H3C 设备的命令列表

本实验中，H3C 设备使用的命令如表 4-5 所示。

表 4-5 H3C 设备的实验命令列表

命　令	描　述
rip split-horizon	水平分割功能
rip poison-reverse	毒性逆转功能
terminal monior	开启系统的调试监视功能
terminal debugging	开启系统的调试显示功能
debugging rip processid **packet**	开启RIP协议调试功能
timers { garbage-collect garbage-collect-value | **suppress** suppress-value | **timeout** timeout-value | **update** update-value **} ***	配置RIP定时器的值
preference [route-policy route-policy-name **]** value	配置RIP路由的优先级
rip authentication-mode { md5 { rfc2082 { cipher cipher-string | **plain** plain-string } key-id | **rfc2453** { **cipher** cipher-string | **plain** plain-string } } | **simple** { **cipher** cipher-string | **plain** plain-string } }	配置RIP-2报文的认证方式
silent-interface interface-type interface-number	RIP视图下设置端口只接收但不发送数据包

2. Cisco 设备的命令列表

本实验中，Cisco 设备使用的命令如表 4-6 所示。

表 4-6 Cisco 设备的实验命令列表

命　令	描　述
ip split-horizon	在接口模式下配置水平分割功能
debugg ip rip	开启RIP协议调试功能
show debugging	显示所有调试开关
timers basic update invalid holddown flush	配置RIP协议的各个计时器
passive-interface interface-type interface-number	RIP视图下设置端口只接收不发送数据包

4.2.6 实验总结

RIP 是一种较为简单的内部网关协议，主要用于规模较小的网络中，对于更为复杂的环境和大型网络一般不使用 RIP。由于 RIP 的实现较为简单，在配置和维护管理方面也远比 OSPF 和 IS-IS 容易，因此在实际组网中仍有广泛的应用。

为提高性能，防止产生路由环路，RIP 支持水平分割（Split Horizon）和毒性逆转（Poison Reverse）功能。

RIPv2 支持对协议报文进行验证，并提供明文验证和 MD5 验证两种方式，增强安全性。

4.3　OSPF 进阶配置

4.3.1　原理简介

OSPF 协议是一种基于链路状态的动态路由协议，支持各种规模的网络，最多可支持几百台路由器，在网络的拓扑结构发生变化后能立刻发送更新报文，实现快速收敛。OSPF 根据收集到的链路状态用最短路径树算法计算路由，不会生成路由环路，支持到同一目的地址的多条等价路由，支持基于区域和接口的报文验证，以保证报文交互和路由计算的安全性。

OSPF 把自治系统的网络划分成区域来管理，减少了区域中 OSPF 更新报文的传输，提高了网络带宽利用率，OSPF 中除了常见的骨干区域和非骨干区域外，还定义了一类特殊的区域，即边缘区域，此类区域一般位于 OSPF 区域边缘，只和骨干区域相连，对外部路由进行控制，减少区域间和外部区域的路由信息的传输，降低了内部路由器的路由表大小，降低了设备的压力。常见的边缘区域介绍如下。

- ❑ Stub 区域：该区域的 ABR（Area Border Routers，区域边界路由器）会将区域间的路由信息传递到本区域，但不会引入自治系统外部路由，区域中路由器的路由表规模以及 LSA 数量都会大大减少。
- ❑ Totally Stub（完全 Stub）区域：该区域的 ABR 不会将区域间的路由信息和自治系统外部路由信息传递到本区域。
- ❑ NSSA（Not-So-Stubby Area）区域：该区域允许引入自治系统外部路由。
- ❑ Totally NSSA（完全 NSSA）区域：该区域的 ABR 不会将区域间的路由信息传递到本区域。

4.3.2　实验环境

（1）路由器：4 台。

（2）PC：2 台，安装 Windows 7 系统。

（3）线缆：5 条 UTP 以太网连接线（交叉线），1 条 Console 串口线。

任务 1 的实验组网如图 4-3 所示。设备的 IP 地址设置如表 4-7 所示。

任务 2 的实验组网如图 4-4 所示。设备的 IP 地址设置如表 4-8 所示。

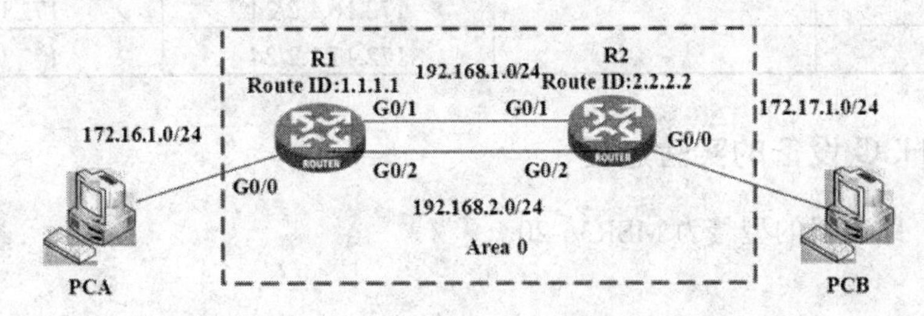

图 4-3　任务 1 实验组网

表 4-7 任务 1 设备的 IP 地址表

设　备	接　口	IP 地址	网　关
R1	G0/0	172.16.1.1/24	
	G0/1	192.168.1.1/24	
	G0/2	192.168.2.1/24	
R2	G0/0	172.17.1.1/24	
	G0/1	192.168.1.2/24	
	G0/2	192.168.2.2/24	
PCA		172.16.1.2/24	172.16.1.1
PCB		172.17.1.2/24	172.17.1.1

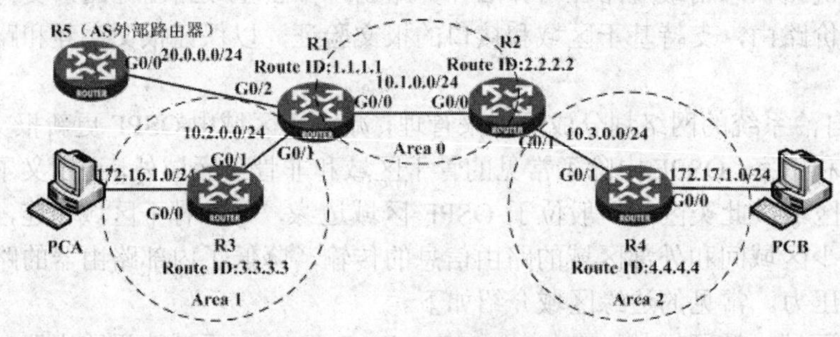

图 4-4 任务 2 实验组网

表 4-8 任务 2 设备的 IP 地址表

设　备	接　口	IP 地址	网　关
R1	G0/0	10.1.0.1/24	
	G0/1	10.2.0.1/24	
	G0/2	20.0.0.2/24	
R2	G0/0	10.1.0.2/24	
	G0/1	10.3.0.1/24	
R3	G0/0	172.16.1.1/24	
	G0/1	10.2.0.2/24	
R4	G0/0	172.17.1.1/24	
	G0/1	10.3.0.2/24	
R5	G0/0	20.0.0.1/24	
	G0/1	30.0.0.1/24	
PCA		172.16.1.2/24	172.16.1.1
PCB		172.17.1.2/24	172.17.1.1

4.3.3 使用 H3C 设备的实验过程

本实验中，路由器的型号为 MSR36-20。

任务 1：单区域的 OSPF 路由增强配置

步骤 1：连接网络

根据图 4-3 网络的拓扑图，使用以太网连接线分别把主机 PCA 的以太网口与路由器 R1 的 G0/0 接口，PCB 的以太网口与 R2 的 G0/0 接口，R1、R2 的 G0/1 接口，R1、R2 的 G0/2 接口互连起来。

检查路由器的配置是否为初始状态，如果不是，在用户视图下删除设备的配置文件，重启设备，使设备采用默认配置参数进行初始化，把设备的配置恢复到默认状态。

步骤 2：配置各设备的 IP 地址

（1）配置路由器 R1 两个以太网接口的 IP 地址：

```
<H3C>system-view                                              /*进入系统视图*/
[H3C]sysname R1                                               /*修改路由器名称*/
[R1]interface G0/0                                            /*进入G0/0接口视图*/
[R1-GigabitEthernet0/0]ip address 172.16.1.1 255.255.255.0    /*配置接口的IP地址*/
[R1-GigabitEthernet0/0]interface G0/1                         /*进入G0/1接口视图*/
[R1-GigabitEthernet0/1] ip address 192.168.1.1 255.255.255.0  /*配置接口的IP地址*/
[R1-GigabitEthernet0/1] interface G0/2                        /*进入G0/1接口视图*/
[R1-GigabitEthernet0/2] ip address 192.168.2.1 255.255.255.0  /*配置接口的IP地址*/
[R1-GigabitEthernet0/2]quit                                   /*退出接口视图*/
```

（2）按照表 4-7 的 IP 地址列表，配置路由器 R2 3 个以太网接口的 IP 地址。

（3）按照表 4-7 的 IP 地址列表，配置两台主机的 IP 地址、掩码和网关信息。

步骤 3：在路由器上配置 OSPF 协议

```
[R1]router id 1.1.1.1                                /*配置路由器ID为1.1.1.1*/
[R1]ospf                                             /*在路由器上启动OSPF协议*/
[R1-ospf-1]area 0.0.0.0                              /*配置OSPF区域，进入区域视图*/
[R1-ospf-1-area-0.0.0.0]network 172.16.1.0 0.0.0.255   /*配置区域包含的网段，并在此网段接口
                                                     启用OSPF */
[R1-ospf-1-area-0.0.0.0]network 192.168.1.0 0.0.0.255  /*配置区域包含的网段，并在此网段接口
                                                     启用OSPF*/
[R1-ospf-1-area-0.0.0.0]network 192.168.2.0 0.0.0.255  /*配置区域包含的网段，并在此网段接口
                                                     启用OSPF*/
[R1-ospf-1-area-0.0.0.0]quit                         /*退出OSPF配置视图*/
```

步骤 4：在路由器 R2 上配置 OSPF 协议

```
[R2]router id 2.2.2.2                                /*配置路由器ID为2.2.2.2*/
[R2]ospf 1                                           /*在路由器上启动OSPF协议*/
[R2-ospf-1]area 0.0.0.0                              /*配置OSPF区域，进入区域视图*/
[R2-ospf-1-area-0.0.0.0]network 172.17.1.0 0.0.0.255   /*配置区域包含的网段，并在此网段接口
                                                     启用OSPF*/
[R2-ospf-1-area-0.0.0.0]network 192.168.1.0 0.0.0.255  /*配置区域包含的网段，并在此网段接口
```

```
                                                   启用OSPF*/
[R2-ospf-1-area-0.0.0.0]network 192.168.2.0 0.0.0.255    /*配置区域包含的网段，并在此网段接口
                                                   启用OSPF*/
[R2-ospf-1-area-0.0.0.0]quit                         /*退出OSPF配置视图*/
```

步骤 5：查看 OSPF 邻居和路由表

（1）在路由器 R1 中执行下面的命令显示 OSPF 的邻居：

```
[R1]display ospf peer                         /*显示OSPF的邻居*/
```

R1 的 OSPF 邻居信息：

```
          OSPF Process 1 with Router ID 2.2.2.2
                  Neighbor Brief Information
  Area: 0.0.0.0
Router ID        Address         Pri Dead-Time      State         Interface
 2.2.2.2         192.168.1.2      1    38           Full/DR        GE0/1
 2.2.2.2         192.168.2.2      1    36           Full/DR        GE0/2
```

根据输出的信息可知，R1 与 R2（Route ID 为 2.2.2.2）建立了两个邻居关系。R1 的 G0/1 接口与 R2 中 IP 为 192.168.1.2 的接口建立了一个邻居，R1 的 G0/2 接口与 R2 中 IP 为 192.168.2.2 的接口建立了一个邻居。

（2）在路由器 R1 中执行下面的命令查看其邻居的具体信息：

```
[R1]display ospf peer verbose                        /*显示 OSPF 的邻居信息*/
```

R1 的 OSPF 邻居信息：

```
          OSPF Process 1 with Router ID 1.1.1.1
                    Neighbors
Area 0.0.0.0 interface 192.168.1.1(GigabitEthernet0/1)'s neighbors
Router ID: 2.2.2.2          Address: 192.168.1.2         GR State: Normal
   State: Full    Mode: Nbr is master    Priority: 1
   DR: 192.168.1.2    BDR: 192.168.1.1    MTU: 0
…

Area 0.0.0.0 interface 192.168.2.1(GigabitEthernet0/2)'s neighbors
 Router ID: 2.2.2.2          Address: 192.168.2.2         GR State: Normal
   State: Full    Mode: Nbr is master    Priority: 1
   DR: 192.168.2.2    BDR: 192.168.2.1    MTU: 0
…
```

从以上信息可见，在网段 192.168.1.0/24 中，DR（指定路由器）是 IP 为 192.168.1.2 的路由器，即 R2，在网段 192.168.2.0/24 中，DR（指定路由器）是 IP 为 192.168.2.2 的路由器，即 R2。因为 R1、R2 的优先级相同，但 R2 的 Router ID 较大，因此 R2 被选举成为 DR，R1 则被设置为 BDR。

（3）在路由器 R1 中执行命令查看路由表：

```
[R1]display ip routing-table                    /*显示路由表信息*/
```

R1 的路由表中到达网络 172.17.1.0/24 的路由信息如下：

```
Destination/Mask    Proto      Pre Cost        NextHop         Interface
172.17.1.0/24       O_INTRA 10    1            192.168.1.2     GE0/1
                                               192.168.2.2     GE0/2
```

可见，R1 有两条到达 172.17.1.0/24 的等价路由，两条路由的优先级相同，cost 值相同，但下一跳分别为 192.168.1.2 和 192.168.2.2，所以这两条路由实现了负载分担，增加了网络间的带宽利用率。

步骤 6：修改路由器 OSPF 接口开销

执行以下命令，将路由器 R1 的 G0/1 接口的 OSPF 开销修改为 100，并查看路由表：

```
[R1]interface G0/1                              /*进入G0/1接口视图*/
[R1-GigabitEthernet0/1]ospf cost 100            /*修改接口的OSPF开销*/
[R1-GigabitEthernet0/1]quit                     /*退出接口视图*/
[R1]display ip routing-table                    /*显示路由表信息*/
```

R1 的路由表中到达网络 172.17.1.0/24 的路由信息如下：

```
Destination/Mask    Proto      Pre Cost        NextHop         Interface
172.17.1.0/24       O_INTRA    10   1          192.168.2.2     GE0/2
```

R1 到达网络 172.17.1.0/24 路由只有一条，因为设置后，路由器 G0/1 接口的开销比 G0/2 接口的开销大，路由器只把开销较小的路由添加到路由表，开销较大的作为备份路由，只有当 G0/2 接口出现故障时，G0/1 接口的路由才会添加到路由表。

步骤 7：修改路由器 OSPF 接口优先级

（1）在接口模式下执行以下命令修改 R2 路由器 G0/1 接口的优先级：

```
[R2]interface G0/1                              /*进入G0/1接口视图*/
[R2-GigabitEthernet0/1]ospf dr-priority 0       /*修改接口的OSPF优先级*/
[R2-GigabitEthernet0/1]quit                     /*退出接口视图*/
[R2]quit                                        /*退出系统视图*/
<R2>reset ospf 1 process                        /*重启OSPF进程*/
```

（2）在 R1 路由器中执行以下命令重启 OSPF 进程：

```
<R1>reset ospf 1 process                        /*重启OSPF进程*/
```

（3）分别在路由器 R1、R2 中执行以下命令，查看 OSPF 的邻居信息：

```
<R1>display ospf peer verbose                   /*显示OSPF的邻居*/
```

R1 的 OSPF 邻居信息：

```
            OSPF Process 1 with Router ID 1.1.1.1
                    Neighbors
 Area 0.0.0.0 interface 192.168.1.1(GigabitEthernet0/1)'s neighbors
  Router ID: 2.2.2.2         Address: 192.168.1.2         GR State: Normal
    State: Full   Mode: Nbr is master   Priority: 0
    DR: 192.168.1.1   BDR: None     MTU: 0
 …

 Area 0.0.0.0 interface 192.168.2.1(GigabitEthernet0/2)'s neighbors
  Router ID: 2.2.2.2         Address: 192.168.2.2         GR State: Normal
    State: Full   Mode: Nbr is master   Priority: 1
    DR: 192.168.2.2   BDR: 192.168.2.1   MTU: 0
 …
```

从以上信息可见，在网段 192.168.1.0/24 中，DR 变为 IP 为 192.168.1.1 的路由器，即 R1，不存在 BDR，R2 的 G0/1 接口成为网段 192.168.1.0/24 的 DRother，这是因为 R2 的 G0/1 接口的 DR 优先级被设置为 0，不具备 DR/BDR 选举权。

步骤 8：配置 OSPF 的区域认证

（1）在 R1 执行以下命令配置区域验证并重启 OSPF 进程：

```
<R1>system-view                                          /*进入系统视图*/
[R1]ospf 1                                               /*在路由器上启动OSPF协议*/
[R1-ospf-1]area 0.0.0.0                                  /*进入OSPF区域视图*/
[R1-ospf-1-area-0.0.0.0]authentication-mode simple plain /*配置区域的认证模式采用简单的密码
h3c                                                      验证*/
[R1-ospf-1-area-0.0.0.0]end                              /*返回用户视图*/
```

（2）在用户模式下执行命令重启 OSPF 进程：

```
<R1>reset ospf 1 process                                 /*重启OSPF进程*/
<R1>display ospf peer                                    /*查看邻居状态*/
```

从显示结果可知，R1 没有邻居信息，这是因为 R1 配置了认证信息，而路由器 R2 没有配置认证信息，因此两个路由器之间不能正常交换 OSPF 报文。

（3）在路由器 R2 上配置认证信息：

```
[R2]ospf 1                                               /*在路由器上启动OSPF协议*/
[R2-ospf-1]area 0.0.0.0                                  /*进入OSPF区域视图*/
[R2-ospf-1-area-0.0.0.0]authentication-mode simple plain /*配置区域的认证模式采用简单的密码
h3c                                                      验证*/
[R2-ospf-1-area-0.0.0.0]end                              /*返回用户视图*/
```

配置完之后，执行 display ospf peer 命令查看邻居信息，路由器 R1 查看到的信息：

```
            OSPF Process 1 with Router ID 2.2.2.2
                  Neighbor Brief Information
 Area: 0.0.0.0
```

```
Router ID        Address        Pri Dead-Time    State       Interface
 2.2.2.2         192.168.1.2    1    33          Full/DR     GE0/1
 2.2.2.2         192.168.2.2    1    32          Full/DR     GE0/2
```

从显示结果可知，R1、R2 互相通过验证，又建立了邻居关系。

任务 2：多区域的 OSPF 路由配置

步骤 1：连接网络并配置各设备的 IP 地址

根据图 4-4 网络的拓扑图，使用以太网连接线分别把主机 PCA 的以太网口与路由器 R3 的 G0/0 接口，PCB 的以太网口与 R4 的 G0/0 接口，R3、R1 的 G0/1 接口，R1、R2 的 G0/0 接口，R2、R4 的 G0/1 接口互连起来。

检查路由器的配置是否为初始状态，如果不是，在用户视图下删除设备的配置文件，重启设备，使设备采用默认配置参数进行初始化，把设备的配置恢复到默认状态。

按照表 4-8 的 IP 地址列表，配置路由器 R1、R2、R3、R4 各接口的 IP 地址和子网掩码，配置主机 PCA、PCB 的以太网网口的 IP 地址、掩码和网关信息。

步骤 2：在路由器 R1 上配置 OSPF 基本功能

路由器 R1 的两个接口分别属于 OSPF 的区域 0 和区域 1，执行以下命令在 R1 上完成 OSPF 的基本配置，并配置正确的区域信息：

```
<H3C>system-view                                        /*进入系统视图*/
[H3C]sysname R1                                         /*修改路由器名称*/
[R1]router id 1.1.1.1                                   /*配置路由器ID为1.1.1.1*/
[R1]ospf 1                                              /*在路由器上启动OSPF协议*/
[R1-ospf-1]area 0.0.0.0                                 /*配置OSPF区域，进入区域视图*/
[R1-ospf-1-area-0.0.0.0]network 10.1.0.0   0.0.0.255    /*配置区域包含的网段，并在此网段接口
                                                        启用OSPF */
[R1-ospf-1-area-0.0.0.0] quit                           /*退出区域视图*/
[R1-ospf-1-area-0.0.0.0] area 0.0.0.1                   /*配置OSPF区域，进入区域视图*/
[R1-ospf-1-area-0.0.0.1]network 10.2.0.0   0.0.0.255    /*配置区域包含的网段，并在此网段接口
                                                        启用OSPF*/
[R1-ospf-1-area-0.0.0.1]end                             /*返回用户视图*/
```

步骤 3：在路由器 R2 上配置 OSPF 基本功能

路由器 R2 的两个接口分别属于 OSPF 的区域 0 和区域 2，执行以下命令在 R2 上完成 OSPF 的基本配置，并配置正确的区域信息：

```
<H3C>system-view                                        /*进入系统视图*/
[H3C]sysname R2                                         /*修改路由器名称*/
[R2]router id 2.2.2.2                                   /*配置路由器ID*/
[R2]ospf 1                                              /*在路由器上启动OSPF协议*/
[R2-ospf-1]area 0.0.0.0                                 /*配置OSPF区域，进入区域视图*/
[R2-ospf-1-area-0.0.0.0]network 10.1.0.0   0.0.0.255    /*配置区域包含的网段，并在此网段接口
                                                        启用OSPF */
```

```
[R2-ospf-1-area-0.0.0.0] quit                          /*退出区域视图*/
[R2-ospf-1-area-0.0.0.0] area 0.0.0.2                  /*配置OSPF区域，进入区域视图*/
[R2-ospf-1-area-0.0.0.2]network 10.3.0.0   0.0.0.255   /*配置区域包含的网段，并在此网段接口启用OSPF*/
[R2-ospf-1-area-0.0.0.1]end                            /*返回用户视图*/
```

步骤 4：在路由器 R3 上配置 OSPF 基本功能

路由器 R3 的两个接口都属于 OSPF 的区域 1，执行以下命令在 R3 上完成 OSPF 的基本配置：

```
<H3C>system-view                                          /*进入系统视图*/
[H3C]sysname R3                                           /*修改路由器名称*/
[R3]router id 3.3.3.3                                     /*配置路由器ID */
[R3]ospf 1                                                /*在路由器上启动OSPF协议*/
[R3-ospf-1]area 0.0.0.1                                   /*配置OSPF区域，进入区域视图*/
[R3-ospf-1-area-0.0.0.1]network 10.2.0.0   0.0.0.255      /*配置区域包含的网段，并在此网段接口启用OSPF */
[R3-ospf-1-area-0.0.0.1]network 172.16.1.0   0.0.0.255    /*配置区域包含的网段，并在此网段接口启用OSPF*/
[R3-ospf-1-area-0.0.0.1]end                               /*返回用户视图*/
```

步骤 5：在路由器 R4 上配置 OSPF 基本功能

路由器 R3 的两个接口都属于 OSPF 的区域 2，执行以下命令在 R3 上完成 OSPF 的基本配置：

```
<H3C>system-view                                          /*进入系统视图*/
[H3C]sysname R4                                           /*修改路由器名称*/
[R4]router id 4.4.4.4                                     /*配置路由器 ID */
[R4]ospf 1                                                /*在路由器上启动 OSPF 协议*/
[R4-ospf-1]area 0.0.0.2                                   /*配置 OSPF 区域，进入区域视图*/
[R4-ospf-1-area-0.0.0.1]network 10.3.0.0   0.0.0.255      /*配置区域包含的网段，并在此网段接口启用 OSPF */
[R4-ospf-1-area-0.0.0.1]network 172.17.1.0   0.0.0.255    /*配置区域包含的网段，并在此网段接口启用 OSPF*/
[R4-ospf-1-area-0.0.0.1]end                               /*返回用户视图*/
```

步骤 6：查看路由器的 OSPF 邻居状态

在路由器 R1 上执行以下命令查看 OSPF 邻居信息：

```
<R1> display ospf peer                  /*查看OSPF邻居 */
<R1>display ospf peer verbose           /*显示OSPF邻居的具体信息*/
```

R1 的邻居信息：

```
              OSPF Process 1 with Router ID 1.1.1.1
                      Neighbor Brief Information
Area: 0.0.0.0
Router ID    Address         Pri Dead-Time    State        Interface
2.2.2.2      10.1.0.2         1    38         Full/DR      GE0/0
Area: 0.0.0.1
Router ID    Address         Pri Dead-Time    State        Interface
3.3.3.3      10.2.0.2         1    33         Full/DR      GE0/1
```

R1 邻居的详细信息：

```
              OSPF Process 1 with Router ID 1.1.1.1
                      Neighbors
Area 0.0.0.0 interface 10.1.0.1(GigabitEthernet0/0)'s neighbors
Router ID: 2.2.2.2          Address: 10.1.0.2          GR State: Normal
   State: Full   Mode: Nbr is master   Priority: 1
   DR: 10.1.0.2   BDR: 10.1.0.1   MTU: 0
…
Area 0.0.0.1 interface 10.2.0.1(GigabitEthernet0/1)'s neighbors
Router ID: 3.3.3.3          Address: 10.2.0.2          GR State: Normal
   State: Full   Mode: Nbr is master   Priority: 1
   DR: 10.2.0.2   BDR: 10.2.0.1   MTU: 0
…
```

从上述信息可见，在 Area 0 内，R1 的 G0/0 接口与 R2（RouterID 为 2.2.2.2）的 IP 为 10.1.0.2 的接口建立了邻居关系，且 R2 的 IP 为 10.1.0.2 的接口为 10.1.0.0/24 网段的 DR。在 Area 1 内，R1 的 G0/1 接口与 R3（RouterID 为 2.2.2.2）的 IP 为 10.2.0.2 的接口建立了邻居关系，且 R3 的 IP 为 10.2.0.2 的接口为 10.2.0.0/24 网段的 DR。

步骤 7：查看路由器的路由表

在路由器 R1 上执行以下命令查看路由表：

```
<R1> display ip routing-table                          /*查看路由表 */
```

R1 的路由表中包含了拓扑图中所有网段的路由信息：

```
Destination/Mask    Proto      Pre Cost        NextHop        Interface
10.1.0.0/24         Direct     0     0          10.1.0.1       GE0/0
10.2.0.0/24         Direct     0     0          10.2.0.1       GE0/1
10.3.0.0/24         O_INTER 10    2          10.1.0.2       GE0/0
172.16.1.1/32       O_INTRA 10    1          10.2.0.2       GE0/1
172.17.1.1/32       O_INTRA 10    2          10.1.0.2       GE0/0
```

步骤 8：检查网络的连通性

在 PCA 上 ping PCB 的 IP：172.17.1.1，其结果为可以互通。

步骤 9：引入外部自治系统的路由

（1）把路由器 R1 的 G0/2 接口与自治系统外部路由器 R5 的 G0/0 接口相连，并按表 4-8 的 IP 地址列表分别配置 R5 两个接口的 IP。

（2）在路由器 R1 中引入一条到外部自治系统的默认路由：

```
<R1>system-view                                     /*进入系统视图*/
[R1] ip route-static 30.0.0.0 24 20.0.0.1           /*配置静态路由 */
[R1]ospf 1                                          /*进入 OSPF 协议配置视图*/
[R1-ospf-1]import-route static                      /*引入外部静态路由*/
[R1-ospf-1]end                                      /*返回用户视图*/
```

（3）在路由器 R4 中执行以下命令查看链路状态数据库：

```
<R4> display ospf lsdb                              /*查看链路状态数据库 */
```

R4 的链路状态数据库如下：

```
          OSPF Process 1 with Router ID 4.4.4.4
                  Link State Database
                          Area: 0.0.0.2
  Type        LinkState ID     AdvRouter      Age   Len    Sequence    Metric
  Router       4.4.4.4          4.4.4.4        30    48    80000004      0
  Router       2.2.2.2          2.2.2.2        31    36    80000005      0
  Network     10.3.0.1          2.2.2.2        19    32    80000002      0
  Sum-Net     172.16.1.1        2.2.2.2        75    28    80000001      2
  Sum-Net     10.1.0.0          2.2.2.2        75    28    80000001      1
  Sum-Net     10.2.0.0          2.2.2.2        75    28    80000001      2
  Sum-Asbr    1.1.1.1           2.2.2.2        75    28    80000001      1
                  AS External Database
  Type        LinkState ID     AdvRouter      Age   Len    Sequence    Metric
  External    30.0.0.0         1.1.1.1        152   36    80000002      1
```

从上述信息可见，自治系统内其他区域的路由器 R4 中也学习到一条外部自治系统的链路状态信息。

步骤 10：配置 Stub 边缘区域

把 Area 2 配置为边缘区域 Stub 区域，不传递自治系统外部的路由描述信息。配置 Stub 区域时，需在自治系统内的所有路由器上设置 Stub 区域。

在路由器 R2 上配置：

```
<R2>system-view                                     /*进入系统视图*/
[R2]ospf 1                                          /*进入 OSPF 协议配置模式*/
[R2-ospf-1]area 0.0.0.2                             /*进入区域视图*/
[R2-ospf-1-area-0.0.0.2] stub                       /*配置为 stub 区域*/
[R2-ospf-1-area-0.0.0.2]end                         /*返回用户视图*/
```

在路由器 R4 上配置：

```
<R4>system-view                                     /*进入系统视图*/
[R4]ospf 1                                          /*进入 OSPF 协议配置模式*/
[R4-ospf-1]area 0.0.0.2                             /*进入区域视图*/
```

```
[R4-ospf-1-area-0.0.0.2] stub                        /*配置为 Stub 区域*/
[R4-ospf-1-area-0.0.0.2]end                          /*返回用户视图*/
```

在路由器 R4 的用户视图中执行以下命令重启 OSPF 进程，并查看链路状态数据库：

```
<R4> reset ospf 1 process                            /*重启 OSPF 进程 */
<R4> display ospf lsdb                               /*查看链路状态数据库 */
```

R4 的链路状态数据库如下：

```
          OSPF Process 1 with Router ID 4.4.4.4
                  Link State Database
                            Area: 0.0.0.2
Type       LinkState ID   AdvRouter      Age   Len   Sequence   Metric
Router     4.4.4.4        4.4.4.4        30    48    80000004   0
Router     2.2.2.2        2.2.2.2        31    36    80000005   0
Network    10.3.0.1       2.2.2.2        19    32    80000002   0
Sum-Net    0.0.0.0        2.2.2.2        49    28    80000001   1
Sum-Net    172.16.1.1     2.2.2.2        75    28    80000001   2
Sum-Net    10.1.0.0       2.2.2.2        75    28    80000001   1
Sum-Net    10.2.0.0       2.2.2.2        75    28    80000001   2
```

从上述信息可见，外部自治系统的链路状态已不存在，取而代之的是新增了一条 0.0.0.0 的默认路由信息，这是由于配置 Stub 区域后，为保证区域内的主机可以访问外部网络，区域边界路由器 ABR（即 R1）生成一条 0.0.0.0/0 的默认路由，并发布给区域内的其他路由器，通知其如果需要访问外部网络可通过 ABR。

4.3.4　使用 Cisco 设备的实验过程

本实验中，所有操作使用 Packet Tracert 6.0 模拟软件进行，使用的路由器型号为 2911。

任务 1：单区域 OSPF 路由增强配置

步骤 1：连接网络配置主机 IP

根据图 4-3 的网络拓扑，把主机 PCA、PCB 分别连接两个路由器的 G0/0 接口。把路由器 R1 的 G0/1 接口与 R2 的 G0/1 接口相连，R1 的 G0/2 接口与 R2 的 G0/2 接口相连。

根据表 4-7 设置主机的 IP 地址、掩码和网关地址。

步骤 2：配置路由器 R1

配置路由器 R1 的各以太网接口 IP 和启动 OSPF 协议：

```
Router>enable                                         /*进入特权配置模式*/
Router#configure terminal                             /*进入全局配置模式*/
Router(config)# hostname R1                           /*修改设备的名称*/
R1(config)# interface G0/0                            /*进入接口配置模式*/
R1(config-if)#ip address 172.16.1.1 255.255.255.0     /*配置接口 IP 地址*/
R1(config-if)#no shutdown                             /*打开接口*/
```

```
R1(config-if)# interface G0/1                                   /*进入接口配置模式*/
R1(config-if)#ip address 192.168.1.1 255.255.255.0              /*配置接口 IP 地址*/
R1(config-if)#no shutdown                                       /*打开接口*/
R1(config-if)# interface G0/2                                   /*进入接口配置模式*/
R1(config-if)#ip address 192.168.2.1 255.255.255.0              /*配置接口 IP 地址*/
R1(config-if)#no shutdown                                       /*打开接口*/
R1(config-if)#exit                                              /*退出接口配置模式*/
R1(config)#router ospf 100                                      /*进入 OSPF 路由配置模式*/
R1(config-router)#router-id 1.1.1.1                             /*修改路由器 ID*/
R1(config-router)#network 172.16.1.0 0.0.0.255 area             /*在 172.16.1.0 网段上启用 OSPF 并设置其
0.0.0.0                                                         区域为 area 0*/
R1(config-router)#network 192.168.1.0 0.0.0.255 area            /*在 192.168.1.0 网段上启用 OSPF 并设置其
0.0.0.0                                                         区域为 area 0*/
R1(config-router)#network 192.168.2.0 0.0.0.255 area            /*在 192.168.2.0 网段上启用 OSPF 并设置其
0.0.0.0                                                         区域为 area 0*/
R1(config-router)#end                                           /*返回特权模式*/
R1# show ip ospf neighbor                                       /*显示 OSPF 邻居*/
R1# show ip route                                               /*显示路由表*/
```

步骤 3：配置路由器 R2

配置路由器 R2 的各以太网接口 IP 和启动 OSPF 协议：

```
Router>enable                                                   /*进入特权配置模式*/
Router#configure terminal                                       /*进入全局配置模式*/
Router(config)# hostname R2                                     /*修改设备的名称*/
R2(config)# interface G0/0                                      /*进入接口配置模式*/
R2(config-if)#ip address 172.17.1.1 255.255.255.0               /*配置接口 IP 地址*/
R2(config-if)#no shutdown                                       /*打开接口*/
R2(config-if)# interface G0/1                                   /*进入接口配置模式*/
R2(config-if)#ip address 192.168.1.2 255.255.255.0              /*配置接口 IP 地址*/
R2(config-if)# interface G0/2                                   /*进入接口配置模式*/
R2(config-if)#ip address 192.168.2.2 255.255.255.0              /*配置接口 IP 地址*/
R2(config-if)#no shutdown                                       /*打开接口*/
R2(config-if)#exit                                              /*退出接口配置模式*/
R2(config)#router ospf 100                                      /*进入 OSPF 路由配置模式*/
R2(config-router)#router-id 2.2.2.2                             /*修改路由器 ID*/
R2(config-router)#network    172.17.1.0    0.0.0.255    area    /*在 172.16.1.0 网段上启用 OSPF 并设置其
0.0.0.0                                                         区域为 area 0*/
R2(config-router)#network    192.168.1.0    0.0.0.255    area   /*在 192.168.1.0 网段上启用 OSPF 并设置其
0.0.0.0                                                         区域为 area 0*/
```

R2(config-router)#**network** 192.168.2.0 0.0.0.255 **area** 0.0.0.0	/*在 192.168.2.0 网段上启用 OSPF 并设置其区域为 area 0*/
R2(config-router)#**exit**	/*退出路由配置模式*/
R2(config-router)#**end**	/*返回特权模式*/
R2# **show ip ospf neighbor**	/*显示 OSPF 邻居*/
R2# **show ip route**	/*显示路由表*/

步骤 4：查看路由器的 OSPF 信息

路由器 R1 返回的邻居信息如下：

```
Neighbor ID   Pri   State      Dead Time   Address        Interface
2.2.2.2       1     FULL/DR    00:00:33    192.168.1.2    GigabitEthernet0/1
2.2.2.2       1     FULL/DR    00:00:39    192.168.2.2    GigabitEthernet0/2
```

根据输出的信息可知，路由器 R1 与 R2 建立了两个邻居关系，且 R2 的 Router-ID 较大，被选举为指定路由器（DR）。

R1 的路由表中显示的 OSPF 路由信息：

```
     172.17.0.0/24 is subnetted, 1 subnets
O 172.17.1.0/24 [110/2] via 192.168.1.2, 00:02:06, GigabitEthernet0/1
                [110/2] via 192.168.2.2, 00:02:06, GigabitEthernet0/2
```

从以上信息可见，R1 的路由表中添加了两条到达网络 172.17.1.0/24 的路由，这两条路由优先级、开销相同，下一跳地址不同，实现了负载分担。

步骤 5：配置 OSPF 开销

配置路由器 R1 的 G0/1 接口的 OSPF 开销：

R1#**configure terminal**	/*进入全局配置模式*/
R1(config-if)# **interface** G0/1	/*进入接口配置模式*/
R1(config-if)#**ip ospf cost** 100	/*设置接口的 OSPF 开销值为 100*/
R1(config-if)#**end**	/*返回特权模式*/
R1# **show ip route**	/*显示路由表*/

R1 的路由表中显示的 OSPF 路由信息：

```
     172.17.0.0/24 is subnetted, 1 subnets
O 172.17.1.0/24 [110/2] via 192.168.2.2, 00:01:52, GigabitEthernet0/2
```

从上述信息可见，R1 到达网络 172.17.1.0/24 的路由只有一条，这是由于经过设置后，G0/1 接口的开销比 G0/2 接口的开销大，路由器只把开销小的路由添加到路由表，开销较大的路由作为备份路由。

步骤 6：修改 OSPF 接口优先级

在 R2 上修改 OSPF 接口优先级：

R2#**configure terminal**	/*进入全局配置模式*/
R2(config-if)# **interface** G0/1	/*进入接口配置模式*/

```
R2(config-if)#ip ospf priority 0                  /*配置接口的 OSPF 优先级*/
R2(config-if)#end                                 /*返回特权模式*/
```

等待一段时间后，分别在 R1、R2 上查看邻居信息：

```
R1# show ip ospf neighbor                         /*显示 OSPF 邻居*/
```

R1 返回的结果：

```
Neighbor ID   Pri    State           Dead Time    Address         Interface
2.2.2.2        0 FULL/DROTHER    00:00:39     192.168.1.2     GigabitEthernet0/1
2.2.2.2        1 FULL/DR         00:00:39     192.168.2.2     GigabitEthernet0/2
```

R2 返回的结果：

```
Neighbor ID   Pri    State        Dead Time    Address         Interface
1.1.1.1        1    FULL/DR     00:00:36    192.168.1.1     GigabitEthernet0/1
1.1.1.1        1    FULL/BDR    00:00:36    192.168.2.1     GigabitEthernet0/2
```

对比之前信息可知，两个路由器 G0/1 接口相连的链路上，R1 的邻居（即 R2）的 G0/1 接口的优先级变为 0，不具备 DR 选举权，所以 R1 在 G0/1 接口上被选举为 DR。

步骤 7：配置 OSPF 区域认证

配置路由器 R1 的区域验证：

```
R1#configure terminal                              /*进入全局配置模式*/
R1(config)#router ospf 100                         /*进入 OSPF 路由配置模式*/
R1(config-router)#area 0.0.0.0 authentication      /*在 OSPF 下启动区域认证*/
R1(config-router)#exit                             /*退出 OSPF 配置视图*/
R1(config-if)# interface G0/1                      /*进入 G0/1 接口配置模式*/
R1(config-if)#ip ospf authentication-key 123       /*配置认证密钥为 123*/
R1(config-if)# interface G0/2                      /*进入 G0/2 接口配置模式*/
R1(config-if)#ip ospf authentication-key 123       /*配置认证密钥为 123*/
R1(config-if)#end                                  /*返回特权模式*/
R1# show ip ospf neighbor                          /*显示 OSPF 邻居*/
```

等待一段时间后，路由器配置界面出现以下提示信息：

```
%OSPF-5-ADJCHG: Process 100, Nbr 2.2.2.2 on GigabitEthernet0/1 from FULL to DOWN, Neighbor
Down: Dead timer expired
00:04:20: %OSPF-5-ADJCHG: Process 100, Nbr 2.2.2.2 on GigabitEthernet0/1 from FULL to DOWN,
Neighbor Down: Interface down or detached
00:04:20: %OSPF-5-ADJCHG: Process 100, Nbr 2.2.2.2 on GigabitEthernet0/2 from FULL to DOWN,
Neighbor Down: Dead timer expired
00:04:20: %OSPF-5-ADJCHG: Process 100, Nbr 2.2.2.2 on GigabitEthernet0/2 from FULL to DOWN,
Neighbor Down: Interface down or detached
```

此时查看 OSPF 邻居信息，发现返回的结果为空，即没有邻居信息。这是因为 R1 配置了认证信息，而 R2 没有配置，当 OSPF 更新时间到时，两个路由器间不能正常交换 OSPF 报文，也就不能形成邻居关系。

配置路由器 R2 的区域验证：

```
R2#configure terminal                              /*进入全局配置模式*/
R2(config)#router ospf 100                         /*进入 OSPF 路由配置模式*/
R2(config-router)#area 0.0.0.0 authentication      /*在 OSPF 下启动区域认证*/
R2(config-router)#exit                             /*退出 OSPF 配置视图*/
R2(config-if)# interface G0/1                      /*进入 G0/1 接口配置模式*/
R2(config-if)#ip ospf authentication-key 123       /*配置认证密钥为 123*/
R2(config-if)# interface G0/2                      /*进入 G0/2 接口配置模式*/
R2(config-if)#ip ospf authentication-key 123       /*配置认证密钥为 123*/
R2(config-if)#end                                  /*返回特权模式*/
R2# show ip ospf neighbor                          /*显示 OSPF 邻居*/
```

R2 返回的邻居信息：

```
Neighbor ID   Pri   State             Dead Time   Address        Interface
1.1.1.1       1     FULL/DR           00:00:36    192.168.1.1    GigabitEthernet0/1
1.1.1.1       1     FULL/DROTHER      00:00:36    192.168.2.1    GigabitEthernet0/2
```

从信息中可见，路由器 R1、R2 间互相通过了验证，可以正常交换 OSPF 报文，再次建立了邻居关系。

任务 2：多区域 OSPF 路由配置

步骤 1：连接网络配置主机 IP

根据图 4-4 的网络拓扑，把主机 PCA 连接路由器 R3 的 G0/0 接口，主机 PCB 连接路由器 R4 的 G0/0 接口，把路由器 R1、R3 的 G0/1 接口，R1、R2 的 G0/0 接口，R2、R4 的 G0/1 接口互连起来。

根据表 4-8 设置主机的 IP 地址、掩码和网关地址。

步骤 2：配置路由器 R1

配置路由器 R1 各接口的 IP 地址，启动 OSPF 协议，且 G0/0 与 G0/1 接口分别属于 OSPF 的区域 0 和区域 1：

```
Router>enable                                      /*进入特权配置模式*/
Router#configure terminal                          /*进入全局配置模式*/
Router(config)# hostname R1                        /*修改设备的名称*/
R1(config)# interface G0/0                         /*进入接口配置模式*/
R1(config-if)#ip address 10.1.0.1 255.255.255.0    /*配置接口 IP 地址*/
R1(config-if)#no shutdown                          /*打开接口*/
R1(config-if)# interface G0/1                      /*进入接口配置模式*/
R1(config-if)#ip address 10.2.0.1 255.255.255.0    /*配置接口 IP 地址*/
```

```
R1(config-if)#no shutdown                           /*打开接口*/
R1(config-if)# interface G0/2                       /*进入接口配置模式*/
R1(config-if)#ip address 20.0.0.2 255.255.255.0     /*配置接口 IP 地址*/
R1(config-if)#no shutdown                           /*打开接口*/
R1(config-if)#exit                                  /*退出接口配置模式*/
R1(config)#router ospf 100                          /*进入 OSPF 路由配置模式*/
R1(config-router)#router-id 1.1.1.1                 /*修改路由器 ID*/
R1(config-router)#network 10.1.0.0 0.0.0.255 area 0.0.0.0   /*在 10.1.0.0 网段上启用 OSPF 并设置其区域
                                                    为 area 0*/
R1(config-router)#network 10.2.0.0 0.0.0.255 area 0.0.0.1   /*在 10.2.0.0 网段上启用 OSPF 并设置其区域
                                                    为 area 1*/
R1(config-router)#end                               /*返回特权模式*/
```

步骤 3：配置路由器 R2

配置路由器 R2 各接口的 IP 地址，启动 OSPF 协议，且 G0/0、G0/1 接口分别属于 OSPF 的区域 0 和区域 2：

```
Router>enable                                       /*进入特权配置模式*/
Router#configure terminal                           /*进入全局配置模式*/
Router(config)# hostname R2                         /*修改设备的名称*/
R2(config)# interface G0/0                          /*进入接口配置模式*/
R2(config-if)#ip address 10.1.0.2 255.255.255.0     /*配置接口 IP 地址*/
R2(config-if)#no shutdown                           /*打开接口*/
R2(config-if)# interface G0/1                       /*进入接口配置模式*/
R2(config-if)#ip address 10.3.0.1 255.255.255.0     /*配置接口 IP 地址*/
R2(config-if)#no shutdown                           /*打开接口*/
R2(config-if)#exit                                  /*退出接口配置模式*/
R2(config)#router ospf 100                          /*进入 OSPF 路由配置模式*/
R2(config-router)#router-id 2.2.2.2                 /*修改路由器 ID*/
R2(config-router)#network 10.1.0.0 0.0.0.255 area 0.0.0.0   /*在 10.1.0.0 网段上启用 OSPF 并设置其区域
                                                    为 area 0*/
R2(config-router)#network 10.3.0.0 0.0.0.255 area 0.0.0.2   /*在 10.3.0.0 网段上启用 OSPF 并设置其区域
                                                    为 area 2*/
R2(config-router)#exit                              /*退出路由配置模式*/
R2(config-router)#end                               /*返回特权模式*/
```

步骤 4：配置路由器 R3

配置路由器 R3 各接口的 IP 地址，启动 OSPF 协议，两个接口属于 OSPF 的区域 1：

```
Router>enable                                       /*进入特权配置模式*/
```

```
Router#configure terminal                                /*进入全局配置模式*/
Router(config)# hostname R3                              /*修改设备的名称*/
R3(config)# interface G0/0                               /*进入接口配置模式*/
R3(config-if)#ip address 172.16.1.1 255.255.255.0        /*配置接口 IP 地址*/
R3(config-if)#no shutdown                                /*打开接口*/
R3(config-if)# interface G0/1                            /*进入接口配置模式*/
R3(config-if)#ip address 10.2.0.2 255.255.255.0          /*配置接口 IP 地址*/
R3(config-if)#no shutdown                                /*打开接口*/
R3(config-if)#exit                                       /*退出接口配置模式*/
R3(config)#router ospf 100                               /*进入 OSPF 路由配置模式*/
R3(config-router)#router-id 3.3.3.3                      /*修改路由器 ID*/
R3(config-router)#network 172.16.1.0 0.0.0.255 area      /*在 172.16.1.0 网段上启用 OSPF 并设置其
0.0.0.1                                                  区域为 area 1*/
R3(config-router)#network 10.2.0.0 0.0.0.255 area 0.0.0.1  /*在 10.2.0.0 网段上启用 OSPF 并设置其区
                                                         域为 area 1*/
R3(config-router)#exit                                   /*退出路由配置模式*/
R3(config-router)#end                                    /*返回特权模式*/
```

步骤 5：配置路由器 R4

配置路由器 R4 各接口的 IP 地址，启动 OSPF 协议，两个接口属于 OSPF 的区域 2：

```
Router>enable                                            /*进入特权配置模式*/
Router#configure terminal                                /*进入全局配置模式*/
Router(config)# hostname R4                              /*修改设备的名称*/
R4(config)# interface G0/0                               /*进入接口配置模式*/
R4(config-if)#ip address 172.17.1.1 255.255.255.0        /*配置接口 IP 地址*/
R4(config-if)#no shutdown                                /*打开接口*/
R4(config-if)# interface G0/1                            /*进入接口配置模式*/
R4(config-if)#ip address 10.3.0.2 255.255.255.0          /*配置接口 IP 地址*/
R4(config-if)#no shutdown                                /*打开接口*/
R4(config-if)#exit                                       /*退出接口配置模式*/
R4(config)#router ospf 100                               /*进入 OSPF 路由配置模式*/
R4(config-router)#router-id 4.4.4.4                      /*修改路由器 ID*/
R4(config-router)#network 172.17.1.0 0.0.0.255 area      /*在 172.17.1.0 网段上启用 OSPF 并设置其区域
0.0.0.2                                                  为 area 2*/
R4(config-router)#network 10.3.0.0 0.0.0.255 area        /*在 10.3.0.0 网段上启用 OSPF 并设置其区域为
0.0.0.2                                                  area 2*/
R4(config-router)#exit                                   /*退出路由配置模式*/
R4(config-router)#end                                    /*返回特权模式*/
```

步骤 6：查看 OSPF 信息

在路由器 R1 中查看 OSPF 的邻居信息和路由表信息：

```
R1# show ip ospf neighbor                              /*显示 OSPF 邻居*/
R1# show ip route                                      /*显示路由表*/
```

路由器 R1 返回的邻居信息如下：

```
Neighbor ID   Pri   State       Dead Time   Address    Interface
2.2.2.2       1     FULL/BDR    00:00:37    10.1.0.2   GigabitEthernet0/0
3.3.3.3       1     FULL/DR     00:00:37    10.2.0.2   GigabitEthernet0/1
```

路由器 R1 的路由表中与 OSPF 协议相关的条目：

```
O IA 10.3.0.0/24 [110/2] via 10.1.0.2, 00:00:25, GigabitEthernet0/0
     172.16.0.0/24 is subnetted, 1 subnets
O    172.16.1.0/24 [110/2] via 10.2.0.2, 00:13:45, GigabitEthernet0/1
     172.17.0.0/24 is subnetted, 1 subnets
O IA 172.17.1.0/24 [110/3] via 10.1.0.2, 00:00:25, GigabitEthernet0/0
```

从以上信息可知，通过不同 OSPF 区域内路由器的信息交换，所有路由器都能学习并生成到达自治系统内所有网络的路由。

检验连通性：在 PCA 上 ping PCB 的 IP 地址，其结果是可以互相通信。

步骤 7：配置路由器 R5

把路由器 R5 的 G0/0 接口与路由器 R1 的 G0/2 接口相连，配置路由器 R5 各接口的 IP 地址：

```
Router>enable                                          /*进入特权配置模式*/
Router#configure terminal                              /*进入全局配置模式*/
Router(config)# hostname R5                            /*修改设备的名称*/
R5(config)# interface G0/0                             /*进入接口配置模式*/
R5(config-if)#ip address 20.0.0.1 255.255.255.0        /*配置接口 IP 地址*/
R5(config-if)#no shutdown                              /*打开接口*/
R5(config)# interface G0/1                             /*进入接口配置模式*/
R5(config-if)#ip address 30.0.0.1 255.255.255.0        /*配置接口 IP 地址*/
R5(config-if)#no shutdown                              /*打开接口*/
```

步骤 8：引入外部自治系统路由

在路由器 R1 上配置到外部自治系统的默认路由，并引入到本自治系统中：

```
R1#configure terminal                                  /*进入全局配置模式*/
R1(config)# ip route 30.0.0.0 255.255.255.0 20.0.0.1   /*配置到外部系统的静态路由*/
R1(config)#router ospf 100                             /*进入 OSPF 配置模式*/
R1(config-router)#redistribute static subnets          /*在 OSPF 中重新发布静态路由*/
R1(config-router)#end                                  /*返回特权模式*/
```

在 R4 上执行命令查看链路状态数据库：

```
R4# show ip ospf database                    /*显示 OSPF 的链路状态数据库*/
```

R4 的链路状态数据库显示如下：

```
OSPF Router with ID (172.17.1.1) (Process ID 100)
              Router Link States (Area 0.0.0.2)
Link ID       ADV Router    Age      Seq#          Checksum Link count
172.17.1.1    172.17.1.1    1255     0x80000004    0x00edf6 2
2.2.2.2       2.2.2.2       1255     0x80000002    0x0067be 1
              Net Link States (Area 0.0.0.2)
Link ID       ADV Router    Age      Seq#          Checksum
10.3.0.2      172.17.1.1    1255     0x80000001    0x00a7f5
              Summary Net Link States (Area 0.0.0.2)
Link ID       ADV Router    Age      Seq#          Checksum
10.1.0.0      2.2.2.2       1255     0x80000001    0x00c882
10.2.0.0      2.2.2.2       1245     0x80000002    0x00c483
172.16.1.0    2.2.2.2       1245     0x80000003    0x00d6bd
              Type-5 AS External Link States
Link ID       ADV Router    Age      Seq#          Checksum Tag
30.0.0.0      1.1.1.1       193      0x80000001    0x00247a 0
```

从显示的信息可知，在自治系统内部的其他子区域的路由器R4通过OSPF信息的传递，也学习到一条外部自治系统的链路状态信息。

步骤 9：把 Area 2 配置为 Stub 边缘区域

在路由器 R2 上把 Area 2 配置为 Stub 区域：

```
R2#configure terminal                        /*进入全局配置模式*/
R2(config)#router ospf 100                   /*进入 OSPF 配置模式*/
R2(config-router)# area 0.0.0.2 stub         /*把 Area 2 配置为 Stub 区域*/
R2(config-router)#end                        /*返回特权模式*/
```

在路由器 R4 上把 Area 2 配置为 Stub 区域：

```
R4#configure terminal                        /*进入全局配置模式*/
R4(config)#router ospf 100                   /*进入 OSPF 配置模式*/
R4(config-router)# area 0.0.0.2 stub         /*把 Area 2 配置为 Stub 区域*/
R4(config-router)#end                        /*返回特权模式*/
R4# clear ip ospf process                    /*重启 R4 的所有 OSPF 进程*/
R4# show ip ospf database                    /*显示 OSPF 的链路状态数据库*/
```

R4 的链路状态数据库显示如下：

```
              OSPF Router with ID (172.17.1.1) (Process ID 100)
              Router Link States (Area 0.0.0.2)
Link ID       ADV Router    Age      Seq#          Checksum Link count
2.2.2.2       2.2.2.2       126      0x80000004    0x0059cb 1
```

```
172.17.1.1      172.17.1.1      26      0x80000008  0x00e5fa 2
                Net Link States (Area 0.0.0.2)
Link ID         ADV Router      Age     Seq#        Checksum
10.3.0.1        2.2.2.2         126     0x80000001  0x00adb0
10.3.0.2        172.17.1.1      26      0x80000002  0x00a5f6
                Summary Net Link States (Area 0.0.0.2)
Link ID         ADV Router      Age     Seq#        Checksum
0.0.0.0         2.2.2.2         128     0x80000004  0x005102
10.1.0.0        2.2.2.2         16      0x80000005  0x00c086
10.2.0.0        2.2.2.2         6       0x80000006  0x00bc87
172.16.1.0      2.2.2.2         6       0x80000007  0x00cec1
```

从上述信息可见，路由器 R4 上已不存在外部自治系统的链路状态信息，并新增了一条 0.0.0.0 的默认路由。

4.3.5 实验中的命令列表

1. H3C 设备的命令列表

本实验中，H3C 设备使用的命令如表 4-9 所示。

表 4-9 H3C 设备的实验命令列表

命 令	描 述
display ospf [process-id] **peer** [**verbose**] [interface-type interface-number] [neighbor-id]	显示 OSPF 邻居的信息
ospf cost value	设置 OSPF 接口的开销值
ospf dr-priority priority	修改接口的 OSPF 优先级
authentication-mode { **hmac-md5** | **md5** } key-id { **cipher** | **plain** } password	配置 OSPF 区域的验证模式，二者只能选其一（可在区域视图下配置区域验证，或在接口视图下配置接口验证）
authentication-mode simple { **cipher** | **plain** } password	
import-route static	引入 AS 外部静态路由
display ospf lsdb	查看链路状态数据库
stub	区域视图下配置当前区域为 Stub 区域
nssa	区域视图下配置当前区域为 NSSA 区域

2. Cisco 设备的命令列表

本实验中，Cisco 设备使用的命令如表 4-10 所示。

表 4-10 Cisco 设备的实验命令列表

命 令	描 述
show ip ospf neighbor [**detail**] [interface-type interface-number]	显示 OSPF 邻居的信息
ip ospf cost value	接口视图下设置 OSPF 接口的开销值

续表

命　　令	描　述
ip ospf priority priority	接口视图下修改接口的 OSPF 优先级
area areaID **authentication**	在 OSPF 下启动区域的认证
ip ospf authentication-key password	在接口视图下设置接口认证密钥
redistribute static subnets	OSPF 视图下发布其他路由协议的路由
show ip ospf database	查看链路状态数据库
area areaID **stub**	OSPF 视图下配置 Stub 区域
area areaID **nssa**	OSPF 视图下配置 NSSA 区域

4.3.6　实验总结

OSPF 是 IETF 开发的基于链路状态的自治系统内部路由协议，具有扩展性好、收敛快速、安全可靠等特点。

OSPF 将一个大的自治系统划分为几个小区域（Area），路由器仅需与所在区域的其他路由器建立邻接关系并共享链路状态数据库，大大减少了路由器的资源消耗。

为进一步减少路由器之间交换的信息，OSPF 还可以人为地定义边缘区域，过滤掉部分链路状态更新报文，从而减少路由器的工作压力。

4.4　访问控制列表

4.4.1　原理简介

访问控制列表（Access Control List，ACL）是一系列匹配规则的集合，用于实现数据识别功能，使路由器能对接收到的报文进行分类，并决定是转发还是丢弃这些报文。这些规则其实是一些描述报文匹配条件的判断语句，匹配条件可以是报文的源地址、目的地址、端口号等。

根据规则制定依据的不同，ACL 可以分为下面几类。

- 基本 ACL：只使用 IP 数据包的源 IP 地址作为条件测试，不区分 IP 流量类型。
- 扩展 ACL：可使用报文的源 IP 地址、目的 IP 地址、网络层报头中的协议字段、传输层报头的端口号等作为条件进行测试。
- 二层 ACL：可使用报文的源 MAC 地址、目的 MAC 地址、VLAN 优先级、二层协议类型等二层信息作为条件进行测试。

ACL 的配置规则：

- 每条访问控制列表需定义一个编号，编号的大小指明了其所属的 ACL 类型。在 H3C 设备中，基本 ACL 的编号范围是 2000~2999，扩展 ACL 的编号范围是 3000~3999，二层 ACL 的编号范围是 4000~4999。
- 每个端口、每个方向、每条协议只能对应一条访问控制列表。
- ACL 支持两种匹配顺序：配置顺序和自动排序，默认是根据用户配置规则的先后顺序进行匹配。因此，具有严格限制的语句应该放在访问控制列表中所有语句的最上面。

- 先创建访问控制列表，然后应用到端口上。
- 访问控制列表不能过滤路由器自己产生的数据。

在部署 ACL 时，为减少不必要的流量转发，应尽量在距离发送源较近的地方应用 ACL。扩展 ACL 匹配的条件比较多，应该部署在靠近被过滤源的接口上，以尽早阻止不必要的流量进入网络。而标准 ACL 只依据源 IP 进行匹配，应在保证其他合法访问的前提下，尽可能地靠近被拒绝的源。

4.4.2 实验环境

（1）路由器：2 台，型号：MSR36-20。

（2）PC：2 台，安装 Windows 7 系统。

（3）线缆：3 条 UTP 以太网连接线（2 条交叉线、3 条直通线），1 条 Console 串口线。实验组网如图 4-5 所示。设备的 IP 地址设置如表 4-11 所示。

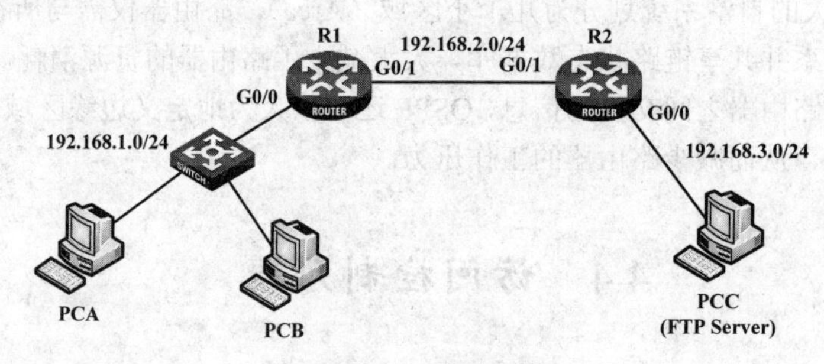

图 4-5 实验组网

表 4-11 设备的 IP 地址表

设 备	接 口	IP 地址	网 关
R1	G0/0	192.168.1.254/24	
	G0/1	192.168.2.1/24	
R2	G0/0	192.168.3.254/24	
	G0/1	192.168.2.2/24	
PCA		192.168.1.1/24	192.168.1.254
PCB		192.168.1.2/24	192.168.1.254
PCC		192.168.3.1/24	192.168.3.254

4.4.3 使用 H3C 设备的实验过程

本实验中，路由器的型号为 MSR36-20。

任务 1：配置基本 ACL

本实验的任务是通过配置 ACL，禁止 PCA 访问 PCC，但 PCA 可以访问路由器 R1、

R2，PCB 可以访问 PCC。

步骤 1：连接网络

根据实验网络的拓扑图，使用直通型以太网网线分别把主机 PCA、PCB 的以太网口、路由器 R1 的 G0/0 接口连接到交换机的任意接口上，使用交叉型以太网网线把 PCC 的以太网口与 R2 的 G0/0 接口，R1、R2 的 G0/1 接口互连起来。

检查路由器的配置是否为初始状态，如果不是，在用户视图下删除设备的配置文件，重启设备，使设备采用默认配置参数进行初始化，把设备的配置恢复到默认状态。

步骤 2：配置各设备的 IP 地址与路由

（1）配置路由器 R1 两个以太网接口的 IP 地址和静态路由：

```
<H3C>system-view                                              /*进入系统视图*/
[H3C]sysname R1                                               /*修改路由器名称*/
[R1]interface G0/0                                            /*进入 G0/0 接口视图*/
[R1-GigabitEthernet0/0]ip address 192.168.1.254 255.255.255.0  /*配置接口的 IP 地址*/
[R1-GigabitEthernet0/0]interface G0/1                         /*进入 G0/1 接口视图*/
[R1-GigabitEthernet0/1] ip address 192.168.2.1 255.255.255.0   /*配置接口的 IP 地址*/
[R1-GigabitEthernet0/1]quit                                   /*退出 G0/1 接口视图*/
[R1] ip route-static 192.168.3.0 255.255.255.0 192.168.2.2     /*配置静态路由*/
```

（2）配置路由器 R2 两个以太网接口的 IP 地址和静态路由：

```
<H3C>system-view                                              /*进入系统视图*/
[H3C]sysname R2                                               /*修改路由器名称*/
[R2]interface G0/0                                            /*进入 G0/0 接口视图*/
[R2-GigabitEthernet0/0]ip address 192.168.3.254 255.255.255.0  /*配置接口的 IP 地址*/
[R2-GigabitEthernet0/0]interface G0/1                         /*进入 G0/1 接口视图*/
[R2-GigabitEthernet0/1] ip address 192.168.2.2 255.255.255.0   /*配置接口的 IP 地址*/
[R2-GigabitEthernet0/1]quit                                   /*退出 G0/1 接口视图*/
[R2] ip route-static 192.168.1.0 255.255.255.0 192.168.2.1     /*配置静态路由*/
```

（3）按照表 4-11 的 IP 地址列表，配置两台主机的 IP 地址、掩码和网关信息。

（4）在 PCC 上使用 ping 命令验证到达 PCA、PCB 的可达性，结果是可以互相连通。

步骤 3：配置基本 ACL

在路由器 R2 上配置和部署基本 ACL，禁止 PCA 访问 PCC：

```
[R2]acl basic 2001                                            /*创建 ACL 并进入视图*/
[R2-acl-ipv4-basic-2001]rule deny source 192.168.1.1 0.0.0.0   /*配置匹配规则，指定匹配的源
                                                              地址*/
[R2-acl-ipv4-basic-2001]quit                                  /*退出 ACL 配置视图*/
[R2]interface G0/0                                            /*进入 G0/0 接口视图*/
[R2-GigabitEthernet0/0]packet-filter 2001 outbound            /*在接口的出方向上应用 ACL*/
```

步骤 4：测试验证

在 PCA 上使用 ping 命令验证到达 R1、R2 和 PCC 的可达性，发现 PCA 能 ping 通 R1、R2，但不能 ping 通 PCC。

在 PCB 上使用 ping 命令验证到达 PCC 的可达性，发现 PCB 可以 ping 通 PCC。

任务 2：配置扩展 ACL

本实验的任务是通过配置 ACL，禁止 192.168.1.0/24 网络上的主机访问 PCC 的 FTP 服务。

步骤 1：连接网络并初始化路由器配置

（1）按照任务 1 的步骤 1 的说明，连接网络，并把路由器的配置恢复到默认状态。

（2）按照任务 1 的步骤 2 的说明，配置两个路由器的 IP 地址和静态路由，配置所有主机的 IP 地址、掩码和网关等信息，验证所有主机间的互通性。

步骤 2：在 PCC 上开启并配置 FTP 服务

（1）在 PC 的“开始”菜单中选择“控制面板”选项，在打开的窗口中选择“程序”选项，在“程序和功能”组中选择“打开或关闭 Windows 功能”选项。

（2）在弹出的“Windows 功能”对话框中选择并展开“Internet 信息服务”树形菜单，选中“FTP 服务器”菜单下的所有复选框和“Web 管理工具”菜单下的“IIS 管理控制台”复选框，单击“确认”按钮，完成 FTP 服务器功能的添加。

（3）打开控制面板，选择“系统和安全”选项，选择“管理工具”选项，双击“Internet 信息服务（IIS）管理器”选项，打开窗口。单击连接窗格中的服务器名，展开树形菜单。

（4）右击“网站”菜单，在弹出的快捷菜单中选择“添加 FTP 站点”命令，按提示输入 FTP 站点的名称、选择内容目录，设置 IP 地址为 192.168.3.1，SSL 为“无”，身份验证为“匿名”，授权为“所有用户”，权限选中“读取”复选框，单击“完成”按钮，完成 FTP 服务器的配置。

（5）在 PCA 的资源管理器的地址栏中输入“ftp://192.168.3.1”连接 PCC 的 FTP 服务，发现可以连接成功。

步骤 3：配置扩展 ACL

在路由器 R1 上配置和部署扩展 ACL，禁止 192.168.1.0/24 网段上的主机访问 PCC 的 FTP 服务：

```
[R1]acl advanced 3001                                   /*创建 ACL 并进入视图*/
[R1-acl-ipv4-advance-3001]rule deny tcp source 192.168.1.0 0.0.0.255   /*配置匹配规则，指定匹配的协议、
destination 192.168.3.1 0.0.0.0 destination-port eq 21  源地址、目的地址和目的端口*/
[R1-acl-ipv4-advance-3001]quit                          /*退出 ACL 配置视图*/
[R1]interface G0/0                                      /*进入 G0/0 接口视图*/
[R1-GigabitEthernet0/0]packet-filter 3001 inbound       /*在接口的进方向上应用 ACL*/
```

步骤 4：测试验证

在 PCA 上使用 ping 命令验证到达 PCC 的可达性，发现 PCA 能 ping 通 PCC。

在 PCA 的资源管理器的地址栏中输入“ftp://192.168.3.1”再次连接 PCC 的 FTP 服务，发现 FTP 请求被拒绝。

4.4.4 使用 Cisco 设备的实验过程

本实验中，所有操作使用 Packet Tracert 6.0 模拟软件进行，使用的路由器型号为 2911，交换机型号为 2960。

任务 1：配置标准访问控制列表

步骤 1：连接网络配置主机 IP

根据图 4-5 的网络拓扑，PCA、PCB 使用普通 PC 机，PCC 需使用服务器设备。使用直通线把主机 PCA、PCB 的以太网口和路由器的 R1 的 G0/0 接口连接到交换机的任意接口上，使用交叉线把路由器 R1、R2 的 G0/1 接口，路由器 R2 的 G0/0 接口与 PCC 的以太网接口互连起来。

根据表 4-11 的地址列表，设置主机的 IP 地址、掩码和网关地址。

步骤 2：配置路由器 R1

在路由器 R1 上执行以下命令，配置设备 IP 地址和静态路由：

```
Router>enable                                                   /*进入特权配置模式*/
Router#configure terminal                                       /*进入全局配置模式*/
Router(config)# hostname R1                                     /*修改设备的名称*/
R1(config)# interface G0/0                                      /*进入接口配置模式*/
R1(config-if)#ip address 192.168.1.254 255.255.255.0            /*配置接口 IP 地址*/
R1(config-if)#no shutdown                                       /*打开接口*/
R1(config-if)# interface G0/1                                   /*进入接口配置模式*/
R1(config-if)#ip address 192.168.2.1 255.255.255.0              /*配置接口 IP 地址*/
R1(config-if)#no shutdown                                       /*打开接口*/
R1(config-if)#exit                                              /*退出接口配置模式*/
R1(config)#ip route 192.168.3.0 255.255.255.0 192.168.2.2       /*配置静态路由*/
R1(config)# exit                                                /*退出全局配置模式*/
```

步骤 3：配置路由器 R2

在路由器 R2 上执行以下命令，配置设备 IP 地址和静态路由：

```
Router>enable                                                   /*进入特权配置模式*/
Router#configure terminal                                       /*进入全局配置模式*/
Router(config)# hostname R2                                     /*修改设备的名称*/
R2(config)# interface G0/0                                      /*进入接口配置模式*/
R2(config-if)#ip address 192.168.3.254 255.255.255.0            /*配置接口 IP 地址*/
R2(config-if)#no shutdown                                       /*打开接口*/
R2(config-if)# interface G0/1                                   /*进入接口配置模式*/
```

```
R2(config-if)#ip address 192.168.2.2 255.255.255.0          /*配置接口 IP 地址*/
R2(config-if)#no shutdown                                   /*打开接口*/
R2(config-if)#exit                                          /*退出接口配置模式*/
R2(config)#ip route 192.168.1.0 255.255.255.0 192.168.2.1   /*配置静态路由*/
```

步骤 4：验证连通性

在 PCC 上使用 ping 命令测试到达 PCA、PCB 的可达性，结果是可以互相连通。

步骤 5：配置基本 ACL

在 R2 上配置基本 ACL，禁止 PCA 访问 PCC：

```
R2(config)#access-list 1 deny host 192.168.1.1     /*配置 ACL 拒绝主机 192.168.1.1 的访问*/
R2(config)#access-list 1 permit any                /*运行其他主机的访问*/
R2(config)# interface G0/0                         /*进入接口配置模式*/
R2(config-if)#ip access-group 1 out                /*在接口的出方向上应用 ACL*/
R2(config-if)#end                                  /*返回特权模式*/
```

步骤 6：测试验证

在 PCC 上使用 ping 命令测试到 PCA、PCB 的可达性，结果是 PCC 可以 ping 通 PCB，但是不能 ping 通 PCA，实现了 PCA 访问的限制。

任务 2：配置扩展访问控制列表

步骤 1：连接网络并初始化路由器配置

按照任务 1 的操作，连接网络，把路由器的配置恢复到默认状态。

根据表 4-11 的 IP 地址和任务 1 的操作步骤，配置路由器 R1、R2 的 IP 地址和静态路由，配置所有主机的 IP 地址、掩码和网关等信息，验证所有主机间的互通性，结果是 PCA、PCB 可以 ping 通 PCC。

步骤 2：使用 PCA 访问 PCC 的 FTP 服务

在 Packet Tracert 的服务器设备中，FTP 等应用层服务默认是开启的。

在 PCA 的命令行界面输入“ftp 192.168.3.1 ”，用户名，密码：cisco，登录 PCC 的 FTP，结果显示，能正常访问。

步骤 3：配置扩展访问控制列表

在路由器 R1 上执行以下命令，配置扩展 ACL，禁止 192.168.1.0/24 网段上的所有主机访问 PCC 的 FTP 服务：

```
R1#configure terminal                                   /*进入全局配置模式*/
R1(config)#access-list 101 deny tcp 192.168.1.0 0.0.0.255   /*配置 ACL，禁止源为 192.168.1.0 的网段
192.168.3.1 0.0.0.0 eq ftp                              中的主机访问 192.168.3.1 这台主机的
                                                        FTP*/
R1(config)#access-list 101 permit ip any any            /*配置 ACL，允许其他流量通过*/
R1(config)#int G0/0                                     /*进入接口配置模式*/
```

R1(config-if)#**ip access-group 101 in**	/*在接口的进方向上应用 ACL*/
R1(config-if)#**end**	/*返回特权模式*/

步骤 4：测试验证

在 PCA 上使用 ping 命令测试到达 PCC 的连通性，结果是能 ping 通。

在 PCA 上使用 ftp 192.168.3.1 命令访问 PCC 上的 FTP 服务，结果是连接失败，表明访问控制列表生效，拒绝了网段 192.168.1.0 对 PCC 上 FTP 服务的使用。

4.4.5 实验中的命令列表

1. H3C 设备的命令列表

本实验中，H3C 设备使用的命令如表 4-12 所示。

表 4-12 H3C 设备的实验命令列表

命 令	描 述
acl {advanced | basic | mac} acl-number [**name** acl-name] [**match-order** { **auto** | **config** }]	创建 ACL
rule [rule-id] { **deny** | **permit** } **source** { source-address source-wildcard | **any** } | **time-range** time-range-name	创建标准 ACL 的规则
rule [rule-id] { **deny** | **permit** } protocol [{ **destination** { dest-address dest-prefix | dest-address/dest-prefix | **any** } | **destination-port** operator port1 [port2] | **source** { source-address source-prefix | source-address/source-prefix | **any** } | **source-port** { operator port1 [port2] } | **time-range** time-range-name	创建扩展 ACL 的规则
packet-filter default deny	配置报文过滤的默认动作为 Deny，默认情况下为 Permit
packet-filter { acl-number | **name** acl-name } { **inbound** | **outbound** }	在接口上应用 ACL

2. Cisco 设备的命令列表

本实验中，Cisco 设备使用的命令如表 4-13 所示。

表 4-13 Cisco 设备的实验命令列表

命 令	描 述
access-list access-list-num **{ permit | deny }** { source source-wildcard | **host** source | **any** }	创建标准 ACL 及其规则(标准 ACL 的编号是 1~99） ACL 默认最后声明一条 deny any
access-list access-list-num **{ permit | deny }** protocol **{** source source-wildcard | **host** source | **any** } destination destination-wildcard | **host** destination | **any** } [operator port]	创建扩展 ACL 的规则(扩展 ACL 的编号是 100~199） ACL 默认最后声明一条 deny any
ip access-group access-list-num { in | out}	在接口上应用 ACL

4.4.6 实验总结

基于 ACL 的数据包过滤是常用的网络安全技术，可根据实际需求配置不同种类的 ACL：基本 ACL 根据源 IP 地址进行过滤，扩展 ACL 根据 IP 地址、IP 协议号、端口号等进行过滤。

ACL 规则的匹配顺序会影响实际过滤结果。ACL 规则的部署位置应尽量避免不必要的流量进入网络。

4.5 NAT 配置

4.5.1 原理简介

由于 IP 地址的紧缺，一个机构能够申请到的 IP 地址数往往远少于本机构所拥有的主机数。为了节省 IP 地址资源，IETF 把 IP 地址分为公有地址和私有地址，公有地址须向 IANA 申请，可用于因特网上的通信，私有地址可以自由使用，但仅在私有网络内部使用。当已分配了私有地址的内部主机需要和因特网上的主机进行通信时，就需要使用 NAT（Network Address Translation，网络地址转换）技术，把私有地址转换为公有地址。

NAT 是一种把内部私有地址翻译成合法网络地址的技术。通过使用 NAT 技术，可以只申请一个合法 IP 地址，就把整个局域网中的计算机接入 Internet 中，一定程度上解决了 IP 地址紧缺的问题。另外，NAT 屏蔽了内部网络，所有内网资源对于公共网络来说是不可见的，实现了内外网络的隔离，提供一定的网络安全保障。

NAT 的实现可分为以下几种。

- ❑ 静态 NAT：内部网络的某个私有地址被永久映射成外部网络中的某个公有 IP 地址，私有地址和公有地址是一对一的关系。此类 NAT 一般用于内部网络与外部网络之间存在固定访问需求的组网环境。
- ❑ 动态 NAT：内部网络的私有地址转换为公有地址时，是不确定的，是随机的。动态 NAT 又分为以下两种实现模式。
  - ➢ NO-PAT（非端口地址转换）：一个外网地址同一时间只能映射到一个内网地址上，当内网用户停止使用时，其占用的外网地址释放并分配给其他内网用户使用。
  - ➢ PAT（端口地址转换）：把内部地址映射到外部网络中的一个 IP 地址的不同端口上，使内部网络的所有主机都可共享一个合法外部地址，最大限度地节省了 IP 地址资源。

4.5.2 实验环境

（1）路由器：2 台。

（2）PC：2 台，安装 Windows 7 系统。

（3）线缆：3 条 UTP 以太网连接线（1 条交叉线、5 条直通线），1 条 Console 串口线。

实验组网如图 4-6 所示。设备的 IP 地址设置如表 4-14 所示。

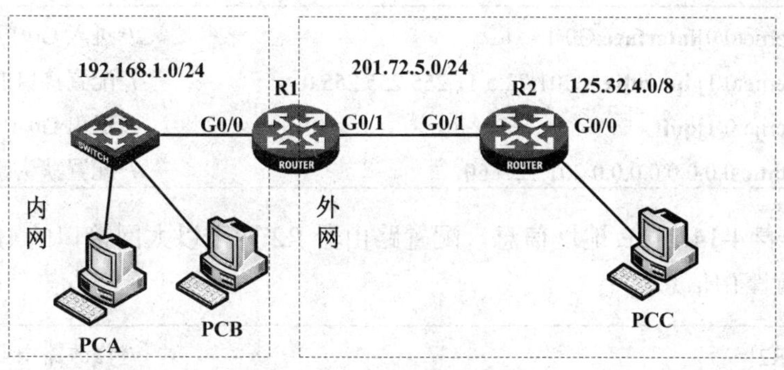

图 4-6 实验组网

表 4-14 设备的 IP 地址表

设 备	接 口	IP 地址	网 关
R1	G0/0	192.168.1.254/24	
	G0/1	201.72.5.11/24	
R2	G0/0	125.32.4.254/8	
	G0/1	201.72.5.60./24	
PCA		192.168.1.1/24	192.168.1.254
PCB		192.168.1.2/24	192.168.1.254
PCC		125.32.4.25/8	125.32.4.254

4.5.3 使用 H3C 设备的实验过程

本实验中，路由器的型号为 MSR36-20。

任务 1：配置静态 NAT

本实验的任务是通过配置 NAT，使 PCA 在访问外部网络时，内部地址 192.168.1.1 静态映射到公网地址 201.15.5.100。

步骤 1：连接网络

根据实验网络的拓扑图，使用直通型以太网网线分别把主机 PCA、PCB 的以太网口、路由器 R1 的 G0/0 接口连接到交换机的任意接口上，使用交叉型以太网网线把 R1、R2 的 G0/1 接口，PCC 的以太网口和路由器 R2 的 G0/0 接口互连起来。

检查路由器、交换机的配置是否为初始状态，如果不是，在用户视图下删除设备的配置文件，重启设备，使设备采用默认配置参数进行初始化，把设备的配置恢复到默认状态。

步骤 2：配置各设备的 IP 地址与路由

（1）配置路由器 R1 两个以太网接口的 IP 地址和添加一条默认路由：

```
[H3C]sysname R1                                              /*修改路由器名称*/
[R1]interface G0/0                                           /*进入 G0/0 接口视图*/
[R1-GigabitEthernet0/0]ip address 192.168.1.254 255.255.255.0   /*配置接口的 IP 地址*/
```

```
[R1-GigabitEthernet0/0]interface G0/1                            /*进入 G0/1 接口视图*/
[R1-GigabitEthernet0/1] ip address 201.72.5.11 255.255.255.0     /*配置接口的 IP 地址*/
[R1-GigabitEthernet0/1]quit                                      /*退出 G0/1 接口视图*/
[R1] ip route-static 0.0.0.0 0.0.0.0 201.72.5.60                 /*配置默认路由*/
```

（2）根据表 4-14 的 IP 地址信息，配置路由器 R2 两个以太网接口的 IP 地址。路由器 R2 不需要配置路由信息：

```
[H3C]sysname R2                                                  /*修改路由器名称*/
[R2]interface G0/0                                               /*进入 G0/0 接口视图*/
[R2-GigabitEthernet0/0]ip address 125.32.4.254 255.0.0.0         /*配置接口的 IP 地址*/
[R2-GigabitEthernet0/0]interface G0/1                            /*进入 G0/1 接口视图*/
[R2-GigabitEthernet0/1] ip address 201.72.5.60 255.255.255.0     /*配置接口的 IP 地址*/
[R2-GigabitEthernet0/1]end                                       /*返回用户视图*/
```

（3）按照表 4-14 的 IP 地址列表，配置两台主机的 IP 地址、掩码和网关信息。

（4）在 PCA 上使用 ping 命令验证到达 PCC 的可达性，结果是不能连通。这是因为公网路由器 R2 上不存在到达内网的路由。

步骤 3：配置静态 NAT

在路由器 R1 上执行以下命令，把内部地址 192.168.1.1 静态映射到公网地址 201.72.5.100：

```
[R1]nat static outbound 192.168.1.1 201.72.5.100                 /*添加静态的 NAT 映射*/
[R1]interface G0/1                                               /*进入 G0/1 接口视图*/
[R1-GigabitEthernet0/1]nat static enable                         /*使静态地址映射生效*/
[R1-GigabitEthernet0/1]quit                                      /*退出 G0/1 接口视图*/
```

步骤 4：验证测试

在 PCA、PCB 上分别使用 ping 命令验证到达 PCC 的可达性，结果 PCA 能 ping 通 PCC，而 PCB 不能 ping 通 PCC。

在路由器 R1 上执行以下命令查看 NAT 的会话信息：

```
[R1]display nat session verbose                                  /*查看 NAT 会话信息*/
```

得到的信息如下：

```
Initiator:
  Source      IP/port: 192.168.1.1/43776
  Destination IP/port: 125.32.4.25/2048
  …
Responder:
  Source      IP/port: 125.32.4.25/43776
  Destination IP/port: 201.72.5.100/0
```

```
…
Total sessions found: 1
```

从以上信息可见，路由器R1上配置了PCA内部地址的静态映射，PCA访问PCC时，其内部地址会自动转换为公网地址201.72.5.100，所以PCA可以与公网主机PCC进行通信。而PCB的内部地址没有配置公网地址转换，因此PCB不能与公网主机PCC通信。

任务2：配置NO-PAT

本实验的任务是在路由器R1上配置公网地址池201.72.5.20~201.72.5.25，当内网主机PCA、PCB访问外部网络时，动态地从公网地址池中获取地址。

步骤1：连接网络并初始化路由器配置

（1）按照任务1的步骤1的说明，连接网络，并把路由器的配置恢复到默认状态。

（2）按照任务1的步骤2的说明，配置两个路由器的IP地址和路由器R1的默认路由，配置所有主机的IP地址、掩码和网关等信息，验证内网主机与外网主机的连通性，其结果是不能互通。

步骤2：配置NO-PAT

在路由器R1上执行以下命令，创建外网地址池和配置内部网络的地址映射：

[R1]**nat address-group 1**	/*创建一个NAT地址池并进入其视图*/
[R1-nat-address-group-1]**address** 201.72.5.20 201.72.5.25	/*在地址池中添加地址*/
[R1-nat-address-group-1]**quit**	/*退出地址池视图*/
[R1]**acl basic** 2000	/*创建ACL并进入视图*/
[R1-acl-ipv4-basic-2000]**rule permit source** 192.168.1.0 0.0.0.255	/*设置ACL规则*/
[R1-acl-ipv4-basic-2000]**rule deny**	/*设置ACL规则，拒绝其他网段主机进行转换*/
[R1-acl-ipv4-basic-2000]**quit**	/*退出ACL视图*/
[R1]**interface** G0/1	/*进入G0/1接口视图*/
[R1-GigabitEthernet0/1]**nat outbound 2000 address-group** 1 **no-pat**	/*将地址池与ACL关联，满足ACL规则的IP才能进行地址转换*/
[R1-GigabitEthernet0/1]**quit**	/*退出G0/1接口视图*/

步骤3：验证测试

在PCA、PCB上分别使用ping命令验证到达PCC的可达性，结果两者都能ping通PCC。

在路由器R1上执行以下命令查看NAT的会话信息：

[R1]**display nat session verbose**	/*添加静态的NAT映射*/

得到的信息如下：

```
Initiator:
  Source       IP/port: 192.168.1.2/43776
```

```
    Destination IP/port: 125.32.4.25/2048
…
Responder:
    Source        IP/port: 125.32.4.25/43776
    Destination IP/port: 201.72.5.21/0
…

Initiator:
    Source        IP/port: 192.168.1.1/46080
    Destination IP/port: 125.32.4.25/2048
…
Responder:
    Source        IP/port: 125.32.4.25/46080
    Destination IP/port: 201.72.5.20/0
…
Total sessions found: 2
```

从以上信息可见，PCA、PCB 访问 PCC 时，都实现了地址转换，PCA 的内网地址被转换为公网地址 201.72.5.20，PCB 的内网地址被转换为公网地址 201.72.5.21。

任务 3：配置 PAT

本实验的任务是在路由器 R1 上配置公网地址 201.72.5.10，当内网主机 PCA、PCB 访问外部网络时，都使用该公网地址进行访问，但是分配不同的协议端口。

步骤 1：连接网络并初始化路由器配置

（1）按照任务 1 的步骤 1 的说明，连接网络，并把路由器的配置恢复到默认状态。

（2）按照任务 1 的步骤 2 的说明，配置两个路由器的 IP 地址和路由器 R1 的默认路由，配置所有主机的 IP 地址、掩码和网关等信息，验证内网主机与外网主机的连通性，其结果是不能互通。

步骤 2：配置 PAT

在路由器 R1 上执行以下命令，创建外网地址池和配置内部网络的地址映射：

[R1]**nat address-group** 1	/*创建一个 NAT 地址池并进入其视图*/
[R1-nat-address-group-1]**address** 201.72.5.10 201.72.5.10	/*在地址池中添加地址*/
[R1-nat-address-group-1]**quit**	/*退出地址池视图*/
[R1]**acl basic** 2000	/*创建 ACL 并进入视图*/
[R1-acl-ipv4-basic-2000]**rule permit source** 192.168.1.0 0.0.0.255	/*设置 ACL 规则，允许 192.168.1.0 网段主机进行 NAT 转换*/
[R1-acl-ipv4-basic-2000]**rule deny**	/*设置 ACL 规则，拒绝其他网段主机进行转换*/
[R1-acl-ipv4-basic-2000]**quit**	/*退出 ACL 视图*/
[R1]**interface** G0/1	/*进入 G0/0 接口视图*/

[R1-GigabitEthernet0/1]**nat outbound 2000 address-group 1**	/*将地址池与 ACL 关联，满足 ACL 规则的 IP 才能进行地址转换，不设置 no-pat 参数，表示进行端口转换*/
[R1-GigabitEthernet0/1]**quit**	/*退出 G0/1 接口视图*/

步骤 3：验证测试

在 PCA、PCB 上分别使用 ping 命令验证到达 PCC 的可达性，结果两者都能 ping 通 PCC。

在路由器 R1 上执行以下命令查看 NAT 的会话信息：

[R1]**display nat session**	/*添加静态的 NAT 映射*/

得到的信息如下：

```
Initiator:
  Source          IP/port: 192.168.1.2/47616
  Destination IP/port: 125.32.4.25/2048
…
Responder:
  Source          IP/port: 125.32.4.25/6
  Destination IP/port: 201.72.5.10/0
…
Initiator:
  Source          IP/port: 192.168.1.1/48384
  Destination IP/port: 125.32.4.25/2048
…
Responder:
  Source          IP/port: 125.32.4.25/5
  Destination IP/port: 201.72.5.10/0
…
Total sessions found: 2
```

从以上信息可见，PCA、PCB 访问 PCC 时都实现了地址转换，PCA、PCB 的内网地址都转换为公网地址 201.72.5.10，但使用的端口号不同。

4.5.4 使用 Cisco 设备的实验过程

本实验中，所有操作使用 Packet Tracert 6.0 模拟软件进行，使用的路由器型号为 2911，交换机型号为 2960。

任务 1：配置静态 NAT

步骤 1：连接网络配置主机 IP

根据图 4-6 的网络拓扑，使用直通线把主机 PCA、PCB 的以太网口和路由器的 R1 的 G0/0 接口连接到交换机的任意接口上，使用交叉线把主机 PCC 的以太网口和路由器 R2 的 G0/0 接口，R1、R2 的 G0/1 接口互连起来。

根据表 4-14 的地址列表，设置主机的 IP 地址、掩码和网关地址。

步骤 2：配置路由器 R1

在路由器 R1 上执行以下命令，配置设备 IP 地址和静态路由：

```
Router>enable                                          /*进入特权配置模式*/
Router#configure terminal                              /*进入全局配置模式*/
Router(config)# hostname R1                            /*修改设备的名称*/
R1(config)# interface G0/0                             /*进入接口配置模式*/
R1(config-if)#ip address 192.168.1.254 255.255.255.0   /*配置接口 IP 地址*/
R1(config-if)#no shutdown                              /*打开接口*/
R1(config-if)# interface G0/1                          /*进入接口配置模式*/
R1(config-if)#ip address 201.72.5.11 255.255.255.0     /*配置接口 IP 地址*/
R1(config-if)#no shutdown                              /*打开接口*/
R1(config-if)#exit                                     /*退出接口配置模式*/
R1(config)#ip route 0.0.0.0 0.0.0.0 201.72.5.60        /*配置静态路由*/
R1(config)# exit                                       /*退出全局配置模式*/
```

步骤 3：配置路由器 R2

在路由器 R2 上执行以下命令，配置设备 IP 地址和静态路由：

```
Router>enable                                          /*进入特权配置模式*/
Router#configure terminal                              /*进入全局配置模式*/
Router(config)# hostname R2                            /*修改设备的名称*/
R2(config)# interface G0/0                             /*进入接口配置模式*/
R2(config-if)#ip address 192.168.3.254 255.255.255.0   /*配置接口 IP 地址*/
R2(config-if)#no shutdown                              /*打开接口*/
R2(config-if)# interface G0/1                          /*进入接口配置模式*/
R2(config-if)#ip address 192.168.2.2 255.255.255.0     /*配置接口 IP 地址*/
R2(config-if)#no shutdown                              /*打开接口*/
R2(config-if)#end                                      /*返回特权模式*/
```

步骤 4：验证连通性

在 PCA 上使用 ping 命令测试到 PCC 的可达性，结果是不能 ping 通，因为外网路由器 R2 没有内网的路由信息。

步骤 5：在 R1 上配置静态 NAT

把 PCA 的内部地址 192.168.1.1 静态映射到公网地址 201.72.5.100。

```
R1#configure terminal                                  /*进入全局配置模式*/
R1(config)#interface G0/0                              /*进入接口配置模式*/
R1(config-if)#ip nat inside                            /*指定接口为内部接口*/
R1(config)#interface G0/1                              /*进入接口配置模式*/
R1(config-if)#ip nat outside                           /*指定接口为外部接口*/
```

```
R1(config-if)#exit                                            /*退出接口配置模式*/
R1(config)#ip nat inside source static 192.168.1.1 201.72.5.100    /*添加静态的 NAT 映射*/
R1(config-if)#end                                             /*返回特权模式*/
```

步骤 6：测试验证

在 PCA、PCB 上分别使用 ping 命令测试到 PCC 的可达性，结果是 PCA 可以 ping 通 PCC，PCB 不能 ping 通 PCC。

在路由器上查看 NAT 映射信息：

```
R1#show ip nat translations                                   /*查看 NAT 地址映射*/
```

路由器返回的结果：

```
Pro   Inside global    Inside local    Outside local    Outside global
---   201.72.5.100     192.168.1.1     ---              ---
```

PCA 的 IP 地址在路由器 R1 上实现了地址的映射，转换为公网地址 201.72.5.100，因此可以与外网主机 PCC 通信。PCB 的 IP 地址没有进行地址映射，因此不能访问外网主机 PCC。

任务 2：配置动态 NAT 的 NO-PAT 模式

步骤 1：连接网络并初始化路由器配置

按照任务 1 的操作，连接网络，把路由器的配置恢复到默认状态。

根据表 4-14 的 IP 地址和任务 1 的操作步骤，配置路由器 R1、R2 的 IP 地址，配置路由器 R1 的静态路由，配置所有主机的 IP 地址、掩码和网关等信息，验证内外网主机的互通性，其结果是 PCA、PCB 不能 ping 通 PCC。

步骤 2：在 R1 上配置动态 NAT

把内网 192.168.1.0/24 映射到外网地址池 201.72.5.20~201.72.5.25。

```
R1#configure terminal                                         /*进入全局配置模式*/
R1(config)#interface G0/0                                     /*进入接口配置模式*/
R1(config-if)#ip nat inside                                   /*指定接口为内部接口*/
R1(config)#interface G0/1                                     /*进入接口配置模式*/
R1(config-if)#ip nat outside                                  /*指定接口为外部接口*/
R1(config-if)#exit                                            /*退出接口配置模式*/
R1(config)#ip nat pool p1 201.72.5.20 201.72.5.25 netmask     /*配置 NAT 地址池*/
255.255.255.0
R1(config)#access-list 1 permit 192.168.1.0 0.0.0.255         /*配置 ACL，设置允许进行 NAT
                                                              转换的内部地址*/
R1(config)#ip nat inside source list 1 pool p1                /*配置 NAT 地址转换，将 ACL 与
                                                              地址池关联*/
R1(config-if)#end                                             /*返回特权模式*/
```

步骤 3：测试验证

在 PCA、PCB 上分别使用 ping 命令测试到 PCC 的可达性，结果是 PCA、PCB 都可以 ping 通 PCC。

在路由器上查看 NAT 映射信息：

R1#**show ip nat translations**	/*查看 NAT 地址映射*/

路由器返回的结果：

```
Pro   Inside global       Inside local     Outside local     Outside global
icmp 201.72.5.20:1       192.168.1.1:1   125.32.4.25:1    125.32.4.25:1
icmp 201.72.5.20:2       192.168.1.1:2   125.32.4.25:2    125.32.4.25:2
…
icmp 201.72.5.21:1       192.168.1.2:1   125.32.3.25:1    125.32.3.25:1
icmp 201.72.5.21:2       192.168.1.2:2   125.32.4.25:2    125.32.4.25:2
…
```

从以上信息可见，PCA、PCB 访问 PCC 时都实现了地址转换，PCA 的内网地址被转换为公网地址 201.16.5.20，PCB 的内网地址被转换为公网地址 201.16.5.21。

任务 3：配置 PAT

步骤 1：连接网络并初始化路由器配置

按照任务 1 的操作，连接网络，把路由器的配置恢复到默认状态。

根据表 4-14 的 IP 地址和任务 1 的操作步骤，配置路由器 R1、R2 的 IP 地址，配置路由器 R1 的静态路由，配置所有主机的 IP 地址、掩码和网关等信息，验证内外网主机的互通性，其结果是 PCA、PCB 不能 ping 通 PCC。

步骤 2：在 R1 上配置 PAT

把内网 192.168.1.0/24 映射到一个外网地址 201.72.5.10。

R1#**configure terminal**	/*进入全局配置模式*/
R1(config)#**interface** G0/0	/*进入接口配置模式*/
R1(config-if)#**ip nat inside**	/*指定接口为内部接口*/
R1(config)#**interface** G0/1	/*进入接口配置模式*/
R1(config-if)#**ip nat outside**	/*指定接口为外部接口*/
R1(config-if)#**exit**	/*退出接口配置模式*/
R1(config)#**ip nat pool p2 201.72.5.10 201.72.5.10 netmask 255.255.255.0**	/*配置 NAT 地址池*/
R1(config)#**access-list 2 permit** 192.168.1.0 0.0.0.255	/*配置 ACL，设置允许进行 NAT 转换的内部地址*/
R1(config)#**ip nat inside source list 2 pool p2 overload**	/*配置 NAT 地址转换，将 ACL 与地址池关联*/
R1(config-if)#**end**	/*返回特权模式*/

步骤 3：测试验证

在 PCA、PCB 上分别使用 ping 命令测试到 PCC 的可达性，结果是 PCA、PCB 都可以 ping 通 PCC。

在路由器上查看 NAT 映射信息：

```
R1#show ip nat translations                          /*查看 NAT 地址映射*/
```

路由器返回的结果：

```
Pro  Inside global        Inside local      Outside local     Outside global
icmp 201.72.5.10:1        192.168.1.1:1     125.32.4.25:1     125.32.4.25:1
icmp 201.72.5.10:2        192.168.1.1:2     125.32.4.25:2     125.32.4.25:2
…
icmp 201.72.5.10:1024 192.168.1.2:1     125.32.3.25:1     125.32.3.25:1024
icmp 201.72.5.10:1025 192.168.1.2:2     125.32.4.25:2     125.32.4.25:1025
…
```

从以上信息可见，PCA、PCB 访问 PCC 时都实现了地址转换，PCA、PCB 的内网地址被转换为公网地址 201.16.5.10，但是使用的端口号不同。

4.5.5　实验中的命令列表

1. H3C 设备的命令列表

本实验中，H3C 设备使用的命令如表 4-15 所示。

表 4-15　H3C 设备的实验命令列表

命　　令	描　　述
nat static outbound private-addr global-addr	配置静态 NAT
nat address-group group-number	新建地址池
address start-addr end-addr	在地址池中添加地址
nat outbound acl-number **address-group** group-number **[no-pat]**	在接口模式下配置地址转换

2. Cisco 设备的命令列表

本实验中，Cisco 设备使用的命令如表 4-16 所示。

表 4-16　Cisco 设备的实验命令列表

命　　令	描　　述
ip nat inside|outside	在接口模式下指定接口为内部端口或外部端口
ip nat inside source static local-address global-address	全局模式下配置静态地址转换
ip nat pool name start-ip end-ip {**netmask** netmask | **prefix-length** prifix-length }	全局模式下定义内部全局地址池
ip nat inside source list {acl-number | name} **pool** name **[overload]**	在全局模式下配置地址转换

4.5.6 实验总结

NAT 技术可以将多个内部地址映射成少数几个甚至一个合法的公网地址，让内部网络中使用私有地址的主机也可访问外部资源，很好地解决了 IPv4 地址枯竭的问题，而且实现了内外网的隔离，给网络带来了一定的安全保障。

NAT 功能通常被集成到路由器、防火墙或单独的 NAT 设备中，通过配置路由器的 NAT 功能，就可实现对内部网络的屏蔽。

服务器篇

- ✧ DNS 服务器的部署
- ✧ Active Directory 域服务器的部署
- ✧ Wed 服务器的部署
- ✧ FTP 服务器的部署
- ✧ DHCP 服务器的部署

第 5 章

DNS 服务器的部署

5.1　DNS 概述

域名系统（Domain Name System，DNS）是互联网上使用的命名系统，用来把便于人们使用的机器名转换为 IP 地址。

任何连接到互联网上的主机都有一个唯一的层次结构的名字，即域名（domain name）。每一个域名都是由标号序列组成，各标号之间用点隔开，如 www.baidu.com 为百度的域名，域名的基本结构为主机名.三级域名.二级域名.顶级域名。

域名有助于人们记忆相关的网络地址，但网络中通信的计算机只识别 IP 地址，因此必须将域名转换为计算机能识别的 IP 地址。域名解析就是将域名转换为 IP 地址的过程，完成此过程的是 DNS 服务器，在 DNS 服务器上存储了与域名相对应的 IP 地址。

DNS 服务器按层次可划分为以下几种。

- ❑ 根 DNS 服务器。
- ❑ 顶级域（TLD）服务器：负责管理顶级域名和所有国家的顶级域名。
- ❑ 权威 DNS 服务器：负责一个区的 DNS 记录的域名服务器。

DNS 服务器的域名解析主要有以下两种查询模式。

- ❑ 递归查询：服务器只发一次查询请求。
- ❑ 反复查询：每次请求一个服务器。

DNS 服务器中的资源记录包括以下几种。

- ❑ 主机地址（A）：将指定域名映射到 IP 地址。
- ❑ 指针（PTR）：将 IP 地址映射到域名。
- ❑ 名称服务器（NS）：本区域权限域名服务器的名字，即描述了有多少个 DNS 服务器可以解析此区域。
- ❑ 邮件交换器（MX）：邮件服务器与其对应的 IP 地址的映射关系（多个记录时，优先级从低到高）。
- ❑ 别名（CHAME）：将别名映射到标准 DNS 域名。
- ❑ 主机描述（HINFO）：通过 ASCII 字符串对 CPU 和 OS 等主机配置信息进行说明。
- ❑ 起始授权机构（SOA）：标识一个资源记录集合的开始，即描述了哪个 DNS 服务器是区域的主服务器。

本书所有服务器都使用 Windows Server 2008 R2 操作系统进行配置。

5.2　DNS 服务器的部署

5.2.1　DNS 服务器的安装

步骤 1：打开服务器管理器

选择“开始”→“管理工具”→“服务器管理器”命令，弹出如图 5-1 所示的“服务器管理器”窗口。

步骤 2：添加 DNS 服务器角色

单击“角色”节点，如图 5-2 所示，在角色信息中单击“添加角色”按钮，打开如图 5-3 所示的“添加角色向导”界面，单击“下一步”按钮，弹出“选择服务器角色”对话框。

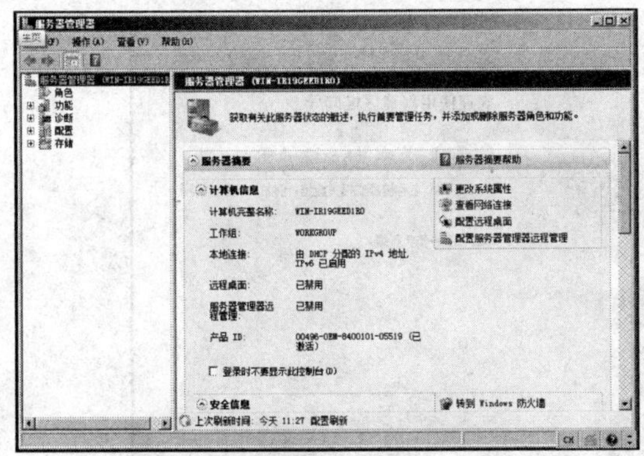

图 5-1　“服务器管理器”窗口

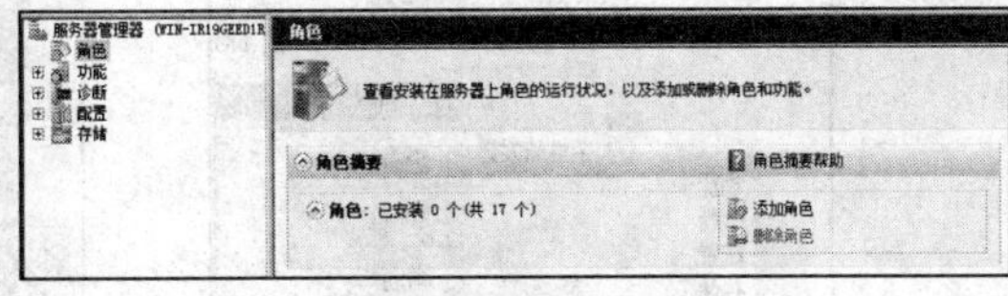

图 5-2　服务器角色

在如图 5-4 所示的“选择服务器角色”对话框中选中“DNS 服务器”复选框，单击“下一步”按钮进行安装。

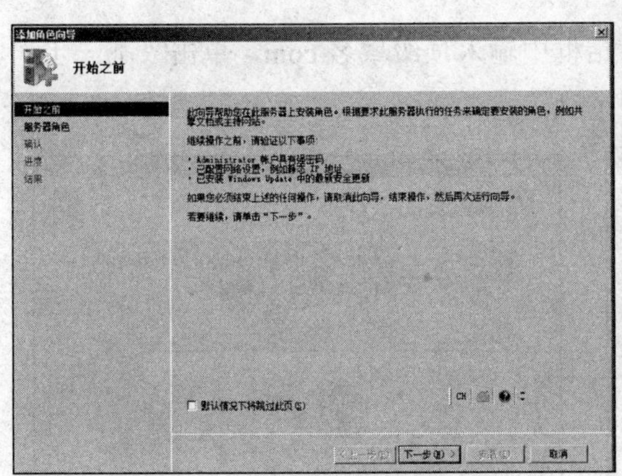

图 5-3　“添加角色向导”界面

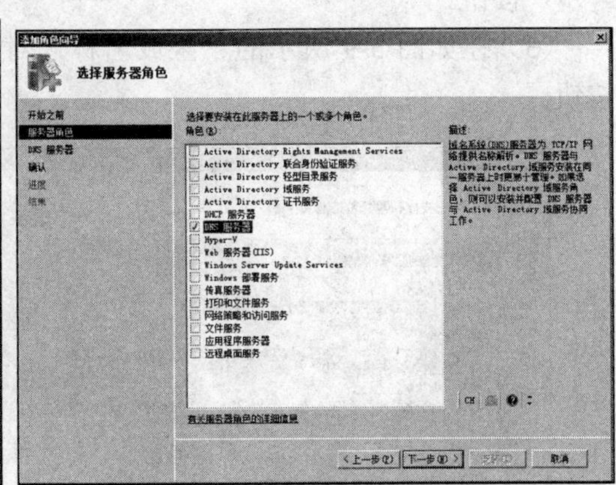

图 5-4　“选择服务器角色”对话框

在之后出现的对话框中，保留默认设置并依次单击“下一步”按钮，最后单击“安装”按钮进行安装。

安装完成后，在“服务器管理器”窗口中，可见“角色”节点下增加了一个新的服务器角色“DNS服务器”，如图5-5所示。

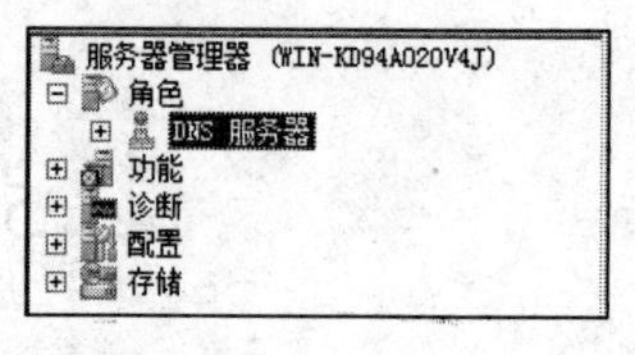

图5-5 DNS服务器角色

5.2.2 DNS服务器的配置

1. 配置正向查找区域

建立域名www.abc.com映射到IP地址192.168.1.2的主机记录。

步骤1：建立顶级域名com区域

（1）展开DNS服务器的树形菜单，右击“正向查找区域”菜单，在如图5-6所示的快捷菜单中选择“新建区域”命令，打开如图5-7所示的“新建区域向导”界面，单击“下一步”按钮。

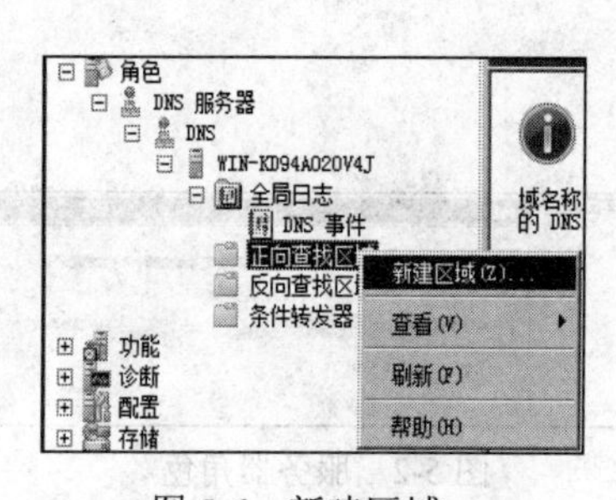

图5-6 新建区域

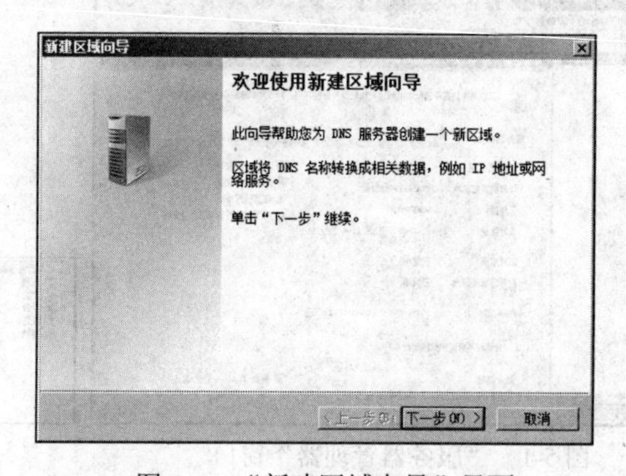

图5-7 “新建区域向导”界面

（2）在如图5-8所示的“区域类型”对话框中选中“主要区域”单选按钮，单击“下一步”按钮。

（3）在如图5-9所示的“区域名称”对话框中输入顶级域名com，单击“下一步”按钮。

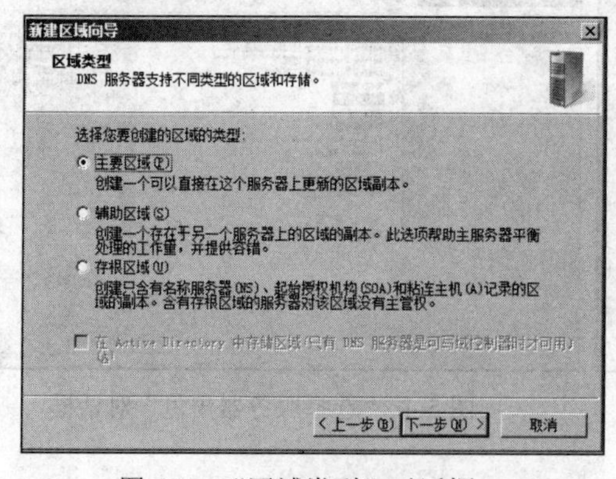

图5-8 “区域类型”对话框

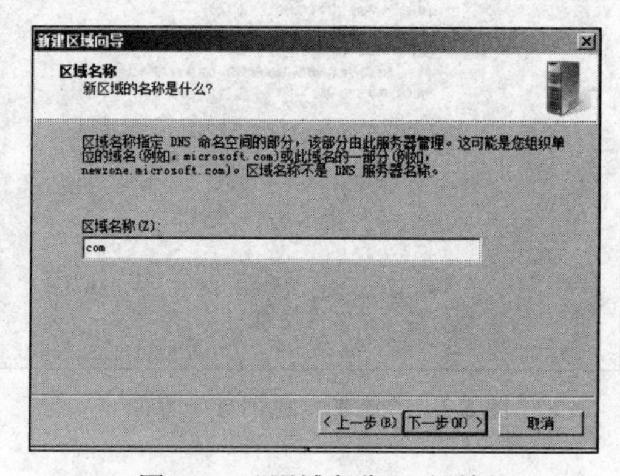

图5-9 “区域名称”对话框

（4）创建一个区域文件，输入新的文件名字，或选择使用默认的文件存储，如图 5-10 所示，单击“下一步”按钮。

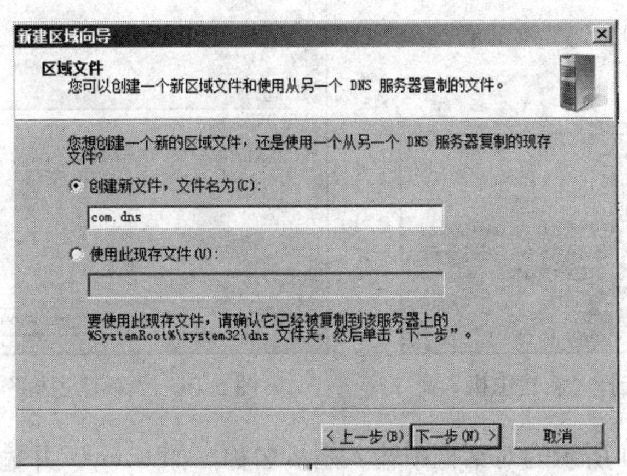

图 5-10　区域文件

（5）在弹出的“动态更新”对话框中选择“允许非安全和安全动态更新”选项，单击“下一步”按钮。

（6）单击“完成”按钮，完成区域的建立。接着还需要在其基础上创建指向不同主机的域名才能提供域名解析服务。

步骤 2：建立二级域名 abc 区域

（1）选中并右击已建立的顶级域名 com，在如图 5-11 所示的快捷菜单中选择“新建域”命令。

（2）在如图 5-12 所示的“新建 DNS 域”对话框中输入二级域名的名称，即 abc，单击“确定”按钮。

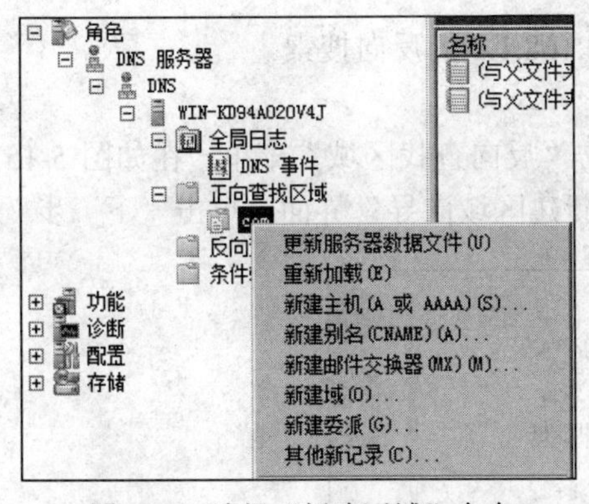

图 5-11　选择“新建区域”命令

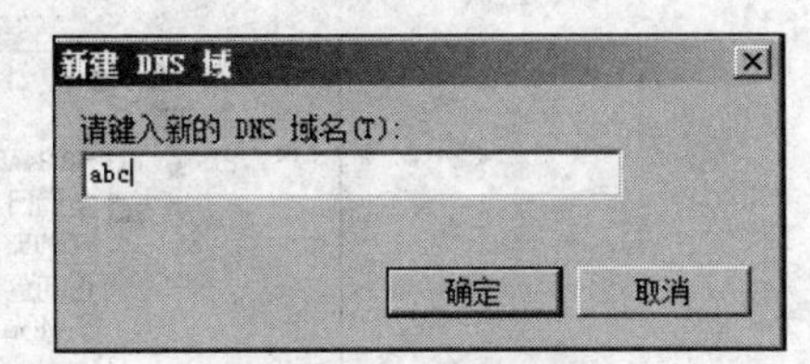

图 5-12　输入域名

若还有下级的域，则重复执行以上两个步骤进行创建。

步骤 3：建立主机 www

（1）选中并右击已建立的域 abc，在如图 5-13 所示的快捷菜单中选择“新建主机”命令，弹出如图 5-14 所示的“新建主机”对话框。

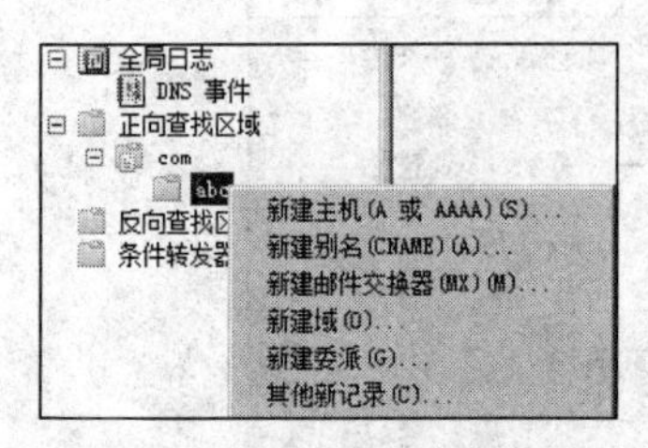

图 5-13　选择“新建主机”命令

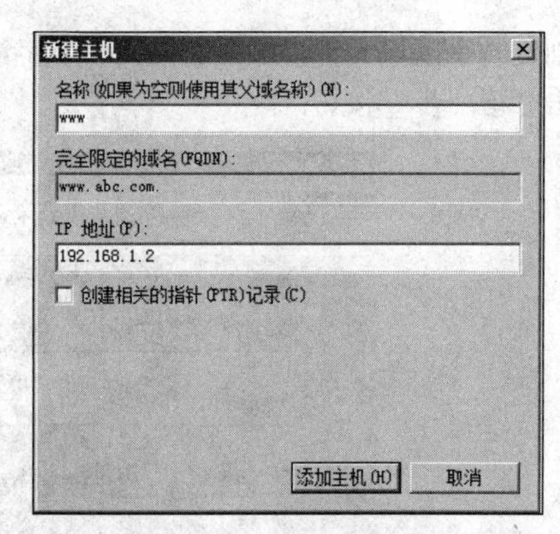

图 5-14　“新建主机”对话框

（2）在如图 5-14 所示的对话框中输入主机名称，如 www，并输入对应的 IP 地址，如 192.168.1.2，单击“添加主机”按钮，添加域名与 IP 的对应关系。

若还要添加其他主机，继续执行上述步骤添加。例如，建立域名 mail.abc.com 映射到 IP 地址 192.168.1.3 的主机记录，区域 com 和域 abc 已建立，可直接使用。则只需执行步骤 3，调出如图 5-14 所示的“新建主机”对话框，输入主机名 mail 和对应的 IP 地址 192.168.1.3，完成主机的添加。

步骤 4：建立其他域名与 IP 地址对应关系

若还要建立其他域名与 IP 的对应关系，则重复执行步骤 1 至步骤 3。

DNS 正向搜索区域及使用静态 IP 地址的主机记录建立完毕。DNS 服务器能把该区域中的主机域名解析成相应的 IP 地址。

2. 配置反向搜索区域

建立主机 www.abc.com 与其 IP 地址 192.168.1.2 的反向搜索。

步骤 1：建立反向区域

（1）展开 DNS 服务器的树形菜单，右击“反向查找区域”菜单，在如图 5-15 所示的快捷菜单中选择“新建区域”命令，打开“新建区域向导”界面，单击“下一步”按钮。

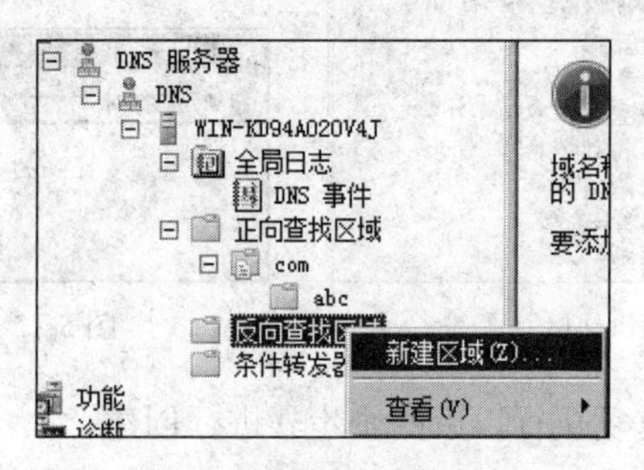

图 5-15　新建反向区域

（2）在弹出的“区域类型”对话框中选择“主要区域”，单击“下一步”按钮。

（3）在弹出的“反向查找区域名称”对话框中选中“IPv4 反向查找区域”单选按钮，

表示为 IPv4 地址创建反向查询，如图 5-16 所示。

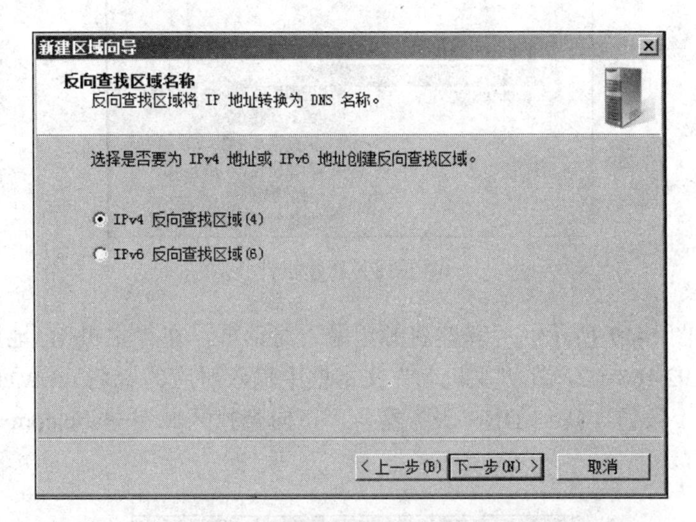

图 5-16　新建 IPv4 反向区域

（4）在如图 5-17 所示的“反向查找区域名称”对话框中选中“网络 ID”单选按钮，并输入 IP 地址对应的网络地址，如 192.168.1。

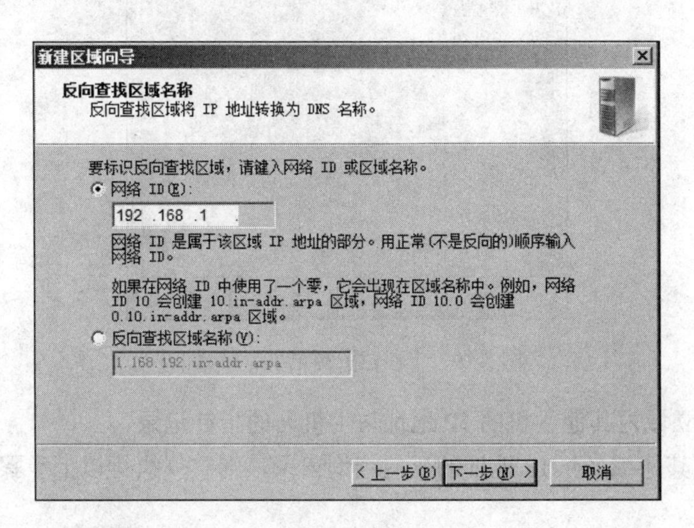

图 5-17　反向区域名称

（5）在弹出“区域文件”对话框中输入新的区域名称，或使用默认的文件名，单击“下一步”按钮。

（6）在弹出的“动态更新”对话框中选择“允许非安全和安全动态更新”选项，单击“下一步”按钮。

（7）单击“完成”按钮，完成区域的建立。

步骤 2：建立指针

（1）选中并右击已建立的反向区域名称：1.168.192.in-addr.arpa，在如图 5-18 所示的快捷菜单中选择“新建指针”命令。

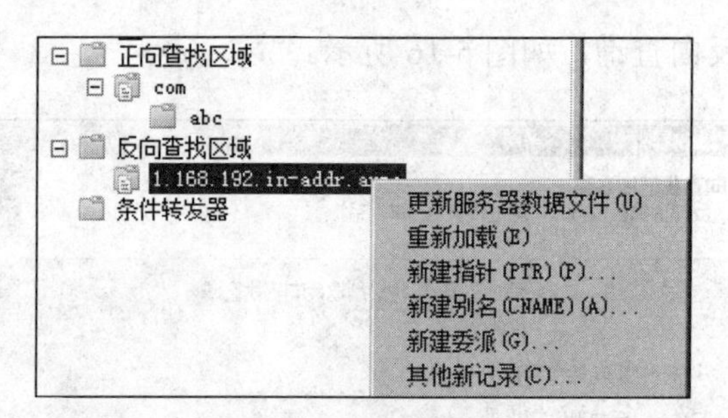

图 5-18　新建指针

（2）打开如图 5-19 所示的“新建资源记录”对话框，在“主机 IP 地址”文本框中输入主机 IP 地址 192.168.1.2，在“主机名”文本框中输入对应的域名 www.abc.com，或者单击右边的“浏览”按钮，找到 DNS 服务器→“正向查找区域”→abc.com→www，再单击“确定”按钮即可。

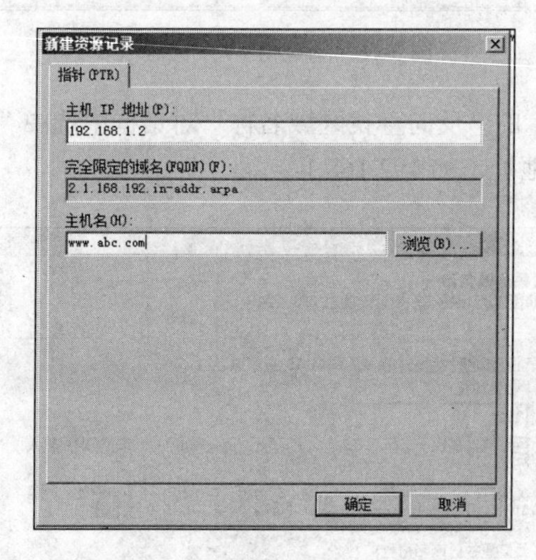

图 5-19　“新建资源记录”对话框

步骤 3：建立域内其他主机的 IP 地址与主机名的指针记录

若还要建立其他域名与 IP 地址的反向查询记录，则重复执行以上步骤即可。

3. 测试验证

步骤 1：配置客户机的 DNS 服务器 IP

以 Windows 7 系统为例介绍客户端计算机的 IP 配置，具体方法如下：

（1）选择“控制面板”→“网络和 Internet”→“网络和共享中心”→“更改适配器配置”选项。

（2）在打开的“网络连接”窗口中右击“本地连接”图标，并在弹出的快捷菜单中选择“属性”命令，打开“Internet 协议版本 4（TCP/IPv4）属性”对话框。

（3）选中“使用下面的 DNS 服务器地址”单选按钮，在“首选 DNS 服务器”文本框中输入刚才配置的 DNS 服务器的 IP 地址，如 192.168.1.2，如图 5-20 所示。

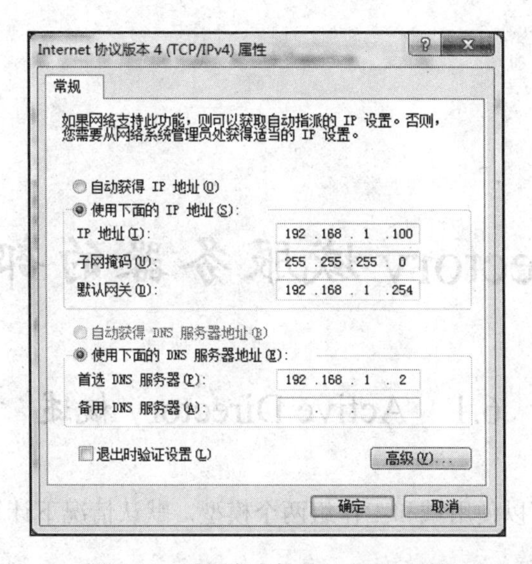

图 5-20　设置客户机的 TCP/IP 属性

步骤 2：测试 DNS 服务器

（1）可以通过 DOS 命令来测试，用 ping 命令 ping www.abc.com，如果 DNS 服务器配置正确，会返回 IP 地址，如图 5-21（a）所示。

（2）也可以使用 nslookup 命令进行测试，如图 5-21（b）所示。

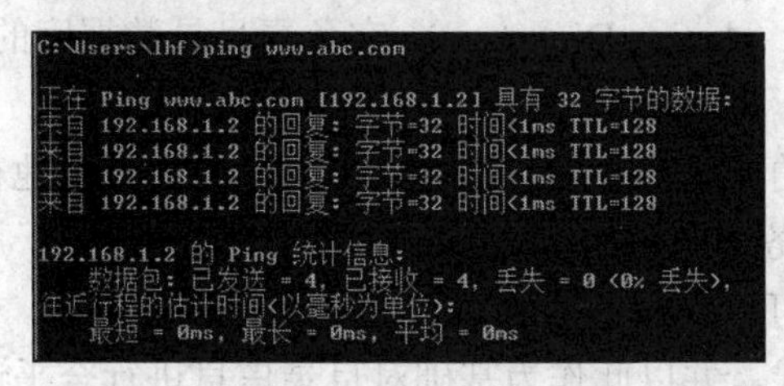

（a）ping 命令

（b）nslookup 命令

图 5-21　测试 DNS 服务器

第 6 章

Active Directory 域服务器的部署

6.1 Active Directory 概述

微软管理计算机可以使用域和工作组两个模型，默认情况下计算机安装完操作系统后隶属于工作组。

工作组由一群通过网络连接在一起的计算机组成，工作组中每台计算机都维护一个本地安全数据库，用户账户的数据发生变化时，必须对每台计算机中的账户数据进行更新，比较麻烦，适用于小型的网络。

域也是由一群通过网络连接在一起的计算机组成，与工作组不同的是，域内所有计算机共享一个集中式的目录数据库，它包含着整个域内的用户账户与安全数据。在 Windows Server 内负责目录服务的组件称为活动目录（Active Directory），它负责目录数据库的添加、删除、更改与查询等任务。

Active Directory 存储了有关网络对象的信息，并且让管理员和用户能够轻松地查找和使用这些信息。使用 Active Directory 域服务（AD DS）服务器角色，可以创建用于用户和资源管理的安全及可管理的基础机构，并可以提供对启用目录的应用程序的支持。Active Directory 使用了一种结构化的数据存储方式，并以此作为基础对目录信息进行合乎逻辑的分层组织，其层次结构包括 Active Directory 林、林中的域、每个域中的组织单位（OU）。

- 林：组织的安全边界，定义管理员的授权范围。默认情况下，一个林包含一个域（称为林根域）。
- 域：提供 AD DS 数据分区。一个可以包括多个不同的域。
- OU：简化了授权的委派以方便管理大量对象。所有者可以通过委派将对象的全部或有限授权转移给其他用户或组。

Active Directory 域还支持与管理相关的许多其他核心功能，包括网络范围的用户标识、身份验证和信任关系。

Active Directory 主要提供以下功能。

- 服务器及客户端计算机管理：管理服务器及客户端计算机账户，所有服务器及客户端计算机加入域管理并实施组策略。
- 用户服务：管理用户域账户、用户信息、企业通讯录（与电子邮件系统集成）、用户组管理、用户身份认证、用户授权管理等，按省实施组管理策略。
- 资源管理：管理打印机、文件共享服务等网络资源。

- 桌面配置：系统管理员可以集中配置各种桌面配置策略，如用户使用域中资源权限限制、界面功能的限制、应用程序执行特征限制、网络连接限制、安全配置限制等。
- 应用系统支撑：支持财务、人事、电子邮件、企业信息门户、办公自动化、补丁管理、防病毒系统等各种应用系统。

6.2 Active Directory 域服务的配置

6.2.1 Active Directory 域控制器的安装

步骤 1：打开“服务器管理器”

同 5.2.1 节操作，选择“开始”→“管理工具”→“服务器管理器”命令，打开如图 5-1 所示的“服务器管理器”窗口。

步骤 2：添加域服务器角色

（1）单击“角色”节点，在右方显示的角色信息中单击“添加角色”按钮，弹出“添加角色向导”界面，单击“下一步”按钮。

（2）在如图 6-1 所示的“选择服务器角色”对话框中选中“Active Directory 域服务”复选框，单击“下一步”按钮进行安装。

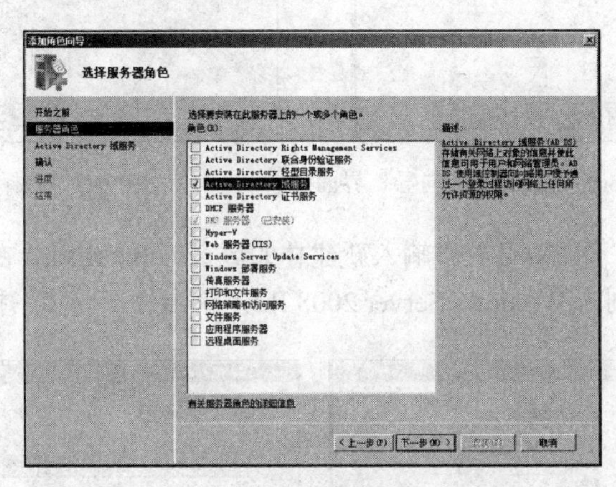

图 6-1 “选择服务器角色”对话框

（3）在依次出现的对话框中单击“下一步”按钮。

（4）安装完成后，在“服务器管理器”窗口中可见“角色”节点下增加了一个新的服务器角色“Active Directory 域服务”，如图 6-2 所示。

图 6-2 Active Directory 与服务器角色

步骤 3：运行 Active Directory 域服务器安装向导

（1）单击“角色”→“Active Directory 域服务”节点，在右方显示的角色信息中，如图 6-3 所示，单击“运行 Active Directory 域服务安装向导”链接，弹出如图 6-4 所示的“Active Directory 域服务安装向导”界面，并单击“下一步”按钮。

（2）在如图 6-5 所示的“选择某一部署配置”对话框中选中“在新林中新建域”单选按钮，单击“下一步”按钮。

图 6-3　运行 Active Directory 域服务安装向导

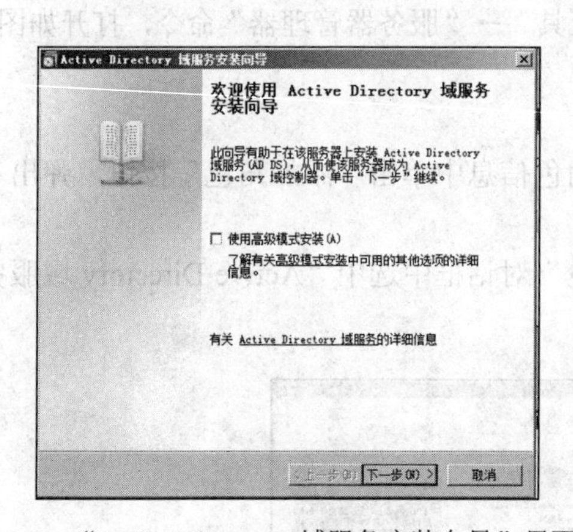

图 6-4　“Active Directory 域服务安装向导”界面

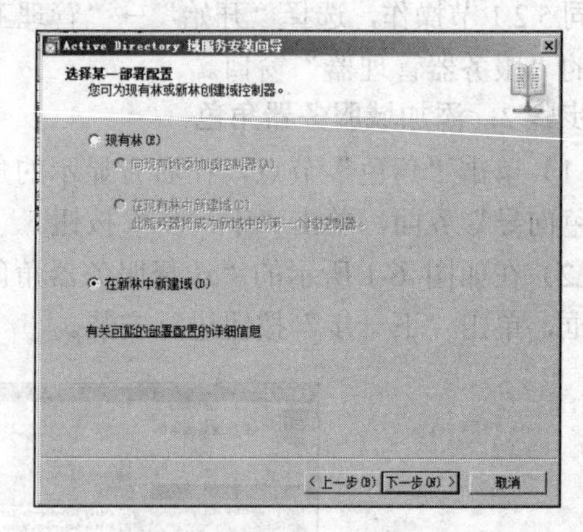

图 6-5　选择部署配置

（3）在如图 6-6 所示的对话框中输入新建林的域名 network.cn，在如图 6-7 所示的对话框中选择林的功能级别为 Windows Server 2008 R2，单击“下一步”按钮。

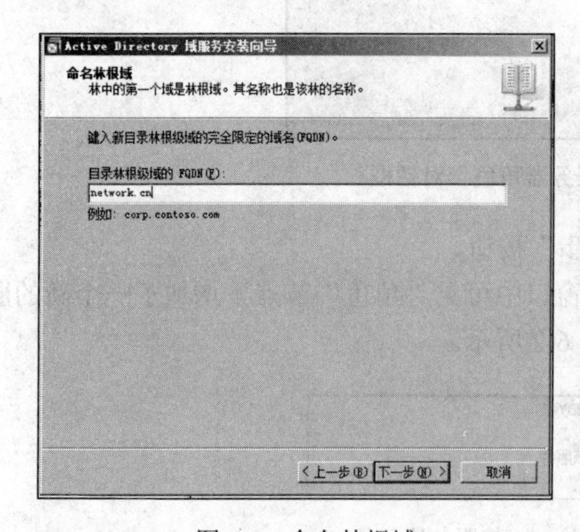

图 6-6　命名林根域

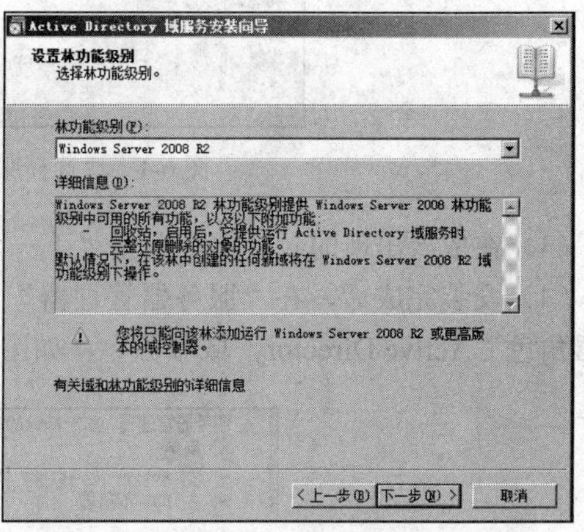

图 6-7　选择林功能级别

（4）在“其他域控制器选项”对话框中单击“下一步”按钮。

（5）在弹出的 DNS 提示框中单击“是”按钮，继续安装。

（6）在如图 6-8 所示的对话框中选择数据库、日志文件和 Sysvol 等文件的位置，单击“下一步”按钮。

（7）在如图 6-9 所示的对话框中设置管理员密码，单击“下一步”按钮。

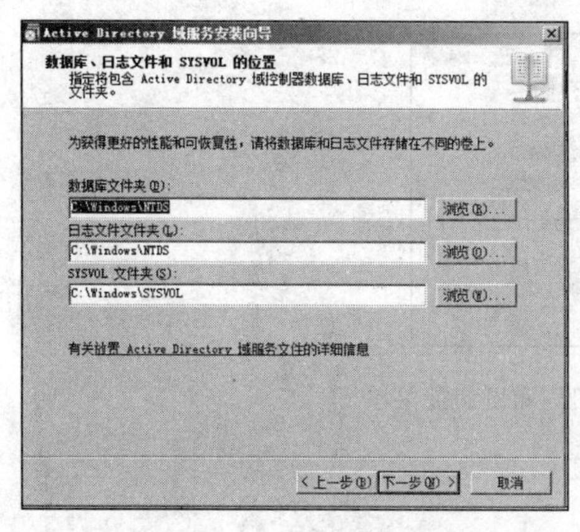

图 6-8　数据库、日志文件位置选择

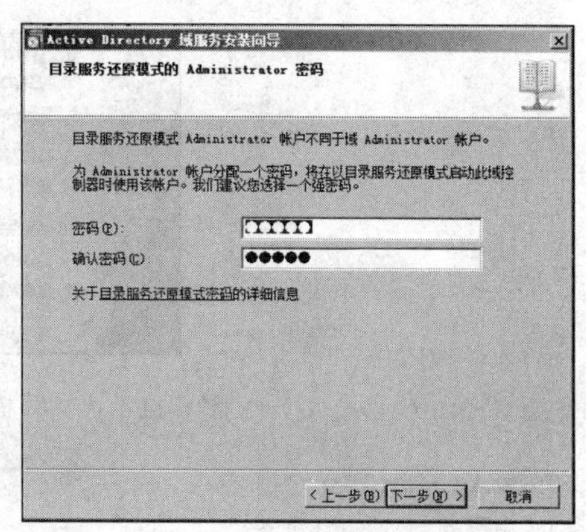

图 6-9　设置管理员密码

（8）按向导提示继续单击“下一步”按钮，最后等待安装完成后，重启服务器。

步骤 4：查看 DNS 服务器

DNS 服务器对域来说是不可或缺的，DNS 服务器需要为域中的计算机提供域名解析服务，域中的计算机需使用 DNS 域名，需要利用 DNS 服务器提供的服务定位域控制器。

打开 DNS 服务器的正向搜索区域，创建完域服务器后，DNS 服务器自动添加了域 network.cn 的资源记录，如图 6-10 所示。

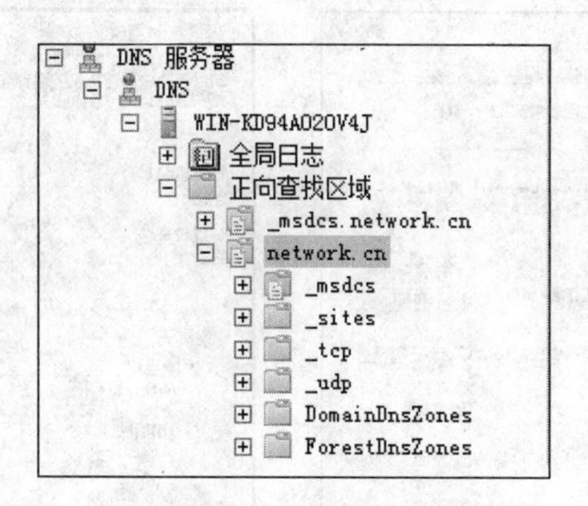

图 6-10　DNS 服务器新增的域

6.2.2　创建域用户账户

步骤 1：创建计算机账户

计算机账户就是把其他成员服务器或用户使用的客户机加入域，这些计算机加入域时，会在 Active Directory 中创建计算机账户。

（1）设置客户机的 TCP/IP 属性，修改 DNS 服务器为本域的 DNS 服务器 192.168.1.2，操作同第 5 章图 5-20。

（2）右击客户机桌面的“计算机”图标，在图 6-11 所示的快捷菜单中选择“属性”命令，在计算机基本信息页面中找到“计算机名称、域和工作组设置”分组，单击“更改设置”选项，如图 6-12 所示。

图 6-11 “计算机”右键快捷菜单

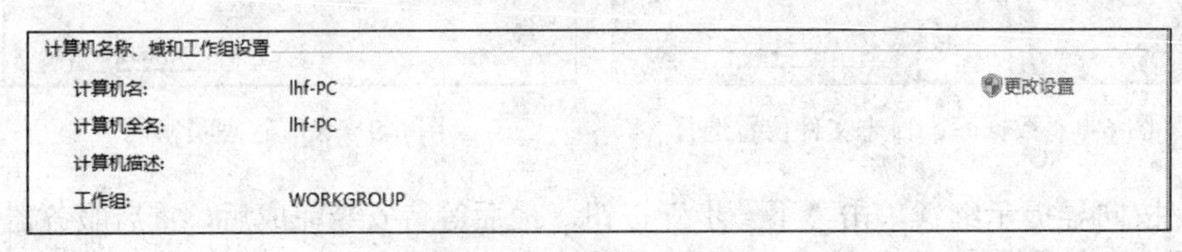

图 6-12 计算机基本信息

（3）在如图 6-13 所示的“系统属性”对话框中单击“更改”按钮。

（4）在弹出的如图 6-14 所示的“计算机名/域更改”对话框中选中“域”单选按钮，并在对应的文本框中输入域名 network.cn，单击“确定”按钮。

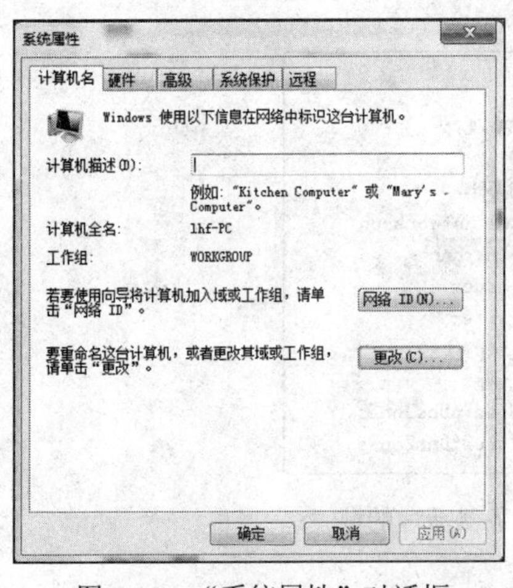

图 6-13 “系统属性”对话框

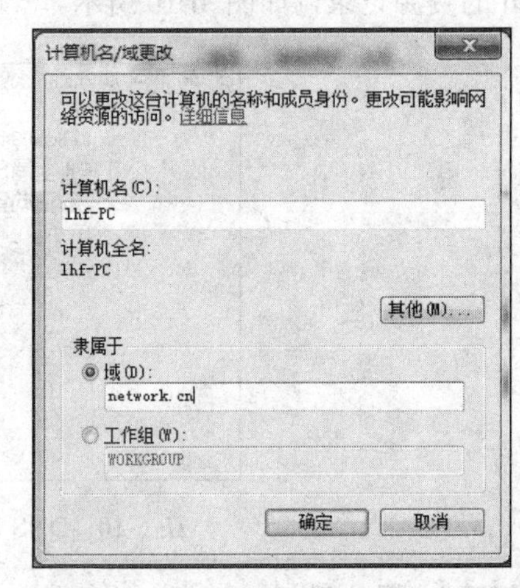

图 6-14 “计算机名/域更改”对话框

（5）按提示输入拥有域用户添加权限的用户名和密码，即可填写域服务器的管理员用户名和密码。

（6）添加完成后，打开域服务器，如图 6-15 所示，在 network.cn 域的 Computers 组中新增了一个计算机账户。

图 6-15 域服务器上新增计算机账户

步骤 2：创建组织单位

为方便在服务器上对所有用户和所有加入域的计算机进行设置，可把域用户都加入组织单位，在组织单位中使用组策略进行统一管理。

（1）打开服务器管理器，展开“Active Directory 域服务”的树形菜单，右击域名 network.cn，在如图 6-16 所示的快捷菜单中选择“新建”→“组织单位”命令。

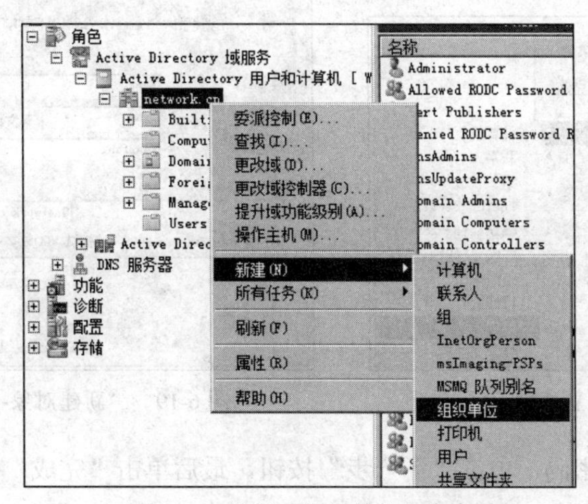

图 6-16 选择“组织单位”命令

（2）打开如图 6-17 所示的“新建对象-组织单位”对话框，在“名称”文本框中输入单位名称“计算机学院”，单击“确定”按钮。

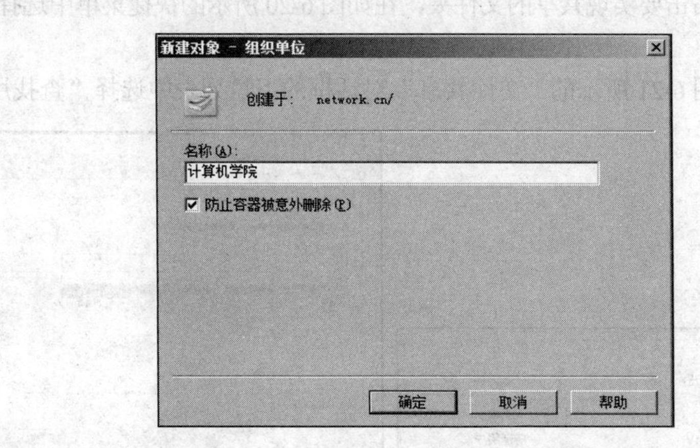

图 6-17 “新建对象-组织单位”对话框

步骤 3：创建用户

创建完组织单位后，就可以在单位中创建域的用户账户。域用户账户存储在域控制器的 Active Directory 数据库内，用户可以利用域用户账户登录域，并利用它访问网络上的资源，例如，访问域中其他计算机内的文件、打印机等资源。当用户利用域用户账户登录时，这个账户数据会被送到域控制器，并由域控制器检查用户所输入的账户名称与密码是否正确。

（1）如图 6-18 所示，右击单位名称“计算机学院”，在弹出的快捷菜单中选择“新建”→“用户”命令。

（2）在弹出的“新建对象-用户”对话框中输入用户信息，如图 6-19 所示，单击“下一步”按钮。

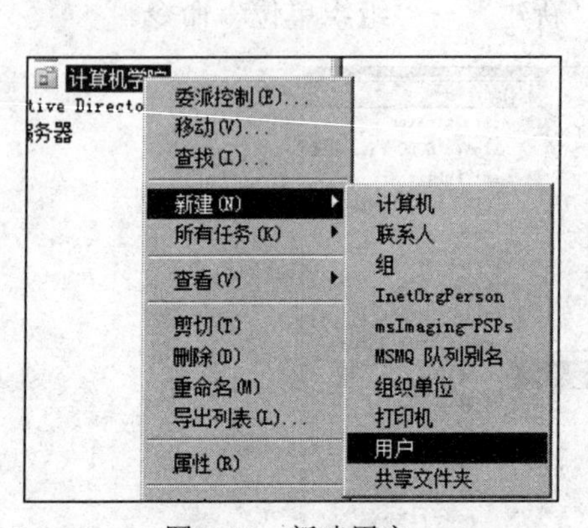

图 6-18 新建用户

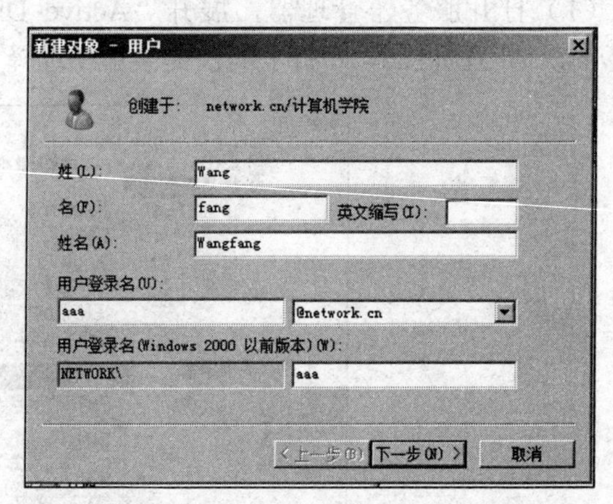

图 6-19 “新建对象-用户”对话框

（3）按要求输入密码，单击“下一步”按钮，最后单击“完成”按钮，创建新用户。

6.2.3 使用域共享资源

步骤 1：设置共享文件夹

（1）在客户机中右击要实现共享的文件夹，在如图 6-20 所示的快捷菜单中选择“共享”→“特定用户”命令。

（2）在弹出的如图 6-21 所示的“文件共享”对话框的下拉列表中选择“查找用户”选项。

图 6-20 设置共享文件夹

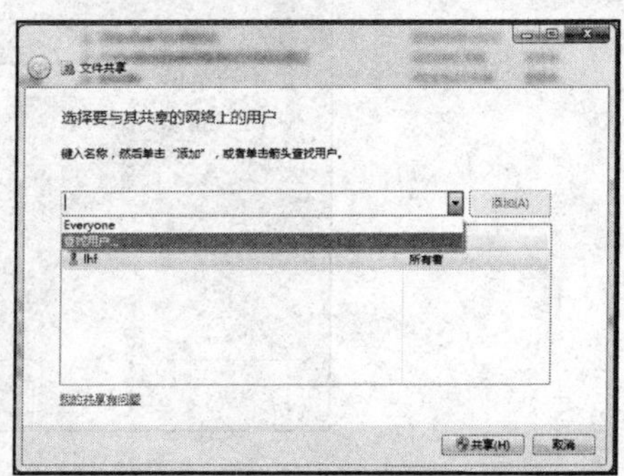

图 6-21 “文件共享”对话框

（3）在弹出的如图6-22所示的“选择用户或组”对话框中单击“高级”按钮，按要求输入域服务器的管理员用户名、密码。

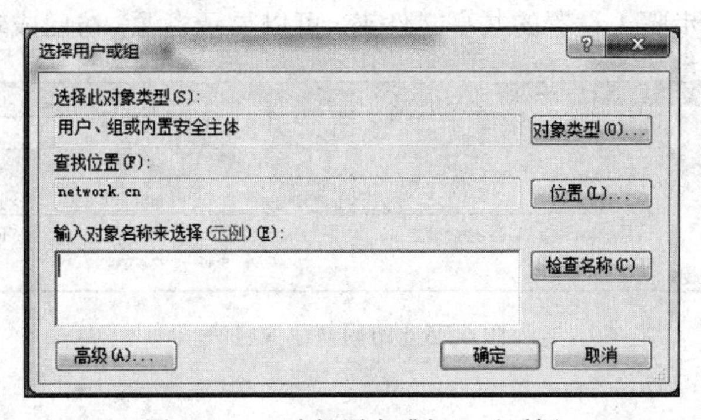

图 6-22　“选择用户或组”对话框

（4）在出现的搜索框中单击“立即查找”按钮，在搜索结果中选择6.2.2节创建的域用户Wangfang，单击“确定”按钮。

（5）返回“选择用户或组”对话框，单击“确定”按钮。

（6）返回如图6-23所示的“文件共享”对话框，在共享用户列表中新增了用户Wangfang，选择对应权限，单击“共享”按钮，最后单击“完成”按钮，完成共享设置。

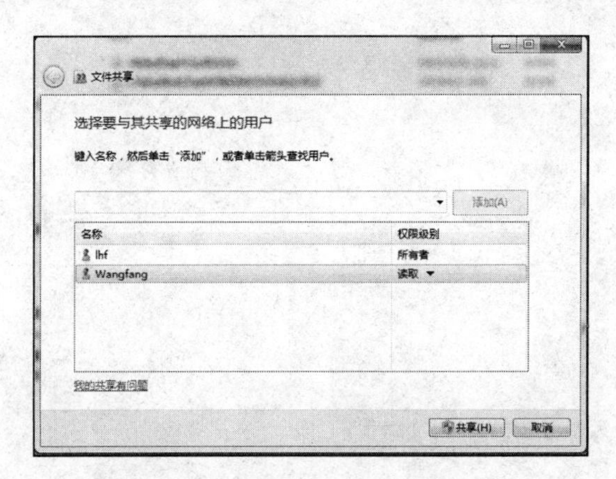

图 6-23　“文件共享”对话框

步骤 2：使用其他用户登录共享文件夹

使用任意合法用户登录域服务器，在资源管理器地址栏中输入“\\lhf-PC\共享”访问步骤1设置的共享文件夹，弹出如图6-24所示的提示框，访问失败。

图 6-24　访问共享文件夹失败

步骤 3：使用 Wangfang 用户登录共享文件夹

使用 Wangfang 用户的用户名、密码登录域服务器，在资源管理器地址栏中输入“\\lhf-PC\共享”访问步骤 1 设置的共享文件夹，可以显示资源，访问成功，如图 6-25 所示。

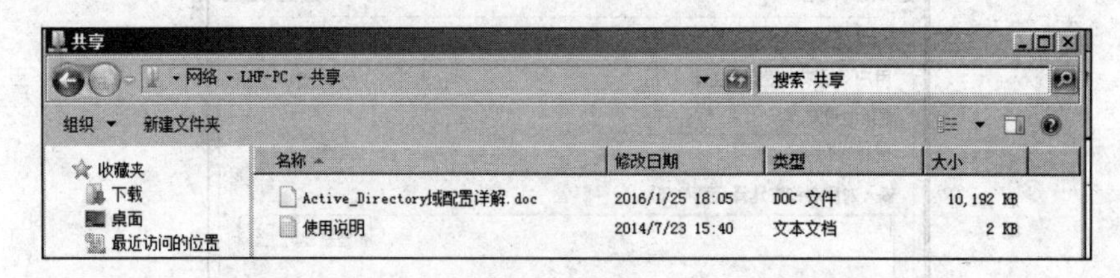

图 6-25　访问共享文件夹

第7章

Web 服务器的部署

7.1 万维网概述

万维网（World Wide Web，WWW），是一个大规模的、联机式的信息储藏所。万维网使用链接的方法能非常方便地从互联网上的一个站点访问另一个站点。万维网工作在客户服务器方式下，浏览器就是用户主机上的万维网客户程序，万维网文档所驻留的主机则运行服务器程序，此主机也称为 Web 服务器。用户通过浏览器就可以浏览万维网中各 Web 服务器中的文字、声音、图像等各种多媒体资源。

实现万维网功能的主要设计有以下几个技术。

1. URL

统一资源定位符 URL 是用来标识万维网中的资源位置和访问这些资源的方法。万维网中的每个文档在整个网络范围内具有唯一的标识符 URL。

URL 的一般形式是：<协议>://<主机>:<端口>/<路径>，“协议”字段指出了获取万维网文档的方式，“主机”字段指明该主机的域名，“端口”字段指明提供服务的服务器端口号，“路径”字段指明文档在 Web 服务器的存放路径和名称。

2. HTTP

由于万维网中的资源和客户机位于网络中的不同位置，必须将资源传输到客户机的客户端程序，通过客户端程序显示资源内容。超文本传送协议（HTTP）规定了客户机程序和服务器之间的交流方式。

HTTP 协议定义了浏览器（万维网客户进程）怎样向万维网服务器请求 Web 页面以及服务器怎样把文档传送给浏览器。

3. HTML

万维网上面的所有文档都是使用超文本标记语言 HTML 进行编辑。HTML 定义了一系列的标签，HTML 把各种标签嵌入到万维网页面中，构成了 HTML 文档。浏览器对 HTML 文档中的各种标签进行解析，就能把页面显示出来。

4. 搜索引擎

万维网中的信息非常丰富，在万维网中用来进行信息搜索的工具叫搜索引擎。通过搜索引擎，用户可以方便地搜索有用的信息。

7.2 Web 服务器的配置

7.2.1 Web 服务器的安装

步骤 1：打开服务器管理器

选择“开始”→“管理工具”→“服务器管理器”命令，打开如图 5-1 所示的“服务器管理器”窗口。

步骤 2：添加 Web 服务器角色

（1）单击“角色”节点，在右方显示的角色信息中单击“添加角色”按钮，打开“添加角色向导”界面，单击“下一步”按钮。

（2）在如图 7-1 所示的“选择服务器角色”对话框中选中“Web 服务器（IIS）”复选框，单击“下一步”按钮进行安装。

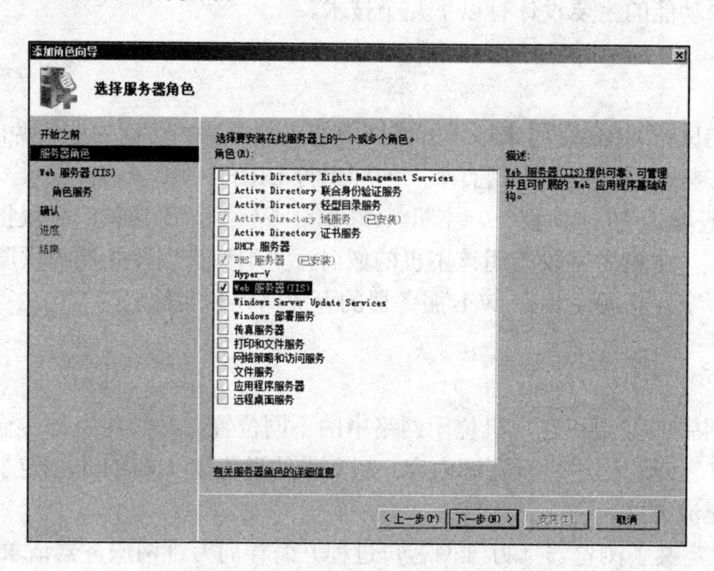

图 7-1 “选择服务器角色”对话框

（3）弹出“Web 服务器（IIS）简介”对话框，单击“下一步”按钮。

（4）在弹出的“角色服务”对话框中单击“下一步”按钮。

（5）在弹出的“确认”对话框中单击“安装”按钮进行安装。

（6）安装完成后，单击“关闭”按钮把安装向导对话框关闭。

（7）在“服务器管理器”窗口中可见“角色”节点下增加了一个新的服务器角色“Web 服务器（IIS）”，如图 7-2 所示。

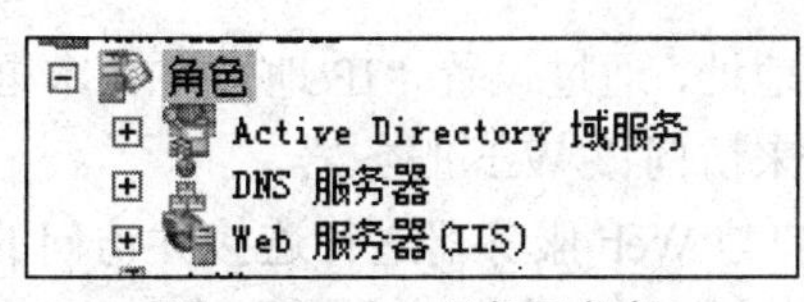

图 7-2 Web 服务器角色

7.2.2 Web 站点的配置

步骤 1：打开 Internet 信息服务（IIS）管理器

（1）选择“开始”→“管理工具”→“服务器管理器”命令，打开“服务器管理器”窗口。

（2）展开“角色”→“Web 服务器（IIS）”节点，单击“Internet 信息服务（IIS）管理器”选项。

（3）打开“Internet 信息服务（IIS）管理器”对话框，把服务器名下的菜单项展开，如图 7-3 所示。

图 7-3 “Internet 信息服务（IIS）管理器”对话框

（4）添加“Web 服务器”角色后，系统新增一个默认的 Web 站点 Default Web Site。默认的文档文件夹是 C:\inetpub\wwwroot，用户可以直接使用，或建立自己的 Web 网站。

步骤 2：添加新的 Web 站点

（1）右击“网站”，在弹出的快捷菜单中选择“添加网站”命令，如图 7-4 所示。

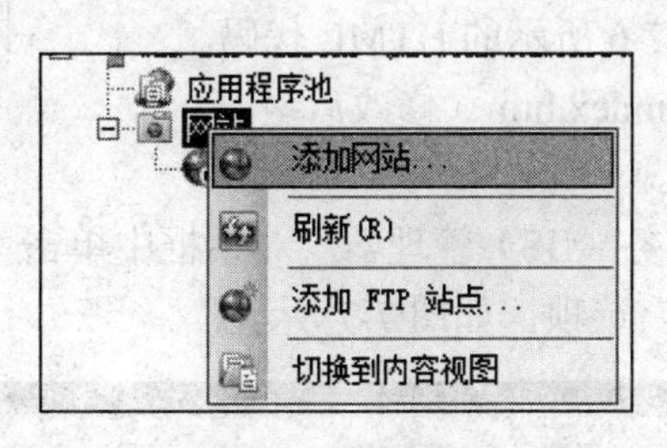

图 7-4 添加站点

（2）在如图 7-5 所示的“添加网站”对话框中输入网站的名称、网站文档所在的路径、选择 IP 地址、端口号（这里为了与默认 Web 站点区分，可使用自定义端口号 8080），也可以为该网站分配一个主机名。

若在同一台 Web 服务器上建立多个网站，可以使用以下 3 个标识符进行区分。

❑ 主机名：域名，须先在 DNS 服务器中配置域名和 IP 的关系。

❑ IP 地址：Windows Server 2008 R2 操作系统中允许安装多块网卡，而且每块网卡也可以绑定多个 IP 地址，通过设置“IP 地址”文本框中的信息，Web 客户端利用设置的这个 IP 地址来访问该 Web 服务器。

- TCP 端口号：指用户与 Web 服务器进行连接并访问的端口号，默认的端口为 80。服务器也可以设置一个任意的 TCP 端口号，若更改了 TCP 端口号，客户端在访问时需要在 URL 之后加上这个端口号，因此必须让客户端事先知道，否则就无法进行 TCP 连接。

（3）单击“确定”按钮。

（4）在“Internet 信息服务（IIS）管理器”对话框中新增了 MyWeb 网站。

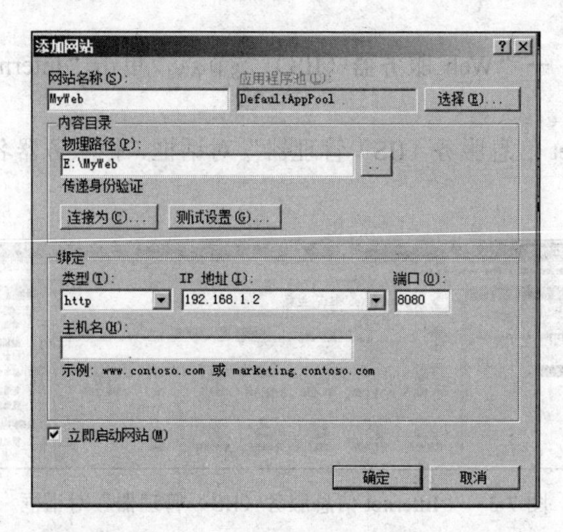

图 7-5 “添加网站”对话框

步骤 3：编写 HTML 页面

（1）打开网站的主目录，如 E:\MyWeb，新建一个文本文件。

（2）在文件中输入如图 7-6 所示的 HTML 代码。

（3）把文本文件另存为 index.htm（修改后缀）。

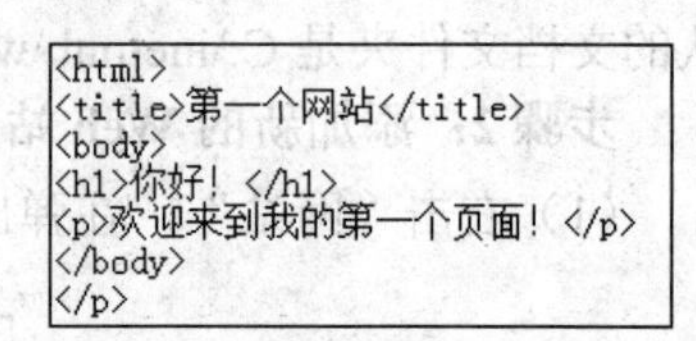

```
<html>
<title>第一个网站</title>
<body>
<h1>你好! </h1>
<p>欢迎来到我的第一个页面! </p>
</body>
</p>
```

图 7-6 HTML 页面

步骤 4：设置网站首页

（1）在“Internet 信息服务（IIS）管理器”对话框中单击 MyWeb 节点，在左侧窗口的属性页面中双击“默认文档”选项，如图 7-7 所示。

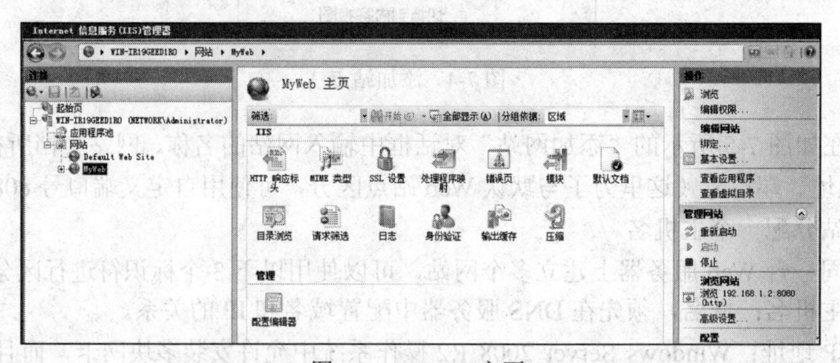

图 7-7 MyWeb 主页

（2）在“默认文档”页面中，可以看到几个默认的主页文件 Default.htm、Dfault.asp、index.htm 和 iisstart.htm，可以修改其中的任何一个文档来建立自己的网站。根据步骤 3 建立的 HTML 文件，选择 index.htm 文件，并单击左侧窗口中的“上移”按钮，使得 index.htm 成为第一个文件，如图 7-8 所示。

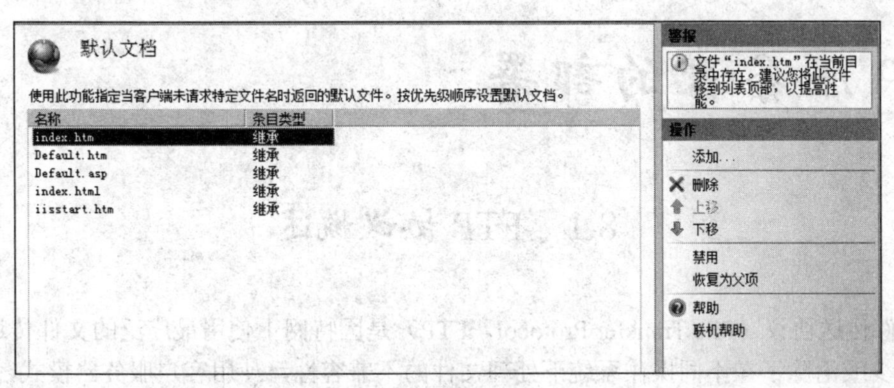

图 7-8 默认文档

步骤 5：登录 Web 站点

在客户机中打开浏览器，在地址栏中输入 Web 站点的 URL“http://192.168.1.2/”，浏览器就可访问并显示 Web 站点的默认首页 index.htm，如图 7-9 所示。

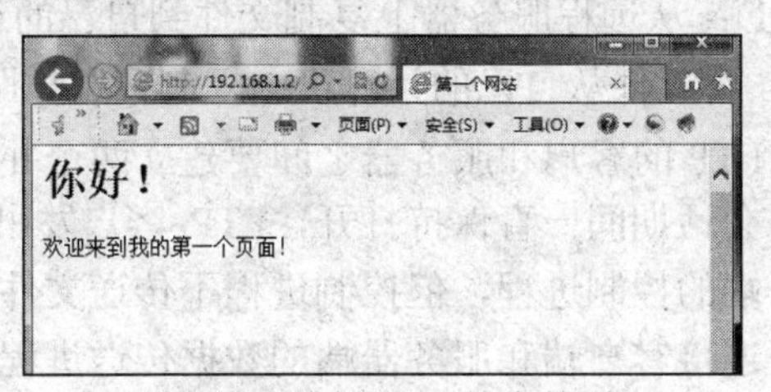

图 7-9 访问 Web 站点首页

第 8 章

FTP 服务器的部署

8.1 FTP 协议概述

文件传送协议（File Transfer Protocol，FTP）是因特网上使用最广泛的文件传送协议。FTP 减少或消除了在不同操作系统下处理文件的不兼容性，使用客户服务器模式，用户通过一个支持 FTP 协议的客户机程序，连接到在远程主机上的 FTP 服务器程序。用户通过客户机程序向服务器程序发出命令，服务器程序执行用户所发出的命令，并将执行的结果返回到客户机。

FTP 协议主要包括两个操作。

- 下载（Download）：从远程服务器上复制文件到自己的计算机上。
- 上传（Upload）：将文件从自己的计算机中复制到远程服务器上。

在进行文件传输时，FTP 的客户和服务器之间要建立两个并行的 TCP 连接。

- 控制连接：整个会话期间一直保持打开，FTP 客户发出的传输请求，通过控制连接发送给服务器端的控制进程，但控制进程不传送文件。
- 数据连接：用来连接客户端和服务器端的数据传送进程。

8.2 FTP 服务器的配置

8.2.1 FTP 服务器的安装

步骤 1：打开服务器管理器

选择“开始”→“管理工具”→“服务器管理器”命令，打开“服务器管理器”窗口。

步骤 2：添加 FTP 服务器角色

Windows Server 2008 R2 的 FTP 服务是包含在“Web 服务器（IIS）”里面的。

（1）展开“角色”节点，右击其中的“Web 服务器（IIS）”角色，在弹出的快捷菜单中选择“添加角色服务”命令，如图 8-1 所示。

（2）在如图 8-2 所示的“选择角色服务”对话框中选中“FTP 服务器”复选框和其子节点下的 FTP Service、“FTP 扩展”两个复选框，单击“下一步”按钮。

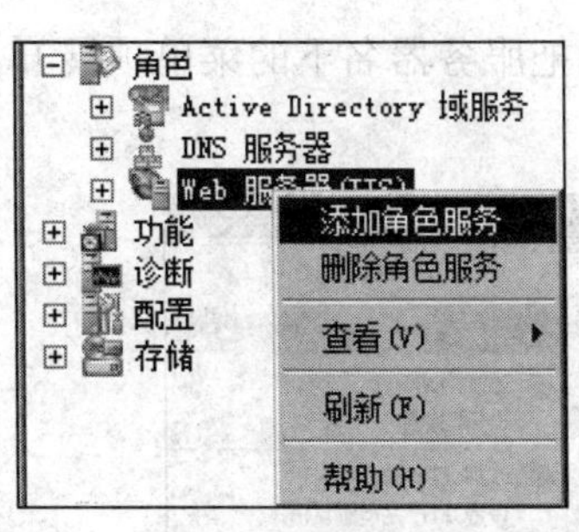

图 8-1　选择“添加角色服务”命令

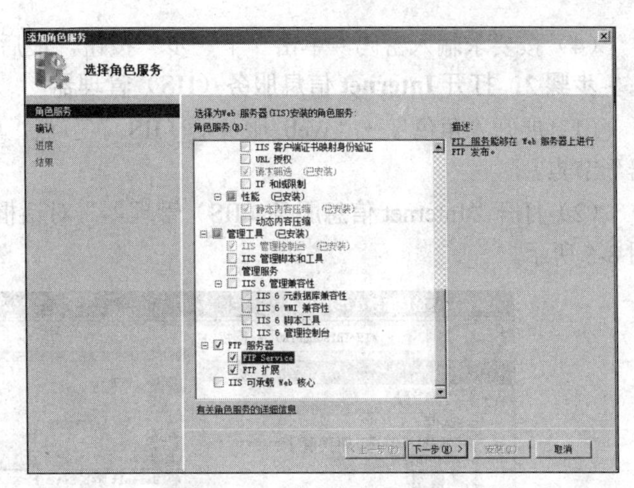

图 8-2　“选择角色服务”对话框

（3）在弹出的“确认”对话框中单击“安装”按钮进行安装。

（4）安装完成后，单击“关闭”按钮把安装向导对话框关闭。

8.2.2　FTP 站点的配置

步骤 1：创建登录 FTP 站点的用户

（1）选择“开始”→“管理工具”→“服务器管理器”命令，打开“服务器管理器”窗口。

（2）展开“角色”→“Active Directory 域服务”节点，展开在第 6 章建立的域 network.cn 菜单，右击 Users 文件夹，在弹出的快捷菜单中选择“新建”→“用户”命令，如图 8-3 所示。

（3）在弹出的“新建对象-用户”对话框中输入用户信息，如图 8-4 所示，单击“下一步”按钮。

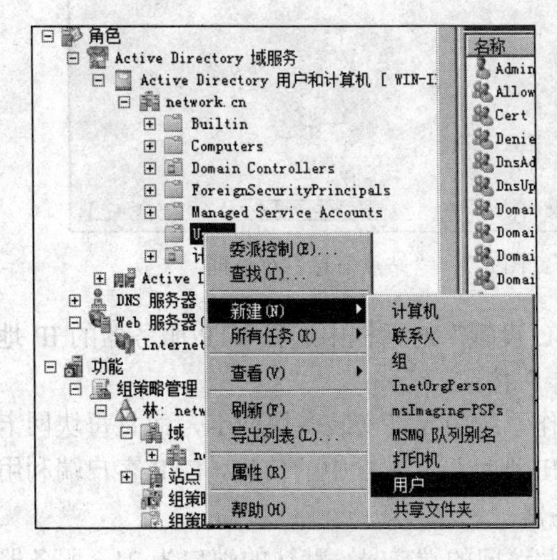

图 8-3　新建用户

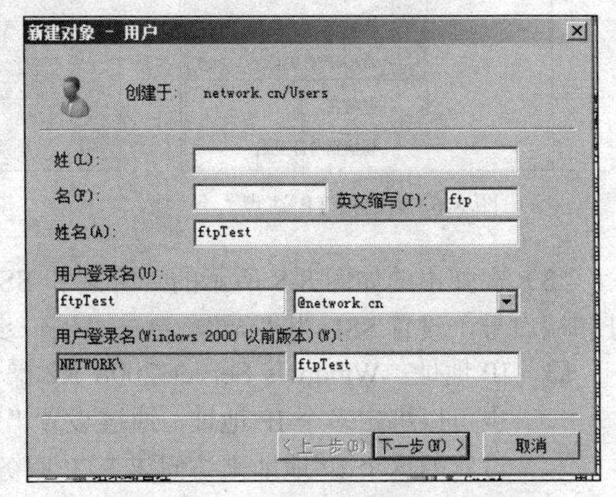

图 8-4　“新建对象-用户”对话框

(4) 按要求输入密码，单击“下一步”按钮，最后单击“完成”按钮，创建新用户。

步骤 2：打开 Internet 信息服务（IIS）管理器

(1) 展开“角色”→“Web 服务器（IIS）”节点，单击“Internet 信息服务（IIS）管理器”节点。

(2) 打开“Internet 信息服务（IIS）管理器”对话框，把服务器名下的菜单项展开，如图 8-5 所示。

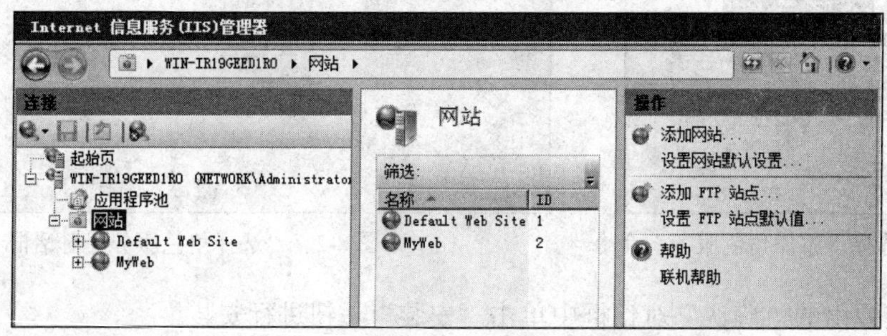

图 8-5 “Internet 信息服务（IIS）管理器”对话框

步骤 3：添加 FTP 站点

(1) 右击“服务器名称”，在弹出的快捷菜单中选择“添加 FTP 站点”命令，如图 8-6 所示。

(2) 在如图 8-7 所示的“站点信息”对话框中输入 FTP 站点名称、选择服务器文件的所在路径，单击“下一步”按钮。

图 8-6 添加 FTP 站点

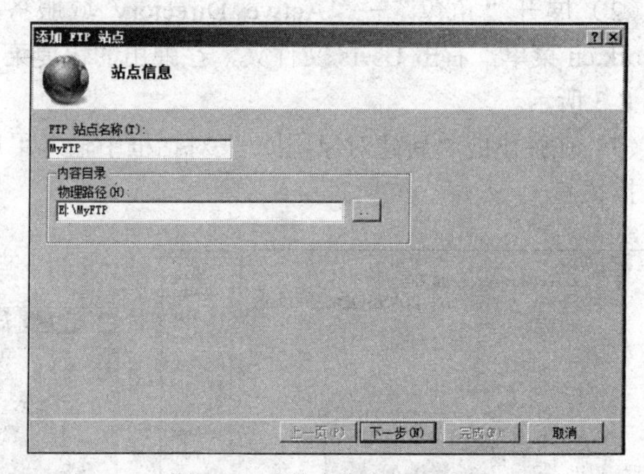

图 8-7 “站点信息”对话框

(3) 在弹出的如图 8-8 所示的“绑定和 SSL 设置”对话框中选择 FTP 服务器的 IP 地址和端口号，设置 SSL 为“无”，单击“下一步”按钮。

- IP 地址：Windows Server 2008 R2 操作系统中允许安装多块网卡，而且每块网卡也可以绑定多个 IP 地址，通过设置“IP 地址”文本框中的信息，FTP 客户端利用设置的这个 IP 地址来访问该 FTP 服务器。
- 端口：指用户与 FTP 服务器进行连接并访问的端口号，默认的端口为 21。服务器也可以设置一个任意的 TCP 端口号，若更改了 TCP 端口号，客户端在访问时需要在 URL 之后加上这个端口号，因此必须让客户端事先知道，否则就无法进行 TCP 连接。

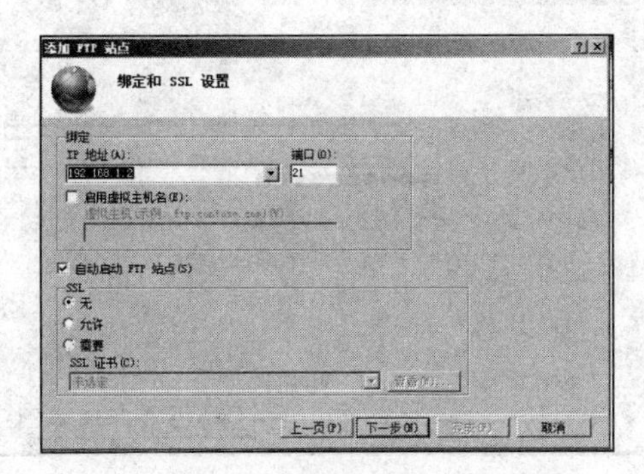

图 8-8　绑定和 SSL 设置

（4）在“身份验证和授权信息”对话框中选中身份验证分组的“基本”复选框，在授权分组的“允许访问”下拉列表框中选择“指定用户”选项，在文本框中输入步骤 1 建立的用户名 ftpTest，权限分组中选中“读取”和“写入”复选框，如图 8-9 所示，单击“完成”按钮。

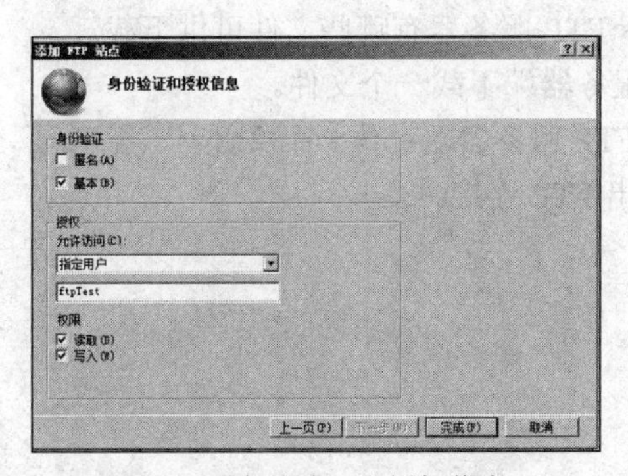

图 8-9　身份验证和授权信息

（5）在“Internet 信息服务（IIS）管理器”对话框中新增了 MyFTP 站点，如图 8-10 所示。

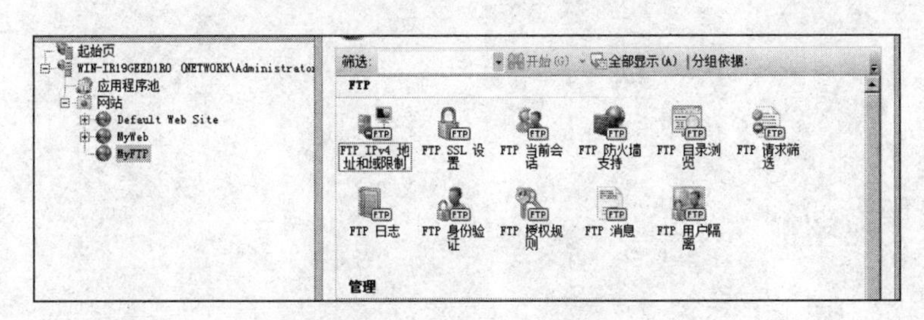

图 8-10　FTP 站点信息

步骤 4：客户端访问 FTP 站点

在客户端打开 Windows 资源管理器，在地址栏中输入 FTP 服务器的 IP，例如 ftp://192.168.1.2，按要求输入用户名、密码，如图 8-11 所示。登录到 FTP 站点后，可以像平时使用资源管理器一样，利用文件的复制和粘贴实现文件下载和上传。

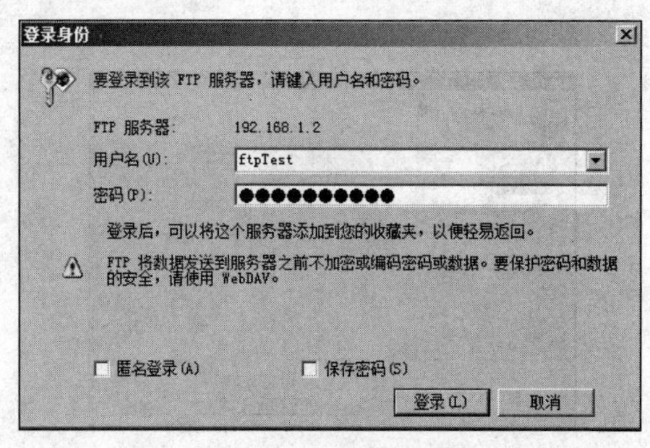

图 8-11　登录 FTP

在客户端还可以使用 FTP 软件（例如 LeapFTP、CuteFTP 和 FlashFXP 等）进行文件下载和上传，当然也可以用 DOS 命令进行文件下载和上传。在客户端计算机上打开 DOS 窗口，输入命令 ftp 192.168.1.2。

- 在弹出的界面输入用户名、密码，连接到 FTP 服务器。
- dir 命令用来显示 FTP 服务器有哪些文件可供下载。
- get 命令用来从服务器端下载一个文件。
- put 命令用户向 FTP 服务器端上传一个文件。
- bye 命令用来退出 FTP 连接。

第 9 章

DHCP 服务器的部署

9.1 DHCP 协议概述

DHCP（Dynamic Host Configuration Protocol，动态主机分配协议）的前身是 BOOTP。BOOTP 原本是用于无磁盘主机连接的网络上面的：网络主机使用 BOOT ROM 而不是磁盘启动并连接上网络，BOOTP 则可以自动地为那些主机设定 TCP/IP 环境。但 BOOTP 有一个缺点：在设定前须事先获得客户端的硬件地址，而且与 IP 的对应是静态的。换而言之，BOOTP 非常缺乏“动态性”，在有限的 IP 资源环境中，BOOTP 的一对一对应会造成非常可观的浪费。

DHCP 可以说是 BOOTP 的增强版本，它分为两个部分：一个是服务器端，而另一个是客户端。所有的 IP 网络设定数据都由 DHCP 服务器集中管理，并负责处理客户端的 DHCP 要求；而客户端则会使用从服务器分配下来的 IP 环境数据。比较起 BOOTP，DHCP 透过“租约”的概念，有效且动态地分配客户端的 TCP/IP 设定，而且作为兼容考虑，DHCP 也完全照顾了 BOOTP Client 的需求。

BOOTP（Bootstrap Protocol，自举协议）是一个基于 TCP/IP 协议的协议，它可以让无盘站从一个中心服务器上获得 IP 地址，为局域网中的无盘工作站分配动态 IP 地址，并不需要每个用户去设置静态 IP 地址。使用 BOOTP 协议时，一般包括 Bootstrap Protocol Server（自举协议服务端）和 Bootstrap Protocol Client（自举协议客户端）两部分。

该协议主要用于有无盘工作站的局域网中，客户端获取 IP 地址的过程如下：首先，由 BOOTP 启动代码启动客户端，这时客户端还没有 IP 地址，使用广播形式以 IP 地址 0.0.0.0 向网络中发出 IP 地址查询要求。接着，运行 BOOTP 协议的服务器接收到这个请求，会根据请求中提供的 MAC 地址找到客户端，并发送一个含有 IP 地址、服务器 IP 地址、网关等信息的 FOUND 帧。最后，客户端会根据该 FOUND 帧来通过专用 TFTP 服务器下载启动镜像文件，模拟成磁盘启动。

DHCP 是一个基于广播的协议，它的操作可以归结为五个阶段，即 IP 租用请求、IP 租用提供、IP 租用选择、IP 租用确认、IP 租用更新。

（1）IP 租用请求

DHCP 客户机初始化 TCP/IP，通过 UDP 端口 67 向网络中发送一个 DHCPDISCOVER 广播包，请求租用 IP 地址。该广播包中的源 IP 地址为 0.0.0.0，目标 IP 地址为 255.255.255.255；包中还包含客户机的 MAC 地址和计算机名。

（2）IP 租用提供

任何接收到 DHCPDISCOVER 广播包并且能够提供 IP 地址的 DHCP 服务器，都会通过 UDP 端口 68 给客户机回应一个 DHCPOFFER 广播包，提供一个 IP 地址。该广播包的源 IP 地址为 DHCP 服务器 IP，目标 IP 地址为 255.255.255.255；包中还包含提供的 IP 地址、子网掩码及租期等信息。

（3）IP 租用选择

客户机从不止一台 DHCP 服务器接收到提供之后，会选择第一个收到的 DHCPOFFER 包，并向网络中广播一个 DHCPREQUEST 消息包，表明自己已经接受了一个 DHCP 服务器提供的 IP 地址。该广播包中包含所接受的 IP 地址和服务器的 IP 地址。所有其他的 DHCP 服务器撤销它们的提供，以便将 IP 地址提供给下一次 IP 租用请求。

（4）IP 租用确认

被客户机选择的 DHCP 服务器在收到 DHCPREQUEST 广播后，会广播返回给客户机一个 DHCPACK 消息包，表明已经接受客户机的选择，并将这一 IP 地址的合法租用以及其他的配置信息都放入该广播包发给客户机。客户机在收到 DHCPACK 包后，会使用该广播包中的信息来配置自己的 TCP/IP，则租用过程完成，客户机可以在网络中通信。DHCP 客户机在发出 IP 租用请求的 DHCPDISCOVER 广播包后，将花费 1 秒钟的时间等待 DHCP 服务器的回应，如果 1 秒钟没有服务器的回应，它会将这一广播包重新广播 4 次（以 2、4、8 和 16 秒为间隔，加上 1~1 000 毫秒之间随机长度的时间）。4 次之后，如果仍未能收到服务器的回应，则运行 Windows 2000 的 DHCP 客户机将从 169.254.0.0/16 这个自动保留的私有 IP 地址（APIPA）中选用一个 IP 地址，而运行其他操作系统的 DHCP 客户机将无法获得 IP 地址。DHCP 客户机每隔 5 分钟重新广播一次，如果收到某个服务器的回应，则继续 IP 租用过程。

（5）IP 租用更新

① 在当前租期已过去 50%时，DHCP 客户机直接向为其提供 IP 地址的 DHCP 服务器发送 DHCPREQUEST 消息包。如果客户机接收到该服务器回应的 DHCPACK 消息包，客户机就根据包中所提供的新的租期以及其他已经更新的 TCP/IP 参数，更新自己的配置，IP 租用更新完成。如果没收到该服务器的回复，则客户机继续使用现有的 IP 地址，因为当前租期还有 50%。

② 如果在租期过去 50%时未能成功更新，则客户机将在当前租期过去 87.5%时再次与为其提供 IP 地址的 DHCP 联系。如果联系不成功，则重新开始 IP 租用过程。

③ 当 DHCP 客户机重新启动时，它将尝试更新上次关机时拥有的 IP 租用。如果更新未能成功，客户机将尝试联系现有 IP 租用中列出的默认网关。如果联系成功且租用尚未到期，客户机则认为自己仍然位于与它获得现有 IP 租用时相同的子网上（没有被移走）继续使用现有 IP 地址。如果未能与默认网关联系成功，客户机则认为自己已经被移到不同的子网上，将会开始新一轮的 IP 租用过程。

DHCP 使服务器能够动态地为网络中的其他服务器提供 IP 地址，通过使用 DHCP，就可以不给 Intranet 网中除 DHCP、DNS 和 WINS 服务器外的任何服务器设置和维护静态 IP 地址。使用 DHCP 可以大大简化配置客户机的 TCP/IP 的工作，尤其是当某些 TCP/IP 参数改变时，如网络的大规模重建而引起的 IP 地址和子网掩码的更改。

DHCP 服务器上的 IP 地址数据库包含如下项目：

- ❑ 对互联网上所有客户机的有效配置参数。
- ❑ 在缓冲池中指定给客户机的有效 IP 地址，以及手工指定的保留地址。
- ❑ 服务器提供租约时间，租约时间即指定 IP 地址可以使用的时间。

在网络中配置 DHCP 服务器有如下优点：

- ❑ 管理员可以集中为整个互联网指定通用和特定子网的 TCP/IP 参数，并且可以定义使用保留地址的客户机的参数。
- ❑ 提供安全可信的配置。DHCP 避免了在每台计算机上手工输入数值引起的配置错误，还能防止网络上计算机配置地址的冲突。
- ❑ 使用 DHCP 服务器能大大减少配置花费的开销和重新配置网络上计算机的时间，服务器可以在指派地址租约时配置所有的附加配置值。
- ❑ 客户机无须手工配置 TCP/IP。
- ❑ 客户机在子网间移动时，旧的 IP 地址自动释放以便再次使用。在再次启动客户机时，DHCP 服务器会自动为客户机重新配置 TCP/IP。

9.2 DHCP 服务器的安装与配置

9.2.1 DHCP 服务器的安装

步骤 1：打开服务器管理器

选择“开始”→“管理工具”→“服务器管理器”命令，打开如图 5-1 所示的“服务器管理器”窗口。

步骤 2：添加 DHCP 服务器角色

（1）单击“角色”节点，在右方显示的角色信息中，单击“添加角色”按钮，打开“添加角色向导”对话框，单击“下一步”按钮。

（2）在如图 9-1 所示的“选择服务器角色”对话框中选中“DHCP 服务器”复选框，单击“下一步”按钮进行安装。

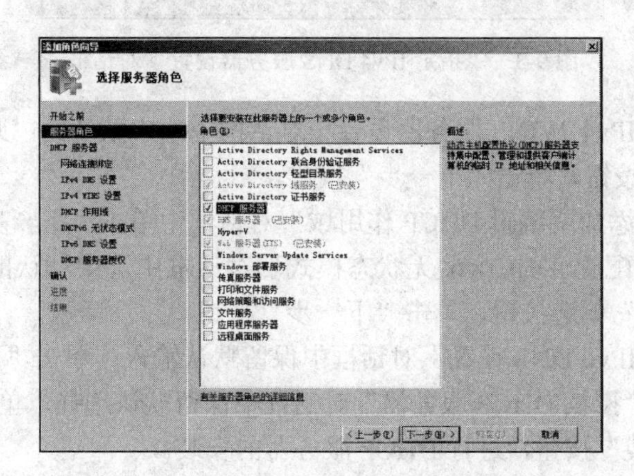

图 9-1 “选择服务器角色”对话框

（3）弹出“DHCP 服务器简介”对话框，单击“下一步”按钮。

（4）在弹出的“选择网络连接绑定”对话框中选中本服务器的 IP 地址复选框，单击“下一步”按钮，如图 9-2 所示。

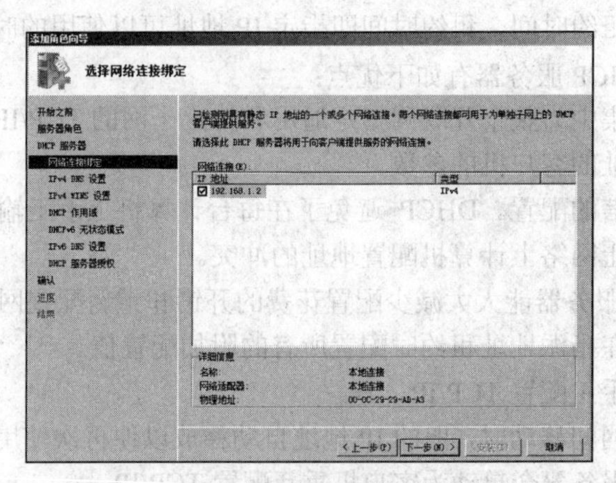

图 9-2　“选择网络连接绑定”对话框

（5）弹出“指定 IPv4 DNS 服务器设置”对话框，在“父域”文本框中输入第 6 章设置的域 network.cn，在“首选 DNS 服务器 IPv4 地址”文本框输入本 DNS 服务器的 IP 地址，如图 9-3 所示，单击“下一步”按钮。

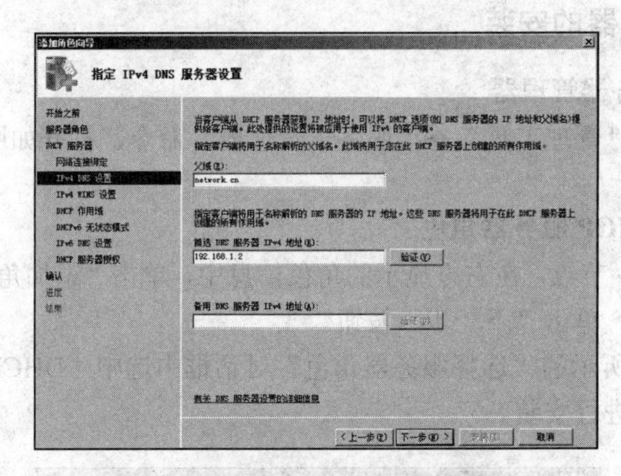

图 9-3　“指定 IPv4 DNS 服务器设置”对话框

（6）在弹出的“IPv4 WINS 服务器设置”对话框中选中默认的“此网络上的应用程序不需要 WINS”单选按钮，单击“下一步”按钮。

（7）在弹出的“添加或编辑 DHCP 作用域”对话框中单击“下一步”按钮。

（8）在弹出的“配置 DHCPv6 无状态模式”对话框中选中默认的“对此服务器启用 DHCPv6 无状态模式”单选按钮，单击“下一步”按钮。

（9）在弹出的“IPv6 DNS 设置”对话框中保留默认输入，单击“下一步”按钮。

（10）在弹出的“授权 DHCP 服务器”对话框中保留默认选择，单击“下一步”按钮。

（11）单击“安装”按钮，进行 DHCP 服务器的安装。

（12）安装完成后，单击“关闭”按钮关闭安装向导对话框。

（13）在“服务器管理器”窗口中可见“角色”节点下增加了一个新的服务器角色“DHCP 服务器”，如图 9-4 所示。

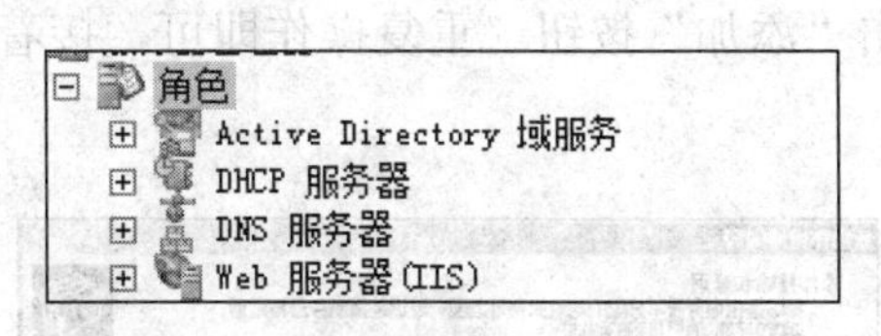

图 9-4　DHCP 服务器角色

9.2.2　DHCP 服务器的配置

步骤 1：添加 DHCP 作用域

（1）展开“角色”→“DHCP 服务器”节点，右击其中的 IPv4 子节点，在弹出的快捷菜单中选择“新建作用域”命令，如图 9-5 所示。

（2）在弹出的“新建作用域向导”界面中单击“下一步”按钮。

（3）弹出“作用域名称”对话框。在“名称”文本框中为该作用域输入一个名称和一段描述性信息，如图 9-6 所示，单击“下一步”按钮。

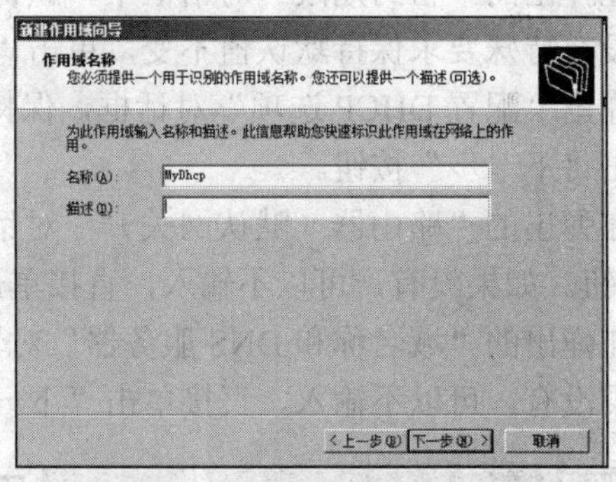

图 9-5　选择“新建作用域”命令　　　图 9-6　“作用域名称”对话框

（4）在弹出的“IP 地址范围”对话框中，分别在“起始 IP 地址”和“结束 IP 地址”文本框中输入已经确定好的 IP 地址范围的起止 IP 地址（根据实际网络结构填写，或者老师先分配好 IP 地址），单击“下一步”按钮，如图 9-7 所示。

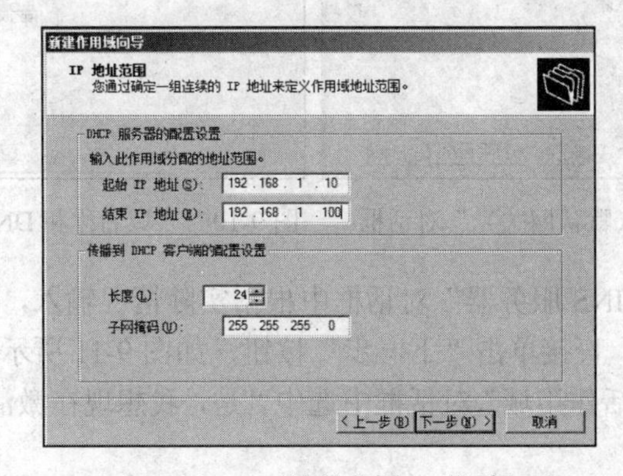

图 9-7　“IP 地址范围”对话框

（5）弹出“添加排除和延迟”对话框，在这里可以指定需要排除的 IP 地址或 IP 地址范围（根据实际网络结构填写，或者老师先分配好 IP 地址）。在“起始 IP 地址”文本框中输入排除的 IP 地址并单击“添加”按钮。重复操作即可，接着单击“下一步”按钮，如图 9-8 所示。

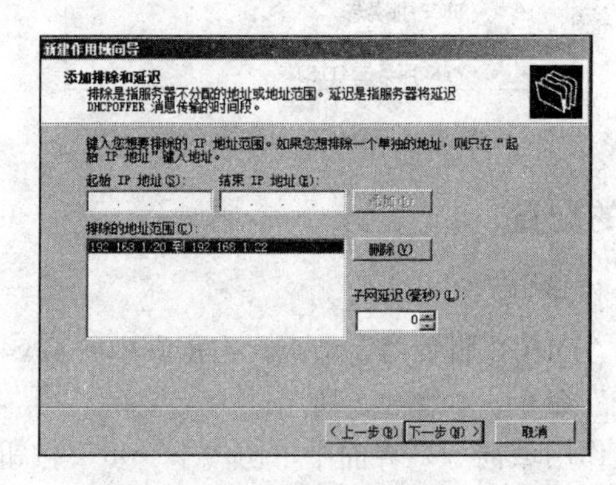

图 9-8 “添加排除和延迟”对话框

（6）在弹出的“租约期限”对话框中，默认将客户端获取的 IP 地址使用期限限制为 8 天。如果没有特殊要求保持默认值不变，单击“下一步”按钮。

（7）弹出“配置 DHCP 选项”对话框，保持选中“是，我想现在配置这些选项”单选按钮，单击“下一步”按钮。

（8）在弹出的“路由器（默认网关）” 对话框中根据实际情况输入网关地址，并单击“添加”按钮。如果没有，可以不输入，直接单击“下一步”按钮，如图 9-9 所示。

（9）在弹出的“域名称和 DNS 服务器”对话框中根据实际情况输入，并单击“添加”按钮。如果没有，可以不输入，直接单击“下一步”按钮，如图 9-10 所示。

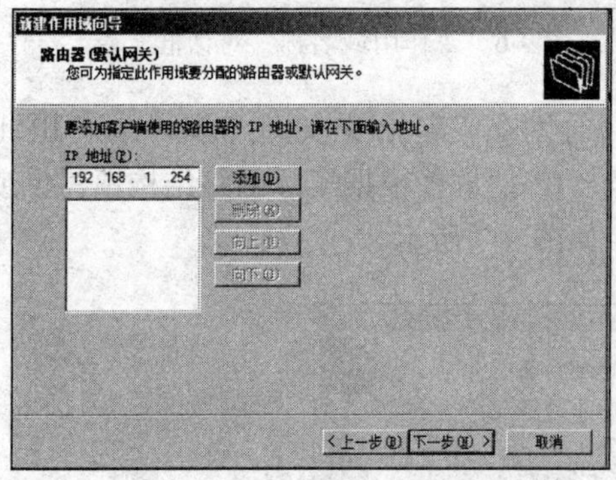

图 9-9 “路由器（默认网关）”对话框

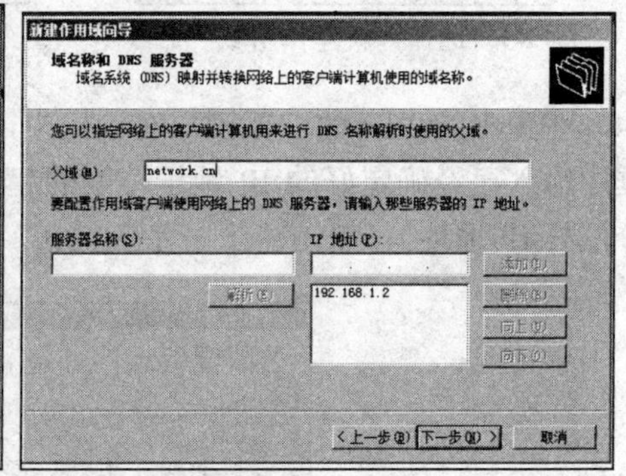

图 9-10 “域名称和 DNS 服务器”对话框

（10）在弹出的“WINS 服务器”对话框中根据实际情况输入，并单击“添加”按钮。如果没有，可以不输入，直接单击“下一步”按钮，如图 9-11 所示。

（11）在弹出的“激活作用域”对话框中选中“是，我想现在激活此作用域”单选按钮，并单击“下一步”按钮。

（12）单击“完成”按钮完成配置。

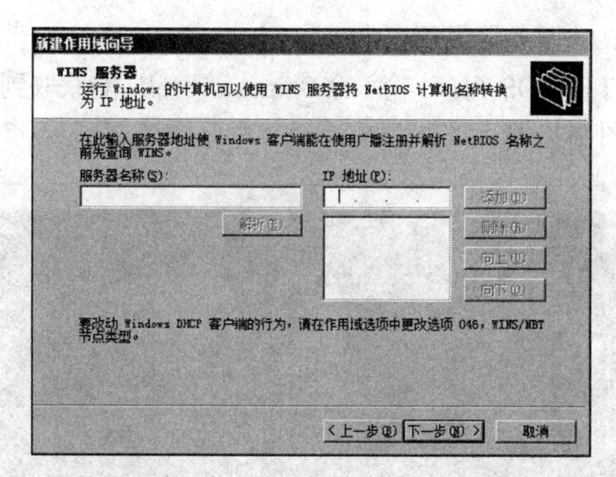

图 9-11 “WINS 服务器”对话框

步骤 2：DHCP 客户端设置

为了使客户端计算机能够自动获取 IP 地址，除了 DHCP 服务器正常工作以外，还需要将客户端计算机配置成自动获取 IP 地址的方式。实际上，在默认情况下客户端计算机使用的都是自动获取 IP 地址的方式，一般情况下并不需要进行配置。

（1）打开“控制面板”→“网络和 Internet”→“网络和共享中心”→“更改适配器配置”。

（2）在弹出的“网络连接”窗口中右击“本地连接”图标并执行“属性”命令，打开“Internet 协议版本 4（TCP/IPv4）属性”对话框。

（3）选中“自动获得 IP 地址”和“自动获得 DNS 服务器地址”单选按钮，如图 9-12 所示，单击“确认”按钮。

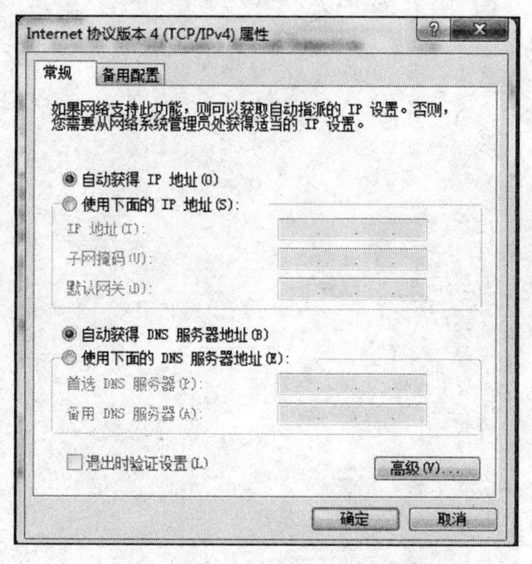

图 9-12 设置 DHCP 客户端

DHCP 服务器端和客户端已经全部设置完成了，一个基本的 DHCP 服务器环境已经部署成功。在 DHCP 服务器正常运行的情况下，首次开机的客户端会自动获取一个 IP 地址并拥有 8 天的使用期限。

步骤 3：测试 DHCP 服务器是否正常工作

在客户端计算机打开 DOS 窗口，输入命令 ipconfig /all，能获取到 IP 地址则表示 DHCP 服务器配置正确，如图 9-13 所示。

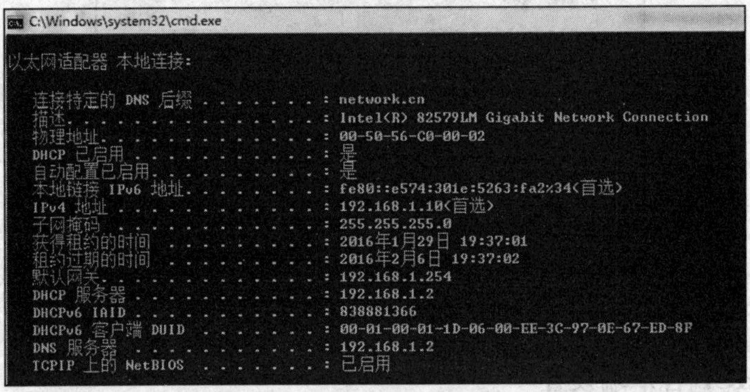

```
C:\Windows\system32\cmd.exe

以太网适配器 本地连接:

   连接特定的 DNS 后缀 . . . . . . . : network.cn
   描述. . . . . . . . . . . . . . . : Intel(R) 82579LM Gigabit Network Connection
   物理地址. . . . . . . . . . . . . : 00-50-56-C0-00-02
   DHCP 已启用 . . . . . . . . . . . : 是
   自动配置已启用. . . . . . . . . . : 是
   本地链接 IPv6 地址. . . . . . . . : fe80::e574:301e:5263:fa2%34(首选)
   IPv4 地址 . . . . . . . . . . . . : 192.168.1.10(首选)
   子网掩码  . . . . . . . . . . . . : 255.255.255.0
   获得租约的时间  . . . . . . . . . : 2016年1月29日 19:37:01
   租约过期的时间  . . . . . . . . . : 2016年2月6日 19:37:02
   默认网关. . . . . . . . . . . . . : 192.168.1.254
   DHCP 服务器 . . . . . . . . . . . : 192.168.1.2
   DHCPv6 IAID . . . . . . . . . . . : 838881366
   DHCPv6 客户端 DUID  . . . . . . . : 00-01-00-01-1D-06-00-EE-3C-97-0E-67-ED-8F
   DNS 服务器  . . . . . . . . . . . : 192.168.1.2
   TCPIP 上的 NetBIOS  . . . . . . . : 已启用
```

图 9-13　获取的 IP 地址

输入命令 ipconfig /release，接口的租用 IP 地址便重新交付给 DHCP 服务器（归还 IP 地址）。

输入命令 ipconfig /renew，本地计算机设法与 DHCP 服务器取得联系，并租用一个 IP 地址。

参考文献

[1] 杭州华三通信技术有限公司. 路由交换技术[M]. 北京：清华大学出版社，2011.
[2] 谢希仁. 计算机网络[M]. 6 版. 北京：电子工业出版社，2013.
[3] 郭雅，等. 计算机网络实验指导书[M]. 北京：电子工业出版社，2012.
[4] [Packet Tracer] http://www.packettracernetwork.com/
[5] [HCL] http://www.h3c.com.cn/Service/
[6] [WireShark] https://www.wireshark.org/